Elogios para *A Era da Resiliência*

"*A Era da Resiliência* ressalta a grande reviravolta da adaptação da natureza à nossa espécie para o retorno da adaptação de nossa espécie à natureza. Como sugere Jeremy Rifkin, isso exige 'um repensar completo de nossa visão de mundo'. Um dos mais significativos desafios se dará em relação ao sistema educacional, que precisará ser reimaginado e reinventado para oferecer novas abordagens pedagógicas de aprendizado, caso pretendamos realizar a transformação da Era do Progresso para a Era da Resiliência. Dada a incrível trilha de registros visionários que Rifkin tem do futuro, ninguém pode ignorar a mensagem deste novo livro. *A Era da Resiliência* é de fato um tratado inspirador que deve ser lido, compreendido e, mais importante, colocado em prática."

– JERRY WIND, professor emérito da The Wharton School e
fundador do Wharton Executive MBA Program

"A característica mais notável da multifacetada crise global econômica, social e ecológica é que nenhum dos grandes problemas pode ser compreendido de forma isolada. São interligados e interdependentes, e exigem soluções sistêmicas apropriadas. Há mais de quarenta anos, Jeremy Rifkin tem elaborado soluções sistêmicas eficazes para questões econômicas e tecnológicas a pedido de governos e organizações empresariais pelo mudo afora. Neste livro, ele usa sua vasta experiência para abordar a crise de percepção que ameaça a futura sobrevivência de nossa espécie na Terra. Trata-se de uma obra desafiadora, provocante e profundamente esperançosa. Recomendo-a vigorosamente a qualquer pessoa que se preocupe com o futuro da humanidade."

– FRITJOF CAPRA, físico teórico e
coautor de *The Systems View of Life*

CB038947

"*A Era da Resiliência* de Jeremy Rifkin nos transporta a uma longa história de ilusões, culminando na Era do Progresso, na qual passamos a nos ver como entes à parte da natureza e mestres da Terra. Ele nos pede que reconsideremos o modo como a obsessão com o crescimento ilimitado e a hipereficiência – segundo os quais mensuramos o progresso – romperam a teia da vida e levaram não só a nós, mas também outras criaturas, à beira da extinção em massa. Rifkin nos ajuda a lembrar que somos uma parte íntima de uma natureza animada, com a esperança de que nos reencontremos com nossa família evolucionária em uma Terra indivisível. Nestes tempos de desespero e falta de esperança, Rifkin ressalta a regeneração, o florescimento, a resiliência e a esperança em relação ao futuro."

– Doutora Vandana Shiva, feminista,
ecologista e ativista no mundo em desenvolvimento

"Em um momento em que a obsessão da humanidade com 'eficiência' nos levou à porta da perda crescente de biodiversidade e a uma crise climática catastrófica, Jeremy Rifkin nos guia para um futuro alternativo, impelido por uma visão profética da Era da Resiliência. Estreita-se com rapidez a janela de oportunidades da raça humana para agir diante da mudança climática. Com isso em mente, Rifkin convida a humanidade a se envolver em um profundo autoexame de suas relações com a natureza, a fim de fortalecer os vínculos com nosso lar terrestre. Esse é o único modo de construir um mundo resiliente preparado para enfrentar os desafios deste século."

– Ani Dasgupta, presidente e
CEO do World Resources Institute

"Jeremy Rifkin nos dá uma visão do futuro que pode inspirar todos os que desejarem ser agentes de mudança. Ele nos convida a transcender a ideia de progresso e adotar uma concepção holística e ecológica da existência na Terra. Na nova era, empatia e biofilia ganham proeminência para nossa reafiliação à natureza."

– Carlo Petrini, fundador e
presidente da Slow Food International

A ERA DA RESILIÊNCIA

Jeremy Rifkin

A ERA DA RESILIÊNCIA

Repensando a Existência da Nossa Espécie para nos
Adaptarmos a um Planeta Terra Imprevisível e Restaurado

Tradução
Marcos Malvezzi Leal

Editora Cultrix
SÃO PAULO

Título do original: *The Age of Resilience.*

Copyright © 2022 Jeremy Rifkin.

Copyright da edição brasileira © 2024 Editora Pensamento-Cultrix Ltda.

1ª edição 2024.

A Editora Cultrix não se responsabiliza por eventuais mudanças ocorridas nos endereços convencionais ou eletrônicos citados neste livro.

Editor: Adilson Silva Ramachandra
Gerente editorial: Roseli de S. Ferraz
Preparação de originais: Alessandra Miranda de Sá
Gerente de produção editorial: Indiara Faria Kayo
Editoração eletrônica: Join Bureau
Revisão: Claudete Agua de Melo

Dados Internacionais de Catalogação na Publicação (CIP)
(Câmara Brasileira do Livro, SP, Brasil)

Rifkin, Jeremy
   A era da resiliência: repensando a existência da nossa espécie para nos adaptarmos a um planeta Terra imprevisível e restaurado / Jeremy Rifkin; tradução Marcos Malvezzi Leal. – 1. ed. – São Paulo: Editora Cultrix*, 2024.

   Título original: The age of resilience.
   ISBN 978-65-5736-292-1

   1. Ecologia humana 2. Economia – Aspectos ambientais 3. Política ambiental – Aspectos sociais I. Título.

24-189589   CDD-363.7

Índices para catálogo sistemático:
1. Política ambiental: Ecologia: Bem-estar social 363.7
Tábata Alves da Silva – Bibliotecária – CRB-8/9253

Direitos de tradução para o Brasil adquiridos com exclusividade pela EDITORA PENSAMENTO-CULTRIX LTDA., que se reserva a propriedade literária desta tradução.
Rua Dr. Mário Vicente, 368 — 04270-000 — São Paulo, SP – Fone: (11) 2066-9000
http://www.editoracultrix.com.br
E-mail: atendimento@editoracultrix.com.br
Foi feito o depósito legal.

Para Carol L. Grunewald
Por dar voz à todas as espécies do mundo

Sumário

Parte III
COMO CHEGAMOS AQUI
Repensando a evolução na Terra

Parte IV
A ERA DA RESILIÊNCIA:
o fim da era industrial

Introdução

O s vírus chegam. O aquecimento da atmosfera continua. E a terra será restaurada em tempo real.. Tempos atrás, pensávamos que poderíamos forçar o mundo natural a se adaptar à nossa espécie. Agora enfrentamos o destino infame que nos força à adaptação a um mundo natural imprevisível. A espécie humana não possui um manual para o caos que se forma à sua volta.

Somos, pelo que sabemos, a espécie mamífera mais jovem sobre a Terra, com apenas 200 mil anos de história. Na maior parte desse tempo – 95% ou mais –, vivemos de modo quase idêntico ao dos nossos semelhantes primatas e mamíferos, como coletores e caçadores que sobrevivem da terra e se adaptam às estações, deixando uma mera película de impressão humana no corpo da terra.[1] O que mudou? Como nos tornamos os demolidores que quase deixaram a natureza de joelhos, esta que agora se volta rugindo para nos expulsar?

Voltemos atrás por um instante e vejamos a narrativa, hoje antiga, acerca do destino especial da espécie humana. Nos dias de trevas da Revolução Francesa em 1794, o filósofo Nicolas de Condorcet teve uma visão grandiosa do futuro enquanto aguardava ser levado para a guilhotina por alta traição. Ele escreveu: "Nenhuma barreira foi imposta ao aperfeiçoamento das faculdades humanas [...] a perfectibilidade do homem é absolutamente ilimitada [...] [o] progresso dessa perfectibilidade, a partir desse ponto acima do controle de todo poder que o impediria, não tem outro limite senão a duração do globo onde a natureza nos colocou".[2]

A nota promissória de Condorcet forneceu a base ontológica para aquela que depois viria a ser chamada de Era do Progresso. Hoje, a visão que Condorcet teve do futuro da humanidade parece ingênua, até risível. Entretanto, o progresso é apenas a encarnação mais recente da antiga crença de que nossa espécie foi feita de um material diferente do de outras criaturas com as quais compartilhamos a terra. Apesar de admitirmos, com má vontade, que o *Homo sapiens* evoluiu de uma sopa ancestral que remonta ao surgimento da vida microbial, gostamos de achar que somos diferentes.

Durante a era moderna, colocamos boa parte do mundo teológico de lado, mas nos apegamos à promessa do Senhor a Adão e Eva, de que eles e seus herdeiros teriam "domínio sobre os peixes do mar, e sobre as aves do ar, e sobre os animais domésticos e toda a terra, e sobre todos os seres que rastejam sobre a terra".[3] Essa promessa, ainda levada a sério, porém sem as nuances religiosas, levou ao colapso de nossos ecossistemas planetários.

Se há uma mudança a ser considerada, é a de que começamos a perceber que nunca tivemos domínio e que as ações da natureza são muito mais poderosas do que pensávamos. Nossa espécie agora parece muito menor e menos importante no quadro geral de vida na Terra.

Em todos os lugares, as pessoas sentem medo. Estamos despertando para a dura realidade de que a espécie humana é a responsável pela horrenda carnificina espalhada pela Terra: enchentes, secas, incêndios florestais e furacões que provocam caos e comprometem a economia e os ecossistemas do mundo inteiro. Sentimos que forças planetárias maiores que nós, difíceis de serem subjugadas pelos meios antes usados por nós no passado, chegam para ficar, com repercussões sinistras. Começamos a entender que nossa espécie e os outros seres no planeta se aproximam do limiar de um abismo ambiental sem volta.

E, agora, o alerta de que a mudança climática induzida pelo ser humano nos leva à sexta extinção em massa da vida na Terra passou das margens para o centro das atenções. Os sinais de alarme são ouvidos em toda parte. Líderes de governos, a comunidade empresarial e a financeira, o meio acadêmico e o público em geral começam a questionar os velhos clichês que nortearam a vida humana, deram interpretação ao sentido de nossa existência e nos fizeram compreender as realidades simples de sobrevivência e segurança.

Embora, para todos os fins, a Era do Progresso tenha terminado e só aguarde o atestado de óbito, o que é novidade, e que está sendo clamado e exigido com furor cada vez maior por todos os lados, é que nós, a raça humana, repensemos tudo: a visão de mundo, a compreensão da economia, as formas de governança, conceitos de tempo e espaço, as premências humanas mais básicas e o relacionamento com o planeta.

Até hoje, porém, o discurso é na melhor das hipóteses inconsistente e, no pior cenário, indefinido. Afinal, o que significa repensar todos os aspectos de nossa vida? Temos uma pista. A pergunta que está sendo feita de várias maneiras é: como podemos nos "adaptar" ao caos iminente? Ouvimos essa pergunta à mesa da cozinha e pela vizinhança, onde trabalhamos, nos divertimos e vivemos nossa existência.

"Resiliência", por sua vez, tornou-se o novo refrão definidor ouvido em inúmeros locais, o modo como nos definimos em um futuro perigoso que já bate à porta. A Era do Progresso cedeu lugar à Era da Resiliência. Repensar a essência da espécie e seu lugar na Terra marca o início de uma nova jornada na qual a natureza é, hoje, a sala de aula.

A grande transformação da Era do Progresso em Era da Resiliência já desencadeia um vasto reajuste filosófico e psicológico no modo como a espécie humana percebe o mundo ao redor. Na raiz da transição há uma mudança drástica de nossa orientação temporal e espacial.

A orientação temporal subjacente que direcionou toda a Era do Progresso é a "eficiência": a tentativa de otimizar despojo, consumo e descarte de recursos naturais e, com isso, aumentar a opulência material da sociedade de maneiras cada vez mais velozes em módulos temporais cada vez mais estreitos, mas à custa da dizimação da própria natureza. A orientação temporal e o ritmo do tempo da sociedade se desenvolvem em torno do imperativo da eficiência. Foi ela que nos conduziu às alturas de comando como espécie dominante na Terra e, agora, à ruína do mundo natural.

Nos últimos tempos, pela primeira vez, erguem-se as vozes da comunidade acadêmica, do mundo corporativo e do governo contra esse valor da eficiência, outrora sagrado, sugerindo que sua mão de ferro sobre a banda temporal da sociedade está literalmente nos matando. Como, então, repensaremos o futuro?

Se a Era do Progresso marchou lado a lado com a eficiência, a coreografia temporal da Era da Resiliência caminha com a adaptabilidade. A passagem temporal da eficiência para a adaptabilidade é o cartão de reentrada que leva nossa espécie do isolamento e da exploração do mundo natural à repatriação, com uma multiplicidade de forças ambientais que animam a Terra, acentuando um reposicionamento da ação humana sobre um planeta cada vez mais imprevisível.

Esse realinhamento já afeta outros pressupostos profundamente enraizados sobre como a vida econômica e social deveria ser conduzida, medida e avaliada. A transposição de eficiência para adaptabilidade vem com mudanças marcantes na vida econômica e social, dentre as quais o desvio da produtividade para a regeneratividade, do crescimento para o desenvolvimento, da posse para o acesso, dos mercados de venda e compra para as redes de provedor e usuário, dos processos lineares para os cibernéticos, de economias verticalmente integradas de escala para economias lateralmente integradas de escala, de cadeias de valor centralizado para cadeias de valor distribuído, de conglomerados corporativos para ágeis cooperativas do tipo *blockchain*, de alta, pequena ou média tecnologia em fluidos comuns, dos direitos de propriedade intelectual para o compartilhamento de conhecimento em fonte aberta, de jogos de soma zero para efeitos de rede, da globalização para a glocalização, do consumismo para a gestão ambiental, do produto interno bruto (PIB) para indicadores de qualidade de vida (IQV), das externalidades negativas para a circularidade, e da geopolítica para a política da biosfera.

A emergente terceira iteração da Revolução Industrial que tira o mundo das burocracias analógicas e o leva às plataformas digitais que se espalham por toda a Terra vem reinserindo a espécie humana nas infraestruturas naturais do planeta: a hidrosfera, a litosfera, a atmosfera e a biosfera. Essa nova infraestrutura leva a humanidade coletiva para além da era industrial. No paradigma econômico emergente, é provável que o "capital financeiro", o cerne da era industrial, seja superado por uma nova ordem econômica que primará pelo "capital ecológico", conforme nos aprofundarmos na Era da Resiliência ao longo da segunda metade do século XXI e além.

Não é nenhuma surpresa que a nova temporalidade caminhe por uma reorientação espacial fundamental. Na Era do Progresso, o espaço se tornou sinônimo de recursos naturais passivos e uma governança que trata a natureza como propriedade. Na Era da Resiliência, o espaço é composto de esferas planetárias que interagem para estabelecer processos, padrões e fluxos de uma Terra em evolução.

Também mal começamos a compreender que nossa vida e a de outras espécies existem como processos, padrões e fluxos. A ideia de que somos seres autônomos atuando uns sobre os outros e sobre o mundo natural já vem sendo repensada pela nova geração de físicos, químicos e biólogos na vanguarda da investigação científica. Eles começam a desvendar uma história diferente sobre a natureza da humanidade e, nesse processo, desafiam a crença em nossa identidade autônoma.

Todos os seres vivos são extensões das esferas da Terra. Os elementos, minerais e nutrientes da litosfera, a água da hidrosfera e o oxigênio da atmosfera passam de modo contínuo por nós na forma de átomos e moléculas, fixando residência em nossas células, tecidos e órgãos, conforme prescrito pelo DNA, para depois serem substituídos em vários intervalos no decorrer da vida. Embora pareça surpreendente, a maior parte dos tecidos e órgãos que compõem nosso corpo sofre rotatividade constante em nosso tempo de vida. Por exemplo, quase o esqueleto inteiro é substituído a cada dez anos e pouco. Um fígado humano é renovado a aproximadamente cada trezentos a quinhentos dias; as células que revestem o estômago são renovadas a cada cinco dias; as células de Paneth do intestino são substituídas a cada vinte dias.[4] Um adulto maduro, sob o estrito ponto de vista físico, pode ter apenas dez anos ou até menos.[5]

E, ainda assim, o corpo não pertence só a nós, mas é compartilhado por muitas outras formas de vida: bactérias, vírus, protistas, arqueobactérias e fungos. De fato, mais da metade das células no corpo humano e a maior parte do DNA que nos compõe não são humanas; elas pertencem ao restante das criaturas que residem nas várias partes de nosso ser. A questão é que as espécies da Terra e os ecossistemas não se detêm nas fronteiras do corpo, mas fluem continuamente para dentro e fora dele. Cada um de nós é uma membrana semipermeável. Somos do nosso planeta, literal e figurativamente, o que por si só deveria acabar com a noção obsessiva de que a espécie é algo à parte da natureza.

Nossa inseparabilidade dos fluxos da natureza torna-se cada vez mais diversa e íntima. Como todas as outras espécies, somos feitos de uma miríade de relógios biológicos que não param de adaptar o ritmo físico interno ao dia circadiano e aos ritmos lunares, sazonais e anuais que marcam a rotação diária da Terra e sua passagem anual em torno do Sol. Recentemente, também temos aprendido que os campos eletromagnéticos endógenos e exógenos que cruzam todas as células, tecidos e órgãos, e permeiam o planeta, têm uma função crucial no estabelecimento de padrões segundo os quais os genes e as células se alinham, tomam forma e auxiliam na manutenção de funções físicas.

Somos da Terra, em cada tendão de nosso ser. Assim como o repensar da temporalidade, a compreensão emergente da espacialidade extensa como espécie também nos força a uma reavaliação de nosso relacionamento com as outras espécies e nosso lugar na Terra.

Com isso, repensamos ainda a natureza da governança e o modo como nos vemos na condição de organismo social. Na Era da Resiliência, a governança passa de soberania sobre os recursos naturais para gestão de ecossistemas regionais. A governança biorregional, por sua vez, se torna muito mais distribuída, com comunidades locais assumindo a responsabilidade de se adaptar e cuidar de seus 19 quilômetros de biosfera terrestre que compreendem a litosfera, a hidrosfera e a atmosfera: a região da Terra onde a vida se desenvolve.

Neste mundo muito diferente, no qual derrubamos os muros entre civilização e naturalização, a democracia representativa, há muito considerada o modelo mais justo e inclusivo, é vista como um sistema que será gradativamente removido do envolvimento prático com a natureza, exigido de todo membro da espécie humana. A "democracia representativa" já começa a abrir caminho, aos poucos, para a "governo cidadão" distribuído, à medida que uma geração mais nova se torna participante ativa da governança de suas biorregiões.

Na era emergente, o cidadão esforçado e eficiente – cuja única obrigação para com a governança é votar em um pequeno contingente de funcionários que representarão seus interesses – cede lugar, em parte, às assembleias de concidadãos ativos dedicados a cuidar de suas biorregiões. Já existe precedente para isso, pois os estados-nações possuem júris tradicionais estabelecidos, convocados para analisar a culpa ou a inocência de seus colegas em casos nos tribunais civis e criminais.

Esses tópicos constituem apenas uma pequena porção de desenvolvimento que só agora desponta, à medida que nossa espécie dá uma reviravolta histórica da Era do Progresso para a Era da Resiliência. Outros avanços se seguirão enquanto repensarmos nossa posição de agentes em um planeta animado que evolui de maneiras insondáveis, às quais deveremos nos adaptar se quisermos sobreviver e prosperar.

As páginas seguintes são uma síntese de até onde fomos desde que os primeiros Adão e Eva assumiram postura ereta e saíram do Grande Vale da Fenda, na África, seguindo para as savanas e, de lá, aventurando-se pelos continentes.

A espécie humana é a grande viajante do mundo, em busca de algo mais que a subsistência diária. Algo mais profundo e inquieto se agita dentro de nós, um sentimento que nenhuma outra criatura possui. Vivemos em uma busca incansável, reconhecida ou não, pelo significado de nossa existência. É o que nos move. Porém, em algum ponto da jornada, perdemos o caminho.

Na maior parte do tempo na Terra, nossa espécie, como todas as outras, encontrou meios de se adaptar continuamente às forças maiores da natureza que se desenvolvem ao redor. De repente, dez mil anos atrás, com o fim da última Era Glacial e o começo de um clima temperado que chamamos de Holoceno, tomamos um novo rumo prometeico, forçando a natureza a se adaptar à nossa espécie. Com o advento dos impérios agrícolas hidráulicos, há cinco mil anos, e, em tempos mais recentes, com as Revoluções Protoindustrial e Industrial do fim da Idade Média e da era moderna – que chamamos de civilização –, nossa jornada foi marcada pelo domínio sempre maior sobre o mundo natural. E hoje nosso sucesso (se é que podemos usar tal palavra) é mensurado por uma estatística espantosa. Embora o *Homo sapiens* corresponda a menos de 1% da biomassa total da Terra, em 2005 usávamos 24% da produção primária líquida a partir da fotossíntese, e as tendências atuais preveem que talvez usemos 44% até 2050, deixando apenas 56% da produção primária líquida para o restante da vida no planeta.[6] Obviamente, isso é insustentável. A humanidade com um todo tornou-se um valor numérico atípico de vida, e agora arrastamos as demais espécies conosco para um cemitério geológico maciço no emergente Antropoceno.[7]

Por ironia, diferentemente de nossos semelhantes da Terra, a espécie humana tem as duas faces de Jano. Se causamos os estragos, também temos o potencial de consertá-los. Fomos agraciados com uma qualidade especial, implícita no circuito neural: o impulso empático, que se mostra elástico e capaz de expansão infinita. É esse atributo raro e precioso que evolui, regride e ressurge repetidas vezes, sempre atingindo novos platôs antes de outra recaída. Em anos recentes, uma geração mais jovem começou a estender o impulso empático para além da espécie, incluindo as outras que compartilham o planeta conosco, todas as quais fazendo parte da família evolucionária. É o que os biólogos chamam de consciência da biofilia, um sinal esperançoso de um novo caminho.

Os antropólogos nos dizem que estamos entre as espécies mais adaptativas. A questão é se usaremos esse atributo definidor para assimilar a volta ao rebanho da natureza, aonde quer que ela nos leve, com um senso de humildade, atenção plena e pensamento crítico que permitam à espécie e a nossa família biológica extensa desenvolver-se de novo. A grande reviravolta da adaptação da natureza à espécie humana para a readaptação de nossa espécie à natureza exigirá que abandonemos a tradicional abordagem baconiana da investigação científica, com sua ênfase em extrair os segredos da natureza e ver a Terra como um recurso e um bem para o consumo exclusivo da espécie. No lugar dela, precisaremos adotar um paradigma científico radicalmente novo, que uma nova geração de cientistas chama de modelagem de sistemas adaptativos sociais/ecológicos complexos, ou Cases (*complex adaptive social/ecological systems*), na sigla em inglês. Essa nova abordagem da ciência vê a natureza como uma "fonte de vida", e não um "recurso", e considera a Terra um sistema de auto-organização e autoevolução complexo, cuja trajetória é, afinal, desconhecida e requer, portanto, uma ciência de antecipação e adaptação vigilante em vez de precedência forçada.

Um planeta restaurado será um teste para o espírito coletivo. Esperamos que nossa jornada atual na Era da Resiliência nos conduza a um novo Jardim do Éden, mas desta vez não como donos, e sim como espíritos empáticos em relação a outras espécies com as quais compartilhamos o lar terrestre.

Parte I

EFICIÊNCIA *VERSUS* ENTROPIA

A dialética da modernidade

1

Máscaras, respiradores e papel higiênico:

como a adaptabilidade supera a eficiência

Há uma frase conhecida por quase todas as pessoas no mundo empresarial que define o espírito de como nos definimos durante a Era do Progresso. Adam Smith, o primeiro economista moderno e pai fundador da disciplina, em sua obra *A riqueza das nações*, escreveu as seguintes palavras, que traduzem o que se considera a essência da natureza humana observada por sucessivas gerações nos últimos dois séculos:

> Todo indivíduo se esforça continuamente para descobrir o uso mais vantajoso de qualquer capital que possa dominar. Na verdade, o que ele tem em vista é sua vantagem pessoal, não da sociedade. Mas o estudo de sua vantagem pessoal naturalmente, ou melhor, necessariamente, leva-o a preferir o uso que acaba sendo mais vantajoso para a sociedade. [...] Ele almeja ganhos próprios, e nesse empenho, como em muitos outros casos, é guiado por uma mão invisível a promover o fim que não era parte de sua intenção. [...] Ao tentar satisfazer o interesse próprio, ele frequentemente promove o da sociedade, e de modo mais **eficaz** do que se realmente o pretendesse.[1]

Smith interpretava "eficaz" quase como um sinônimo de "eficiente", a própria meta do *Homo economicus*", à qual adere a sociedade.

No dia 14 de maio de 2021, o jornal *The New York Times* publicou um excelente ensaio com a ácida manchete "Seu carro, sua torradeira e até sua máquina de lavar não podem funcionar sem eles. E há uma escassez global".[2] O artigo foi escrito pelo economista Alex T. Williams.

A matéria prevê um desarranjo e uma erupção econômica bem no cerne do sistema capitalista, erupção esta de tamanha magnitude que será capaz de implodir e desequilibrar a ordem econômica sobre a qual estruturamos nossa vida comercial nos últimos dois séculos. Implícitas no artigo estão pistas do tipo de sistema que provavelmente o substituirá.

O artigo começa muito modesto, apontando para "uma escassez global na cadeia de suprimento de semicondutores". São os minúsculos *microchips* embutidos nos numerosos processos e produtos manufaturados que constituem o *smart world* digitalizado. Os semicondutores são uma indústria de meio trilhão de dólares. Para termos uma ideia da seriedade do problema, concentremo-nos apenas em uma empresa Fortune 500: a Ford Motor Company. A empresa anunciou que a atual escassez de semicondutores usados na fabricação e no funcionamento de seus veículos obrigou-a a prever uma queda de 2,5 bilhões de dólares em lucros no ano seguinte.[3] Se ampliarmos esses prejuízos para a economia global completa que depende de semicondutores – desde equipamentos médicos a linhas transmissoras de eletricidade – começaremos a compreender a gravidade da crise.

Nos bastidores da crise, o presidente Joe Biden convocou uma discreta reunião de alto nível com executivos da Ford Motor Company e da Google para avaliar o abalo econômico e o risco de segurança nacional de uma falta de semicondutores, a maior parte dos quais é fabricada além-mar. Executivos da Verizon, Qualcomm, Intel e Nvidia, entre outras gigantes corporativas, formaram uma coalizão industrial a fim de pressionar um urgente financiamento do governo federal de pesquisa e desenvolvimento (P&D) de semicondutores e a subscrição de fundos para estabelecer instalações de manufatura nos Estados Unidos. A coalizão quer a vultosa soma de 50 milhões de dólares reservada no plano de infraestrutura proposto pelo governo federal, desde o início, citando a escassez relacionada aos semicondutores e o risco de segurança que pode atravancar a economia norte-americana.

O problema se estende para além de um lapso de curto prazo na cadeia global de suprimentos. No restante do artigo, os leitores encontram referência a duas palavras que definem a própria natureza da crise e, mais ainda, preveem uma contradição fundamental no capitalismo em si: o inevitável conflito de troca entre "eficiência" e "resiliência".

A enorme despesa envolvida para se criarem instalações manufatureiras gigantes com o intuito de produzir semicondutores complexos provoca margens de lucros mais baixas. São poucas as empresas mais eficientes que chegaram ao topo investindo no que se chama "logística enxuta (*lean logistics*) e cadeias de suprimento" e "processos de manufatura enxuta" (*lean manufacturing processes*), que eliminam os estoques intermediários e outras redundâncias no sistema que talvez fossem necessários no caso de uma emergência. Por exemplo, armazenagem de estoques excedentes; providência de instalações adicionais de manufatura que podem ser acionadas de um momento para outro; contratação de uma força de trabalho que possa ser utilizada com rapidez se houver falha na linha de produção; e opções disponíveis de uma cadeia de suprimentos adicional que possa ser operacionalizada para evitar falhas e a desaceleração do sistema de logística.

Essas despesas extras desviam a eficiência operacional e reduzem o fluxo de renda, corroendo o resultado final. Por esses motivos, esses *backups* são malvistos por diretores e acionistas, pois encolhem as margens e o lucro. O mundo fica, então, com um punhado de pesos-pesados de gigantes corporativos no mercado semicondutor que comandam a indústria. Esses líderes de mercado sobreviveram à concorrência cortando custos em suas operações com processos de *lean logistics* e de manufatura, tornando-os cada vez mais "eficientes", mas à custa de serem menos "resilientes" e vulneráveis a eventos inesperados. Williams ressalta a óbvia desvantagem, ao perguntar: "De que adianta uma fábrica hipereficiente e superenxuta se, por exemplo, um desastre natural torná-la inativa e não houver um suprimento adicional?".[4] O resumo da história é que a eficiência impera, mas à custa da resiliência.

A escassez de semicondutores não é o primeiro evento a lançar dúvida pública sobre a resiliência da economia na onda das crescentes desordens naturais ou causadas pelo homem. O primeiro indício de rachaduras no sistema capitalista surgiu de modo inesperado na primavera de 2020. Estupefatos pela rápida disseminação do mortal vírus da Covid-19, os países foram pegos desprevenidos, com suas instalações médicas despreparadas para a pandemia, e suas populações se viram expostas, desprotegidas e sem recursos para cuidar das necessidades de suas famílias.

Uma tempestade de fogo desabou de forma inesperada em março de 2020 com uma matéria editorial escrita por William Galston do *The Wall Street Journal*, que foi vice-secretário do presidente Bill Clinton. O início do artigo era: "Eficiência não é a única virtude econômica". Galston afirmou que vinha pensando nas consequências econômicas da pandemia de Covid-19. Enquanto as consequências da pandemia preocupavam, ela era acompanhada de uma surpresa que nos fazia abrir os olhos. A América estava totalmente despreparada para suprir a necessidade. Noite após noite nos noticiários, governadores, profissionais de saúde e o público em geral perguntavam onde estavam as máscaras N95, equipamento de proteção individual, respiradores etc. Por que há uma falta de sabonete antibacteriano e até papel higiênico e outras necessidades básicas?

REPÚDIO PÚBLICO À EFICIÊNCIA

Galston percebeu que havia algo errado com o sistema econômico global que não permitia satisfazer as necessidades mais básicas do público norte-americano diante de uma crise de saúde ocorrida uma vez a cada século.

Ele se atreveu a fazer a pergunta que estava implícita em toda tela de televisão, o segredinho sujo subjacente ao capitalismo: "Será que a selvagem obsessão pela eficiência, que domina o pensamento empresarial americano há décadas, deixou o sistema econômico global mais vulnerável a choques?".[5] Galston observou que o próprio sucesso da globalização depende de dispersar a produção de bens e serviços que compõem as necessidades diárias àquelas regiões do mundo mais bem preparadas para criar economias eficientes de escala, cortando custos de mão de obra e ignorando protocolos de proteção ambiental. Esses produtos são, na sequência, transportados por navios e aviões de carga para a América e os confins da terra.

Galston disse que, embora compreendesse que as eficiências geradas pela globalização fossem um "conflito de troca" e uma "inevitabilidade", o resultado previsível era que, "à medida que aumenta a eficiência, a resiliência diminui". Ele concluiu o texto alertando seu público empresarial de que, "na busca implacável por maior eficiência, ainda uma fonte-chave da vantagem competitiva, as decisões tomadas por atores individuais do mercado produzirão, no agregado, um suprimento menos que ideal de resiliência, um patrimônio público".[6] Foi difícil para a comunidade empresarial ouvir tal mensagem. Afinal, ao chamar a atenção para esse indiscutível lado negativo da eficiência em um sistema capitalista global, considerado o melhor de todos os mundos possíveis, Galston pisou no calcanhar de aquiles do sistema inteiro que rege a sociedade moderna.

Se o artigo de Galston fosse uma única flecha lançada, poderia ter passado sem atrair a atenção. Mas poucas semanas depois, em 20 de abril, o senador Marco Rubio, político conservador e líder do partido Republicano, também fez um ataque frontal ao cerne do sistema capitalista, em um editorial publicado no *The New York Times* sob o título: "Precisamos de uma economia americana mais resiliente". A postura de Rubio foi ainda mais agressiva, alertando que "nas últimas várias décadas, os líderes políticos e econômicos de nossa nação, tanto Democratas quanto Republicanos, têm feito escolhas sobre como estruturar nossa sociedade que põem a eficiência econômica à frente da resiliência, ganhos financeiros acima do investimento na Main Street, enriquecimento individual em detrimento do bem comum".[7]

Rubio culpa a comunidade empresarial americana por estabelecer sua base manufatureira extraterritorial em países em desenvolvimento, enquanto usa sua experiência para construir uma economia de base financeira e de serviços. Sobre ela, escreve que "produziu um dos motores econômicos mais eficientes de todos os tempos", mas "não possui resiliência", fato que, segundo ele, "pode ser devastador em uma crise". Rubio tocou um nervo mais profundo e filosófico ao sugerir que o país precisava lidar com as consequências de um "etos hiperindividualista", procurando uma renovação do espírito americano de resiliência que fez dos Estados Unidos um chamariz para o mundo.[8]

A crítica de Galston e Rubio da paixão entre a América e a eficiência, à custa das raízes resilientes anteriores, já começava a borbulhar na superfície. A diferença é que a oneração sobre a economia e a sociedade americanas só se tornou real para a maioria dos americanos quando depararam com prateleiras vazias nos supermercados e farmácias durante os primeiros meses da pandemia de Covid-19.

Mesmo antes da Covid-19, já se erguiam vozes lá no fundo do sistema capitalista. Em janeiro de 2019, a *Harvard Business Review* publicou um longo ensaio com o controvertido título de "O alto preço da eficiência". O autor, Roger Martin, foi diretor da Rotman School of Management, da Universidade de Toronto. O artigo era parte de uma série que começou com o seguinte dilema: "A partir de Adam Smith, os pensadores empresariais sempre consideraram a eliminação de resíduos o santo graal da gestão. Mas o que acontecerá se os efeitos negativos da busca por eficiência eclipsarem as recompensas?".[9] Assim como outros pensadores no mundo rarefeito da gestão empresarial, Martin dá seu primeiro passo nos 250 anos de história da profissão para desafiar os truísmos regentes da disciplina. Para que os descrentes não deixem de reconhecer a importância vital da eficiência como peça central das economias neoclássicas e, mais recentemente, neoliberais, Martin esclarece os pontos:

> A virtude pura da eficiência nunca esvaeceu. Ela está incorporada em organizações multilaterais como a Organização Mundial do Comércio, que visa tornar o comércio mais eficiente. Está inserida no Consenso de Washington por meio da liberalização de troca e investimento estrangeiro direto, formas eficientes de tributação, desregulação, privatização, mercados de capital transparentes, orçamentos equilibrados e governos que combatem o desperdício. E é promovida nas salas de aula de todo curso de administração de empresas no planeta.[10]

Martin segue outro caminho na crítica à obsessão capitalista pela eficiência. Ele argumenta que no início de novos avanços tecnológicos acompanhados de oportunidades comerciais, os pioneiros dos negócios consolidam com rapidez seu controle sobre o emergente potencial de mercado, aumentando sua eficiência em todas as potenciais cadeias de valor e integrando-as verticalmente nas operações, com o intuito de criar economias de escala. Entretanto, ser pioneiro e líder do mercado é um passo que vem com uma externalidade negativa, não prevista na corrida até o topo.

Martin usa o exemplo das poucas empresas que controlam virtualmente o mercado de amêndoas de todo o globo. Na época em que a indústria progredia, o Vale Central da Califórnia era considerado "perfeito para o cultivo de amêndoas" e atualmente mais de 80% das amêndoas produzidas no mundo vem dessa região.[11]

Infelizmente, centralizar a produção de amêndoas em um local por causa das condições climáticas ideais foi um ato contrário aos desencadeadores climáticos imprevistos. Os brotos de amêndoa da Califórnia requerem uma janela sazonal muito estreita para a polinização, e necessitam do transporte de colmeias de diversas partes da América até a região. Em anos recentes, porém, a população de abelhas vem morrendo em grande número. Mais de um terço das colônias apícolas comerciais da América se extinguiu só no inverno de 2018-2019, um recorde.[12] Há muitas teorias acerca da causa ambiental dessas mortes de abelhas, mas basta dizermos que a monocultura da indústria de amêndoas, apesar de eficiente no início, mostrou-se mais vulnerável e menos resiliente a externalidades.

O que Martin não mencionou é que as amendoeiras são também vorazes consumidoras de água. Cada amêndoa produzida precisa de 3,7 litros de água. Tudo isso e mais quase 10% de toda a água consumida pela agricultura na Califórnia anualmente saciam a sede das amendoeiras no Vale Central; é mais água que a consumida pelas populações inteiras de Los Angeles e São Francisco em um ano.[13]

Para piorar as coisas, a mudança climática transformou o até então fértil Vale Central em uma região devastada pela seca, ameaçando a futura viabilidade do que era, antes, um local muitíssimo eficiente para a plantação de pomares de amêndoas. As eficiências em curto prazo de concentrar 80% das amendoeiras do comércio mundial em uma região colidiram com as ameaças ambientais inesperadas que a indústria não considerou... O que era visto como um negócio bastante rentável se revelou não resiliente.[14] A lição é que a monocultura em qualquer empreendimento, ou seja, colocar todas as amêndoas em um único cesto, apesar de eficiente, não possui resiliência contra eventos futuros desconhecidos.

O DESENROLAR DO CAPITALISMO INDUSTRIAL

Enquanto a eficiência é um valor temporal, a resiliência é uma condição. É verdade que a crescente eficiência costuma comprometer a resiliência, mas o valor temporal que serve de antídoto não é mais eficiência, e sim adaptabilidade. No decorrer do último meio século, percebemos que a Terra funciona como um sistema auto-organizador no qual todas as formas de vida se adaptam de maneira contínua, em cada momento, aos fluxos e ondas de energia do planeta e à evolução das esferas da terra. Adaptabilidade é um conceito muito parecido com o de "harmonização" na natureza, uma característica peculiar das religiões e filosofias orientais.

Eficiência é sobre eliminar a fricção, um codinome para livrar-se de redundâncias que possam diminuir a velocidade e a otimização da atividade econômica. Resiliência, porém, pelo menos na natureza, tem tudo a ver com redundância e diversidade. Por exemplo, a monocultura de uma variedade agrícola específica pode ser mais eficiente em termos de velocidade de crescimento até a maturidade, mas se essa monocultura particular estiver submetida a uma praga, os prejuízos podem ser irreparáveis.

A descoberta no mundo empresarial e nas faculdades de administração de que a eficiência, há muito anunciada como braço operacional da teoria e da prática capitalista, é uma grande culpada por aumentar o risco e a subsequente vulnerabilidade da economia e da sociedade, comprometendo nossa resiliência coletiva, parece ter surgido do nada. Hoje, porém, essa consciência vem com uma reavaliação pesada de como devemos proceder.

Se nosso apego à eficiência começa a deteriorar-se, então o que faremos com a produtividade, sua irmã gêmea, e a outra ação vital que permite à nossa economia viver e respirar? Enquanto a eficiência é um valor temporal, a produtividade é uma simples média de *outputs* produzidos pelos *inputs* utilizados, principalmente aqueles que se relacionam com tecnologia e as consequentes práticas empresariais inovadoras. Tanto a eficiência quanto a produtividade são processos lineares estritos, limitados no tempo à cadeia de produção e ao intercâmbio de mercado, com pouca atenção aos efeitos do lado negativo que podem se estender depois que o produto é intercambiado e o serviço feito. Mas claro que a negação dessas externalidades muito negativas, criadas pelas crescentes eficiências e produtividade, permite às empresas aumentar os lucros.

Os sistemas biológicos são organizados em torno de um regime operante muito diferente. Enquanto a adaptabilidade, e não a eficiência, é a assinatura temporal dos sistemas biológicos, a regeneratividade, em vez da produtividade, é a medida do desempenho. Adaptabilidade e regeneratividade são inseparáveis em todos os organismos biológicos e ecossistemas. Consideremos, por exemplo, o processo de autofagia na biologia.

Yoshinori Ohsumi é um citologista japonês de 76 anos que passou a vida estudando autofagia. A palavra deriva de termos gregos que significam "comer a si mesmo". Autofagia é o sistema de descarte de detritos da célula. É o processo pelo qual "o lixo celular é coletado e posto em membranas como sacos de lixo, que são chamadas de autofagossomas [...] [e] transportados para outra estrutura conhecida como lisossomo". Os biólogos sempre consideraram o lisossomo uma "lata de lixo celular" sem grande consequência, assim como a sociedade humana pouco pensa nos depósitos de lixo ou lixões.[15] Mas o que Ohsumi descobriu, por fim, é que a autofagia consiste em um mecanismo de reciclagem do organismo. Os componentes celulares descartados são coletados e suas partes ainda úteis, separadas para gerar energia e/ou construir células novas. Ohsumi ganhou o Prêmio Nobel de Fisiologia ou Medicina em 2016 pelo seu trabalho.[16]

A autofagia é apenas um de muitos exemplos dos processos e padrões profundamente inseridos em organismos vivos que têm nos ajudado a rever a interpretação da vida econômica. Tornou-se moda nos últimos anos em quase todos os setores da economia imitar as práticas regenerativas dos sistemas biológicos, infundindo o processo de "circularidade" – termo comercial para reciclagem – em cada estágio do processo econômico, da extração à produção, passando pela armazenagem, logística e consumo, assegurando um *loop* relativamente fechado no qual poucos resíduos são desperdiçados, sendo reutilizados diversas vezes de maneira regenerativa, minimizando assim o encargo ambiental para as gerações presente e futura.

Seria toda essa conversa sobre eficiência *versus* adaptabilidade e produtividade *versus* regeneratividade pouco mais que um clamor momentâneo na trilha de uma ruptura de cadeias de suprimento, logística e estoques intermediários que pegou o mundo de surpresa no desenrolar da pandemia de Covid-19? Ou há algo de natureza mais profunda fincando suas raízes? Nos anos 1960, quando era estudante na Wharton School, e depois, entre 1995 e 2010, quando lecionei no programa Wharton Executive Education, e em particular no Programa Avançado de Administração, não me recordo de um único caso em que as discussões tivessem enfocado a questão dos inconvenientes da eficiência e do progresso, muito menos alguma conversa animada a respeito da narrativa da contraeconomia voltada para adaptabilidade e resiliência.

O que mudou foi uma série crescente de crises. Só nas duas últimas décadas, testemunhamos o ataque terrorista em 11 de setembro de 2001 ao World Trade Center e a ascensão meteórica de células e movimentos terroristas no mundo todo; o colapso da economia global em 2008 e, com ele, a Grande Recessão; a galopante disparidade na renda com o crescimento de uma elite global de interesses financeiros e empresarias e o avanço do empobrecimento da força de trabalho por todo o planeta; a ascensão dos populistas de extrema-direita e dos movimentos e partidos políticos fascistas, com a filosofia autocrática e a perda de fé na governança democrática. Mas todas essas crises, que ameaçam desestabilizar a civilização humana, são eclipsadas por outras duas grandes crises existenciais: uma pandemia global que se alastrou com muita rapidez e o exponencial aquecimento do clima planetário, que vem conduzindo nossa espécie e outras à extinção da vida na Terra.

A última vez que a espécie humana enfrentou uma crise remotamente comparável em magnitude e extensão ocorreu sete séculos atrás na Europa, no fim da Idade Média, com a disseminação da peste bubônica, a Morte Negra, que dizimou o continente e partes da Ásia, e que teve início em 1348 e continuou por várias centenas de anos, culminando com uma estimativa de 75 a 200 milhões de mortes na Eurásia.[17] O caos social e a perturbação política provocaram um desencantamento das massas com a governança da Igreja Católica e a consequente visão do mundo. A narrativa da igreja oferecia conforto aos fiéis e norteava a civilização ocidental havia mais de um milênio. A história de Cristo, a promessa de redenção por parte da igreja e a vida eterna formavam uma narrativa poderosa que era adotada por todo o mundo ocidental, mas no fim se revelou uma adversária fraca para uma minúscula bactéria, *Yersinia pestis*, invisível a olho nu.

Do desastre surgiu uma nova e abrangente visão do mundo e suas narrativas, seguidas de novas formas de governança e de meios de organizar a vida econômica e social. Essa nova ordem da civilização acabaria por conduzir a Europa, a América e, por fim, o resto do mundo aos tempos modernos sob a égide tenuamente definida de Era do Progresso.

A Era do Progresso já significou diversas coisas para muitas pessoas, entre elas, a ascensão da governança democrática, maiores liberdades pessoais, expectativa de vida mais longa e a extensão dos direitos humanos. Mas, no cerne dessa nova narrativa, está a melhoria do bem-estar material da humanidade, quando se canalizam a ciência e a tecnologia para uma economia capitalista baseada em mercado.

No cerne da mudança de paradigma da era medieval para a era moderna encontra-se a promessa de aperfeiçoar a condição humana. Dessa vez, porém, a responsabilidade por sua realização dependeria dos milagres da ciência e da exatidão da matemática; das novas tecnologias práticas para facilitar a vida; e da atração do mercado capitalista no avanço do bem-estar econômico da sociedade. Essas três métricas são as pedras angulares que alicerçam a Era do Progresso. O elemento conectivo é um método moderno único de organizar a orientação temporal e espacial de todo indivíduo, da comunidade, da economia e da sociedade em geral. É um termo tão onipresente que pouco se fala dele, e raramente alguém o questiona; mas, mesmo assim, é defendido de modo universal como "o passe livre" que economiza tempo e expropria espaço na esperança de se criar um paraíso terrestre.

Eficiência é a dinâmica temporal da modernidade. A eficiência reordena o uso do tempo e, por extensão, do espaço. Implícito em seu uso está a premissa de que ser eficiente economiza, acumula, compra e prolonga o tempo; e, com isso, dá ao indivíduo e até à sociedade um arrendamento estendido de tempo. Quanto mais eficiente se tornar uma pessoa, instituição ou comunidade, mais convencidas estarão de que ampliaram seus futuros horizontes, chegando bem perto de uma "medida" de imortalidade. Com o advento da ciência moderna, das tecnologias sempre mais sofisticadas e do capitalismo de mercado, uma poderosa nova trindade substituiu o Pai, o Filho e o Espírito Santo. A eficiência, por sua vez, viria para assumir o lugar de Deus, há muito considerado a força motora primária universal, posicionando-se assim como a nova divindade da Era do Progresso.

2

O taylorismo e as leis da termodinâmica

Os fãs de cinema conhecem muito bem os dois filmes mais icônicos do grande comediante do século XX, Charlie Chaplin: *O grande ditador* e *Tempos modernos*. Embora muitos cinéfilos saibam que no primeiro filme Chaplin parodiava Adolf Hitler, talvez ignorem que o segundo também foi uma paródia de um indivíduo famoso que exerceu um impacto marcante no século passado. No filme, Chaplin – o Pequeno Vagabundo – é operário de uma fábrica em linha de montagem e tem a função de apertar porcas e parafusos de maquinário em ritmo cada vez mais acelerado, tentando desesperadamente acompanhar o rápido ritmo determinado pela gerência, mas se atrapalha nas engrenagens e provoca um caos na fábrica.[1] O homem parodiado era Frederick W. Taylor, pai fundador do Evangelho da Eficiência.

Frederick Taylor nasceu em 1856, em uma próspera família quacre na Filadélfia. Frequentou a prestigiosa Phillips Exeter Academy em Exeter, New Hampshire. Após se formar em engenharia mecânica, ocupou várias posições gerenciais em empresas, a mais notável delas a Bethlehem Steel Corporation. Posteriormente, aceitou o cargo de professor na Tack School of Business na Faculdade Dartmouth, e em 1906 se tornou presidente da Sociedade Americana de Engenheiros Mecânicos. Em 1911, Taylor publicou *Os princípios da administração científica*, livro que se tornaria a bíblia para a inserção da eficiência no próprio cerne da civilização moderna.

Taylor elaborou um sistema de divisão de trabalho que garantiria à gestão o controle de quase todos os movimentos de todo trabalho em qualquer estágio do processo de produção. O sistema de Taylor, mais tarde conhecido como taylorismo, baseava-se em um único princípio regulador: a separação entre administração e planejamento da execução de tarefas no chão de fábrica e, mais além, a divisão dessas tarefas em subdivisões ainda mais simples da operação geral, cada uma coordenada para funcionar em ciclos e acelerar a velocidade do processo de produção.

Depois de estreitarem a contribuição de cada trabalhador no processo a uma única tarefa simples e repetível, com instruções minuciosas, os supervisores eram treinados para usar cronômetros a fim de analisar o tempo gasto em cada movimento e gesto do operário e, assim, eliminar quaisquer gestos desnecessários que pudessem desacelerar seu ritmo de trabalho. Em seguida, ajustavam os movimentos de cada trabalhador para acelerar o tempo de resposta e a precisão. O objetivo era determinar o melhor tempo sob condições ideais para a completude de uma tarefa e torná-lo o padrão para uma eficiência ainda maior. De um modo geral, as mais leves mudanças em gestos que pudessem retardar o desempenho eram corrigidas, às vezes extinguindo preciosos segundos da tarefa.

O desempenho dos operários era padronizado, tendo se eliminado quaisquer idiossincrasias comportamentais de cada um, com o intuito de criar um ambiente de trabalho em que os trabalhadores eram indistinguíveis das máquinas utilizadas. Todos os fatores no chão de fábrica eram vistos como componentes de uma megamáquina gerenciada cientificamente cuja capacidade era sempre medida em um aperfeiçoamento da eficiência, com um valor que seria calculado por análises de custo-benefício.

O EVANGELHO DA EFICIÊNCIA

Na prática, o chão de fábrica era apenas a base de onde Taylor avançava sua cruzada de eficiência por todo o panorama social nas primeiras décadas do século XX. O brilhantismo da narrativa de Taylor é que ela vinha atrelada à ciência, ganhando assim uma legitimidade que a tornava palpável para uma classe média educada, enquanto usava a palavra *eficiência*, originalmente um termo ligado ao desempenho de máquinas, para sugerir sua aplicabilidade a todos os aspectos da vida. Era a Idade da Máquina. Novas invenções entravam no mercado a velocidades estonteantes: o telefone, o dínamo elétrico, a luz elétrica, os automóveis, aviões, arranha-céus, o rádio, o cinema, as linhas de montagem automatizadas, os eletrodomésticos etc.

Milhões de famílias iam a grandes exposições internacionais na primeira metade do século XX nos Estados Unidos e em outros lugares, a começar pela Columbian Exposition em Chicago em 1893, até culminar na Feira Mundial de Nova York em 1939, a fim de vivenciar um mundo utópico, porém tangível, graças à ciência moderna e às novas eficiências do comércio. Todas as exposições eram elaboradas com o objetivo de atrair as pessoas para o futuro que elas construiriam e no qual viveriam.

Que lugar melhor para incutir no público essa nova visão de mundo que a própria casa? Uma avalanche de artigos aparecia em revistas populares, implorando às mulheres que fossem "progressistas e aderissem ao movimento da eficiência". Além de apelar para a melhor natureza delas, os artigos não hesitavam em repreendê-las. Mães de classe média eram repreendidas por "se matarem" no trabalho doméstico e as matérias lembravam às mulheres de que o lar era "parte de uma grande fábrica para a produção de cidadãos".[2] Christine Frederick, uma economista doméstica norte-americana, publicou um artigo na revista popular *Ladies' Home Journal* insistindo para que as donas de casa tivessem uma mentalidade mais científica e eficiente na administração da economia doméstica.

Ela confessou: "Durante anos nunca percebi que fazia oitenta movimentos errados para lavar, sem contar outros para separar, enxugar e

guardar as coisas".[3] Ela fazia um apelo às donas de casa norte-americanas para que adotassem uma prática padronizada de lavar louças a fim
de "descobrir quais movimentos são eficientes, e quais são desnecessários e ineficientes".[4]

"Estações de experimento nos cuidados da casa" foram criadas para
avaliar atividades domésticas. Estudos de tempo e movimento eram realizados com o objetivo de otimizar movimentos e segmentos de tempo
para a prática das tarefas domésticas, formando uma base de dados segundo a qual as donas de casas podiam ser treinadas nos "princípios da
engenharia doméstica".[5] A cruzada da eficiência avançava de vento em
popa. "O lar [...] deveria ser mecanizado, sistematizado" e otimizado de
acordo com os ritmos da eficiência.[6]

Embora a casa fosse o portão de entrada do taylorismo na sociedade,
foi a escola que se tornou o professor, guia, árbitro e aplicador da agenda
da eficiência. Os princípios da administração científica eram usados para
recriar as escolas à imagem das fábricas e moldar as crianças para serem
pequenas tayloretes, preparadas para as oportunidades e os desafios que
as aguardavam no "mundo do amanhã".

A mídia popular colaborou para gerar histeria em torno de uma abordagem ultrapassada da educação que não acompanhava o ritmo dos requisitos vocacionais necessários para preparar os estudantes para um
sistema industrial emergente, cuja tarefa primária era usar os princípios
da administração científica no sentido de capitalizar a eficiência, aumentar a produtividade e criar abundância econômica. O jornal *The Saturday
Evening Post* lançou um ataque feroz com o artigo intitulado "Nossas escolas medievais – queremos educar as crianças para o século XII ou o
século XX?". O autor ridicularizava o que os leigos consideravam "educação para cavalheiros" por "não ter a menor serventia no mundo, sobretudo
no mundo empresarial".[7] A crítica de outro taylorista era que "há uma
ineficiência na administração de muitas escolas, que jamais seria tolerada
no mundo dos escritórios e das lojas".[8]

vegetais e animais da América florescer e crescer em um ambiente cada vez mais industrializado.

Entretanto, as associações profissionais e indústrias se alinharam com a administração do presidente Theodore Roosevelt em torno do reposicionamento da conservação com um programa de eficiência. Embora argumentassem que os recursos naturais eram um patrimônio crítico responsável por boa parte da acentuada ascensão do país ao domínio mundial como poder industrial primário, também alertaram que a corrida para possuir, expropriar e explorar o tesouro de recursos naturais da nação estava matando a gansa que botava ovos de ouro, e pediam uma exploração mais eficiente da herança natural do país, a fim de beneficiar de um modo geral as indústrias e a economia dos Estados Unidos. Como as questões do uso dos recursos eram de natureza técnica, a supervisão deveria ficar por conta dos especialistas, mais preparados para administrar com eficiência a riqueza natural da nação.

O historiador ambientalista Samuel P. Hays resumiu nestes termos o cerne do movimento de conservação: "Os apóstolos do Evangelho da Eficiência subordinaram o estético ao utilitário. A preservação de cenários naturais e sítios históricos, segundo o esquema deles, continuou subordinada à crescente produtividade industrial".[10]

Se alguém pensa que a abordagem do uso das terras públicas na nação mudou no decorrer do último século, observe o seguinte. Atualmente, 90% das terras públicas "estão disponíveis para a extração de petróleo e gás, enquanto apenas 10% se destinam à conservação e outros valores, entre eles, recreação e regiões selvagens".[11] Pior, 42% de todo o carvão minerado nos Estados Unidos se encontra em terras federais, bem como 22% de todo o óleo cru e 15% de gás natural, que representam 23,7% das emissões de CO_2 que causam aquecimento global, segundo uma pesquisa recente sobre uso de território federal feita pelo Departamento do Interior dos Estados Unidos.[12]

A narrativa de eficiência nas primeiras décadas do século XX se tornou uma ferramenta conveniente para evitar questões fundamentais como equidade, gênero e igualdade racial, privação de direitos políticos, moralidade e até mesmo a responsabilidade da raça humana pelo mundo natural. A eficiência passou a ser celebrada como força de neutralidade. Assim como Charles Darwin reescreveu o livro da natureza, argumentando que o processo de seleção das espécies garantia a sobrevivência dos mais fortes, fazendo cair por terra qualquer noção de propósito divino, o princípio da administração científica chegou com a justificativa de que a eficiência se eleva acima do furor de interesses conflitantes e concorrentes. Desafiar a eficiência é esbarrar nas leis impenetráveis da ciência e do funcionamento do mundo natural. Como estávamos errados!

INTERPRETAÇÃO ERRÔNEA DE COMO FUNCIONA O MUNDO:
como mentes respeitadas confundiram nossa espécie

Um terço do solo superficial do mundo deteriorou-se na era industrial e os cientistas nos dizem que talvez tenhamos apenas sessenta anos de solo restante para alimentar a população humana do planeta.[13] Uma polegada de solo superficial necessita de quinhentos anos para ser recuperada.[14] Os cientistas também nos alertam que a mudança climática está desencadeando uma extinção em massa e que podemos perder até 50% de todas as espécies existentes nos próximos oitenta anos.[15]

Enquanto isso, o oxigênio do planeta se extingue em proporção assustadora, sem precedentes em dois bilhões de anos. O fitoplâncton dos oceanos, que equivale à metade da produção de oxigênio da Terra, sofre a ameaça do aumento da temperatura oceânica provocada pelas emissões do aquecimento global. Novos estudos preveem que, até 2100, a perda de fitoplâncton pode comprometer o oxigênio no oceano em escala global.[16] Tão perturbador quanto é o fato de que enchentes, furacões, secas e incêndios florestais têm aumentado de intensidade à medida que a temperatura da Terra sobe por causa do aquecimento global, desestabilizando ecossistemas, tornando inabitáveis vastas áreas do planeta e forçando 19% da Terra a se tornar "uma zona quente onde mal se pode sobreviver" até 2070.[17]

O impacto sofrido pela espécie humana é apavorante de se ver. Há um século, cerca de 85% da superfície da terra ainda era caracterizada por regiões selvagens, mas hoje menos de 23% de massa terrestre permanece intocada pela mão humana, com projeções de que nas várias próximas décadas esse pouco provavelmente desaparecerá, depois de 3,5 bilhões de anos de vida no planeta.[18]

Como isso pôde acontecer? Por que não previmos isso? Há muitas opiniões sobre o assunto. Mas a verdade inquestionável é que grande parte da culpa cabe à comunidade científica, à profissão da economia e à comunidade empresarial, que sustentaram a narrativa de como a economia global funciona sob condições ideais para garantir os interesses e assegurar o bem-estar da humanidade.

A história começa com o matemático e cientista francês René Descartes, frequentemente considerado o primeiro filósofo moderno. Nascido em La Haye en Touraine, França, em 1596, o jovem francês foi um excelente aluno em matemática e física. Na juventude, Descartes se deslumbrava com todas as novas invenções mecânicas que estendiam o poder do homem sobre a natureza e argumentava que elas deviam fazer parte de um quadro muito maior, um universo mecânico, ou seja, um universo racional regido por leis mecânicas. Segundo ele, essas leis poderiam ser descobertas e utilizadas para beneficiar a humanidade.

Descartes se lembrava de que na noite de 10 de novembro de 1619, quando ele tinha 23 anos, foi para a cama e teve três sonhos sucessivos em que o espírito divino lhe revelava uma nova filosofia, diferente de qualquer outra que o precedera. Ao acordar, ele compreendia os elementos que depois ficaram conhecidos como geometria analítica e o conceito da matemática aplicada à filosofia. Descartes refletia que "não faz diferença se a questão das medições surge em números, figuras, estrelas, sons ou qualquer outro objeto. Vi, por conseguinte, que deve haver uma ciência geral que explique tal elemento como um todo, fazendo-nos atentar para problemas de ordem e medida. [...] Percebi que isso se chama matemática universal [...] e sua província deve se estender à obtenção de resultados verdadeiros em todos os temas".[19]

Descartes passou a crer que o pensamento humano, irrestrito e munido da matemática, podia criar uma analogia mecânica ordenada, previsível e autoperpetuante da existência aqui na Terra, assim como a divindade fez no cosmos em geral. "Deem-me extensão e movimento", ele teria declarado, "e construirei o universo." Essa talvez tenha sido a frase mais ousada já dita por qualquer pessoa.[20] No entanto, foi bem recebida, principalmente pela intelectualidade da época.

A descrição cartesiana de um universo mecânico não era uma metáfora ou analogia. Ele a levava muito a sério. Descartes descrevia emoções humanas, lembranças e paixão como funções oriundas do arranjo de "seus contrapesos e rodas" e caracterizava nossos semelhantes como "autômatos".[21] Em uma carta que ele enviou ao filósofo britânico Henry More em 1649, Descartes escreveu: "Parece razoável que como a arte copia a natureza, e os homens podem fazer variados autômatos que se movem sem pensamento, a natureza deva produzir seus próprios autômatos muito mais esplêndidos que os artificiais. Esses autômatos naturais são os animais".[22]

Descartes, porém, ainda enfrentava um bloqueio intransponível com sua visão de um universo mecânico: toda máquina inventada tinha o confronto com a gravidade em suas operações. Embora ele pudesse descrever os componentes da máquina, não tinha uma resposta sobre como a força externa da gravidade a afeta. A resposta teria de esperar mais 68 anos pelas reflexões de um jovem estudante universitário.

Isaac Newton tinha 22 anos e estava no terceiro ano de seus estudos, com uma bolsa no Trinity College, da Universidade de Cambridge, em 1664, e era um devoto de René Descartes. Na época, a Peste Negra aterrorizava Londres, tendo matado cem mil habitantes (25% da população) e se espalhava velozmente pelas regiões rurais. A Universidade de

Cambridge fechou as portas e mandou os alunos para casa, em quarentena, por quase dois anos.

Durante esse período, ele trabalhou nas leis de movimento e gravitação universal, bem como na criação do cálculo infinitesimal. Os historiadores chamam esse tempo de quarentena de "Ano dos Milagres".[23] No outono de 1667, Newton retornou a Cambridge com seus cadernos repletos de boas ideias. Tornou-se professor de Matemática em 1669. Sua obra-prima, *Principia Mathematica*, foi publicada pela Royal Society em 1687, teve sucesso imediato na Grã-Bretanha e logo em seguida na França e no resto da Europa.[24]

Newton desenvolveu a fórmula matemática para descrever a gravitação. Ele afirmava que os fenômenos da natureza "podem todos depender de certas forças pelas quais as partículas dos corpos, impulsionadas por causas ainda desconhecidas, movem-se ao encontro umas das outras e coagem em figuras regulares, ou se repelem e se afastam".[25] Newton propôs que uma única lei podia descrever por que os planetas se movem de determinada maneira e por que uma maçã cai da árvore em determinado sentido. Sua lei da gravitação universal afirma que "a força de atração entre duas massas é diretamente proporcional ao produto de suas massas e inversamente proporcional ao quadrado da distância entre os centros".[26]

De acordo com as três leis de Newton, um corpo em repouso assim permanece, e um corpo em movimento segue em linha reta, a menos que uma força externa atue sobre ele; a aceleração de um corpo é diretamente proporcional à força aplicada atuante sobre o objeto e inversamente proporcional à massa do objeto; e, para cada força, há uma força igual e oposta em reação. As três leis de Newton lidam com o modo como todas as forças no cosmos interagem e se assentam de volta ao "equilíbrio".

Adam Smith era fã da teoria de equilíbrio de Newton e da sistematização da física, e chamava sua obra de "a maior descoberta já feita pelo homem".[27] Chegou a usar a expressão "a mão invisível" para descrever como o processo de oferta e demanda no mercado funciona de uma maneira que, pelo menos na superfície, é incrivelmente semelhante à descrição que Newton faz de sua terceira lei da gravidade: para cada ação há uma reação igual e oposta. Smith e uma legião de economistas posteriores, nos dois séculos e meio seguintes, afirmavam que os mercados autorreguladores atuavam de maneira semelhante, com oferta e demanda reagindo de modo contínuo e se ajustando uma à outra com relação ao preço de bens e serviços, até alcançar um acordo, uma transação e um retorno a um equilíbrio newtoniano.

O universo de matéria e movimento de Newton era organizado e calculável e não abria espaço para espontaneidade e imprevisibilidade. Era um mundo de quantidades sem qualidades. Newton sustentava suas visões com prova matemática e não contava só com o raciocínio dedutivo. Assim, fazia da matemática a ciência essencial para entender o mundo e expropriá-lo. Newton matematizou o Iluminismo; e a matemática, por sua vez, proporcionou os alicerces para a construção da iminente Era do Progresso.

Devemos observar também que as três leis da matéria e do movimento de Newton não abordam a questão do tempo. No universo de Newton, todos os processos são reversíveis no tempo. Mas no mundo real da natureza e, por extensão, da economia, nenhum evento é reversível no tempo. Ao adotarem o esquema atemporal de Newton como uma ferramenta para modelar a atividade econômica, gerações de economistas se confundiram, distanciando-se da realidade.

Adam Smith e os primeiros economistas não foram os únicos a traçar paralelos entre a tese de Newton sobre como o universo opera e seus próprios interesses. Sua teoria foi adotada com entusiasmo, na época, pelos poderes constituídos na Grã-Bretanha, em particular a Igreja Anglicana e o governo britânico, ambos profundamente preocupados com a crescente insatisfação social e as quedas econômicas provocadas pelas rápidas mudanças na economia e na sociedade. A Coroa Britânica via na descrição newtoniana de um universo ordenado, previsível e autorregulador um modelo que a igreja, o governo e a comunidade acadêmica podiam usar para atrair a aliança da elite intelectual e, por meio dela, usar o newtonianismo com o objetivo de educar e amansar as massas, ao mesmo tempo sossegando a classe desordeira de intelectuais antimonárquicos e antieclesiásticos que viviam a desafiar a autoridade do Estado. A mensagem implícita e frequentemente explícita era que a oposição ao governo britânico seria inútil, pois desafiaria a ordem natural das coisas, isto é, o mundo previsível, ordenado e autorregulador do qual a Coroa era seu defensor na terra.

AS LEIS DA TERMODINÂMICA:
as regras do jogo

Não que os profissionais da economia não soubessem que contar com o esquema newtoniano, bem como sua reversibilidade no tempo, para explicar o funcionamento de uma economia capitalista era uma má escolha. Os economistas sabiam. Na segunda metade do século XIX, foi descoberta uma nova série de leis científicas cujo escopo e alcance eram tão vastos, inclusivos e incontestáveis que acabariam fornecendo uma estrutura abrangente para todas as outras leis científicas, entre elas, as leis de matéria e movimento de Newton, a teoria da evolução de Darwin e até a teoria da relatividade de Einstein. Esses novos princípios científicos de como o universo é organizado são a primeira e a segunda lei da termodinâmica.

Um século depois de serem manifestadas pela primeira vez, Albert Einstein atentaria para a importância vital das leis da termodinâmica em um reconhecimento inequívoco... que não seria questionado pelos colegas cientistas. A respeito das leis da termodinâmica, Einstein escreveu:

> Quanto maior a simplicidade de suas premissas, mais impressionante é uma teoria, mais variados os tipos de coisas que ela relaciona, e mais extensa sua área de aplicabilidade. [...] [As leis da termodinâmica] são a única teoria física de conteúdo universal que, tenho certeza, dentro da estrutura de aplicabilidade de seus conceitos básicos, nunca será derrubada.[28]

Embora o impasse das leis newtonianas que regem matéria e movimento seja o fato de elas não considerarem a passagem do tempo e a irreversibilidade do desenrolar dos eventos, as leis da termodinâmica têm tudo a ver com a passagem do tempo. A primeira lei da termodinâmica, em geral citada como lei de conservação, define que toda a energia no universo é constante, e sempre foi, desde o Big Bang; em outras palavras, a energia não pode ser criada nem destruída. A energia total do universo existirá até o fim dos tempos. Entretanto, embora a energia total do universo seja constante, ela muda de forma com frequência, mas apenas em uma direção, do disponível para o indisponível. É nesse ponto que entra em cena a segunda lei da termodinâmica. Essa lei nos diz que a energia sempre flui de quente para frio, de concentrada para dispersa, e de ordem para desordem, assinalando a passagem irreversível do tempo.

Por exemplo, se você queima um pedaço de carvão, toda a energia permanece, mas não mais concentrada, e sim, dispersa. A energia é liberada na forma de dióxido de carbono, dióxido de enxofre e óxido de nitrogênio dispersos na atmosfera. Apesar de a soma total dessa energia permanecer, ela nunca será reconstituída de novo em um pedaço de carvão. O cientista alemão Rudolf Clausius cunhou o termo "entropia" em 1865 para se referir à energia expandida remanescente, porém inutilizável.[29]

Alguns diriam que o sol é a fonte universal de energia que banha a terra e, por meio da fotossíntese, continua a fornecer amplos estoques de energia, pelo menos até ele se extinguir, o que deve ocorrer daqui a bilhões de anos. É verdade, mas há outros estoques de energias materiais limitadas: minério metálico, terras raras e os minerais impregnados nas rochas, que existem desde que a terra foi expelida do sol, esfriou e formou a substância material do planeta. Esses materiais, na forma de energias limitadas, são fixos e finitos. Embora os meteoritos, variando desde alguns grãos de poeira até asteroides, entrem na atmosfera em chuvas de meteoros a qualquer ano, os cientistas estimam que o peso total de matéria cadente sobre a terra não passe de 48,5 toneladas, muito pouco para fazer uma diferença.[30]

Há três tipos de sistemas que conhecemos no universo: sistemas abertos, que trocam tanto a energia quanto a energia limitada na forma de matéria com o mundo exterior; sistemas fechados, que trocam energia, mas não matéria, com o mundo exterior; e sistemas isolados, que não trocam energia nem matéria com o mundo exterior. A Terra, em relação ao nosso sistema solar, é um sistema fechado. Desfrutamos um fluxo contínuo de energia vinda do Sol, mas trocamos pouquíssima energia limitada em matéria com o mundo exterior. Para termos um exemplo, consideremos os combustíveis fósseis.

Depósitos de carvão, petróleo e gás natural enterrados muito abaixo da superfície e no leito oceânico são os restos mortais da vida de 350 bilhões de anos atrás, no Período Carbonífero. São energias limitadas. Apesar de ser teoricamente possível que em algum momento no futuro distante, em outra era geológica, com vida vegetal e animal semelhante, os restos mortais se metamorfoseiem em carvão, petróleo e gás, é bastante improvável que isso aconteça. Poderíamos dizer o mesmo acerca das terras raras que se tornam *inputs* cada vez mais valiosos na sociedade movida a tecnologia, inseridas nos mais variados produtos, entre eles, telas LED, *smartphones* e *tablets*, baterias e motores de veículos elétricos. Uma breve explicação para a expressão "energia limitada" se faz necessária. Conforme explica Brian Greene, professor de Física e Teoria das Cordas na Universidade de Columbia, em um editorial no *New York Times*:

> Massa e energia não são coisas distintas. Elas são o mesmo material básico envolto em formas que as fazem parecer diferentes. Assim como o gelo sólido pode derreter em água líquida, Einstein demonstrou que a massa é uma forma congelada de energia que pode ser convertida na forma mais conhecida de energia de movimento [...]. No futuro distante, em essência, toda matéria terá se revertido em energia.[31]

O defeito fatal da economia convencional é ainda se limitar à visão de mundo newtoniana de equilíbrio, na qual o tempo é reversível. Quando colocam todo o intercâmbio econômico de bens, serviços e propriedade entre vendedores e compradores em um vácuo atemporal, a fim de burlar a questão atemporal da transação, os economistas e a comunidade empresarial descartam, de modo conveniente, quaisquer efeitos colaterais relevantes que com o passar do tempo possam ocorrer após a extração de recursos naturais e depois de todas as interações que intersectam, acompanham ou, de algum modo, afetam a jornada pelos diversos estágios de conversão em bens e serviços. Em todo estágio do processo de conversão, os efeitos se alastram e afetam outros fenômenos, que não são contabilizados na transação de mercado.

Foi só nos anos 1920 que os economistas começaram a abordar a questão dos efeitos colaterais. Atribui-se a Henry Sidgwick e Arthur C. Pigou o crédito de formalizar os conceitos desses impactos imprevistos como externalidades "positivas" ou "negativas".[32] Por externalidades, eles se referem aos efeitos não reconhecidos de mercado de trocas ao induzir maior lucro ou custo em outro lugar e outro momento que não fossem contabilizados na análise de custo-benefício eficiente. Mas até hoje os economistas continuam a tratar as externalidades como uma estreita barra lateral à "economia de mercado de trocas", de relevância apenas marginal. Se levarmos em conta a rota completa da atividade econômica antes, durante e depois da jornada de um produto ou serviço econômico, começaremos a entender como é fraca a disciplina da economia para determinar os reais custos em longo prazo dos benefícios de curta duração obtidos no momento da troca e do consumo.

Então, e se a teoria do equilíbrio de Newton ainda nortear a economia? Claro que a eliminação do tempo da equação econômica permite aos economistas usar modelos matemáticos cada vez mais arcanos em sua disciplina. Quantos danos isso pode causar? Além do mais, por muito tempo se acreditou que as leis da termodinâmica só lidavam com fluxos de energia e quedas entrópicas, sem dúvida muito interessantes para os químicos e físicos, mas irrelevantes para explicar a biologia da vida na Terra. O consenso era que essas leis só se aplicam quando a energia for usada para mover as máquinas, permitindo aos engenheiros calcular melhor a proporção de saída e entrada de energia e, assim, aumentar a eficiência.

Portanto, o raciocínio era que essas leis não seriam tão universais quanto os físicos e químicos afirmavam. Pensava-se, então, que a vida não deveria se entrelaçar com a teia entrópica. Afinal de contas, a evolução nos fala de um mundo transbordante de novas formas de vida, cada uma mais complexa e ordenada que a outra.

A última muralha de resistência ruiu em 1944, quando o físico austríaco premiado com o Nobel, Erwin Schrödinger, explicou que a biologia, assim como a física e a química, é regida pelas mesmas leis da termodinâmica. Schrödinger argumentava que "um organismo se alimenta de entropia negativa [...]sugando continuamente a uniformidade de seu ambiente".[33] Todo ser vivo sempre absorve energia disponível quando come e excreta detritos; e, com isso, desgasta a energia disponível na Terra e aumenta a conta entrópica. Se parássemos de consumir a energia disponível, morreríamos; e o que restasse viraria pó: a conta entrópica final. É só depois do último sopro que todo ser humano e todas as outras criaturas alcançam o estado de equilíbrio.

Raramente paramos para refletir na quantidade maciça das dádivas naturais da Terra necessária para manter cada um de nós em um estado de não equilíbrio distante da morte. O químico G. Tyler Miller se refere a uma cadeia alimentar simplificada que nos ajuda a compreender plenamente boa parte das necessidades de energia disponível que flui pelo nosso corpo, de modo que cada um de nós mantenha um estado de não equilíbrio. Essa cadeia alimentar é composta de gafanhotos que comem a grama, rãs que comem os gafanhotos, trutas que comem as rãs, e humanos que comem as trutas. Na verdade, são necessárias trezentas trutas para sustentar um humano por ano. A truta, por sua vez, precisa consumir noventa mil rãs, que devem consumir 27 milhões de gafanhotos que se alimentam de mil toneladas de grama.[34]

Por que tanta riqueza natural precisa ser expropriada e consumida em cada nível mais alto da cadeia alimentar? Ocorre que, ao devorar uma presa, por exemplo, quando um leão persegue, mata e devora um antílope, "desperdiça-se e se perde algo entre 80% e 90% da energia como calor para o ambiente em cada etapa. Em outras palavras, armazena-se de 10% a 20% da energia no tecido vivo disponível para transferir à espécie no nível seguinte [da cadeia alimentar]".[35] O historiador cultural Elias Canetti definiu o espectro sinistro de nosso estado vivo comentando que "cada um de nós é um rei em um campo de cadáveres".[36]

A economia é casada com um paradigma de equilíbrio e se encontra lamentavelmente despreparada para abordar a termodinâmica de não equilíbrio na qual toda expropriação de energia disponível oferece um ganho em curto prazo, mas à custa de uma perda maior em longo prazo, inclusive a energia impregnada no próprio produto. Os esforços por parte dos economistas em contabilizar algumas externalidades positivas e negativas facilmente reconhecíveis, que possam se acumular no ciclo de vida de um produto, são uma tentativa desastrosa de lidar com o fato de que toda troca econômica tem um longo rastro entrópico que se espalha por todas as direções possíveis, afetando outros fenômenos.

As leis da termodinâmica são importantes lembretes de como é absurda uma métrica do tipo do produto interno bruto (PIB) para calcular, por ano, o crescimento e a riqueza de uma nação. O PIB mede apenas o valor de troca momentâneo da atividade econômica. Claramente, o valor dos produtos e serviços no momento de venda nem de longe justifica os custos em termos de esgotamento das reservas de energia da terra e de outros recursos, ou do desperdício entrópico que acompanha cada passo na cadeia de valor.

No início, a profissão da economia não estava totalmente desviada do curso. Os primeiríssimos filósofos econômicos, chamados de fisiocratas, surgiram entre meados e o fim do século XVIII, a maioria na França. Alegavam que toda atividade econômica aufere seu valor do armazém da natureza. Economistas mais canônicos, entre eles, Adam Smith, David Ricardo e Thomas Malthus, tinham uma mentalidade semelhante, e, embora não fossem tão longe quanto os fisiocratas na crença de que toda riqueza vem da natureza, ao menos enxergavam a importância desta como silo de sementes de toda atividade econômica.

A proeminência curta dos fisiocratas foi vítima de circunstâncias históricas. O auge da fisiocracia coincidiu com o pico da primeira Revolução Industrial protoagrícola, a precursora do capitalismo industrial moderno, que mal surgira no fim do século XVIII com o desenvolvimento da tecnologia a vapor movida a carvão e da produção em fábricas de produtos têxteis e outros bens manufaturados. À medida que a agricultura se retirava do primeiro plano, com o advento da Revolução Industrial, e se tornava ainda mais uma barra lateral, a manufatura tomou a frente e a atenção se voltou para a importância do capital e da mão de obra para criar riqueza. A natureza, por sua vez, se reduziu a uma mera fornecedora de matéria-prima. E, como os recursos naturais eram abundantes, sobretudo com a descoberta de vasto território aberto no Novo Mundo, canalizar a natureza era uma atividade relativamente barata e vista como apenas mais um fator de produção, em vez de um gerador substancial de riqueza.

James Watt instalou seus dois primeiros motores a carvão em 1776, o mesmo ano em que Adam Smith publicou *A riqueza das nações*.[37] No decorrer do século seguinte, o motor a vapor se tornou presença marcante em toda a Europa e nas Américas. Embora tal motor fosse um elemento crítico de formação de capital, o carvão que o alimentava era relativamente barato e também passou a ser considerado um fator de produção quase inconsequente.

Como outros pensadores da época, Adam Smith se deslumbrava ante a eficiência possibilitada pela invenção do motor a vapor e ficou particularmente fascinado com o modo como toda máquina é feita de componentes individuais que precisam trabalhar em sincronia para garantir um desempenho. Smith encontrou um princípio semelhante em atuação no processo manufatureiro, que ele descreveu como divisão de trabalho. Em *A riqueza das nações*, Smith usou o exemplo de uma fábrica de alfinetes, na qual a produção de um alfinete se subdivide em dezoito operações distintas, todas executadas por diferentes trabalhadores, resultando em um vasto aumento na eficiência da produção em massa de alfinetes.

A produção em massa se tornou o outro grande salto em eficiência que projetaria o capitalismo industrial para a vanguarda da vida econômica. Eli Whitney introduziu a ideia de se produzirem em massa peças intercambiáveis e padronizadas idênticas, que pudessem ser montadas com facilidade por um operário sem grande habilidade e aplicadas ao processo de produção de mosquetes. A divisão da mão de obra e a produção em massa seriam os processos indispensáveis no âmago das novas eficiências industriais.

Com o advento da produção industrial, os economistas visavam expandir o capital e tornar a mão de obra mais eficiente, considerando ambos elementos-chave para gerar produtividade e lucro. O novo sistema industrial capitalista e os economistas que descreviam seu funcionamento desviaram muito da visão anterior dos fisiocratas, e passaram a valorizar menos a riqueza da natureza e mais o papel do capital e da mão de obra para a obtenção de ganhos de eficiência, produtividade e renda, mas com um porém. Os primeiros economistas compreendiam que a mão invisível falhara por não levar em conta o princípio da utilidade marginal decrescente.

No início da economia clássica, Anne Robert Jacques Turgot foi o primeiro a descobrir a lei dos retornos marginais decrescentes no lado da oferta. Ele afirmava que os produtores invariavelmente enfrentavam a perspectiva de chegarem a um nível ideal de utilização de capacidade, após o qual cada fator individual de produção gera um decréscimo por unidade de retornos incrementais de lucro. Um século depois, na década de 1870, uma nova geração de economistas neoclássicos – William Stanley Jevon, Carl Menger e León Walras – descobriu um processo semelhante em funcionamento no lado da demanda, que descreveram como a utilidade marginal decrescente de consumo.

O princípio afirma que a primeira unidade de consumo de um bem ou serviço gera maior utilidade – ou prazer – que o segundo, e cada unidade adicional de consumo vem com menor utilidade e prazer. Por exemplo, um consumidor está disposto a pagar mais por seu primeiro sorvete favorito por causa do prazer inicial que ele traz, mas é provável que pagasse menos por cada sorvete seguinte, por causa da menor satisfação ou prazer marginal.

O nexo em que se juntam os retornos marginais decrescentes e a utilidade marginal de consumo decrescente determina o preço combinado para a troca. Um aumento em preço diminui o consumo por parte dos compradores, enquanto aumenta a produção dos fornecedores. Preço menor faz o contrário; em ambos os casos, é facilitado o mercado de troca propício e o sistema retorna ao equilíbrio.

A nova ênfase na utilidade marginal decrescente de consumo teve impacto enorme no campo da economia. Os economistas clássicos – Adam Smith, David Ricardo e John Stuart Mill – viam o custo da mão de obra como o elemento distintivo para estabelecer o valor de troca, enquanto os economistas neoclássicos desviavam o foco para o papel do consumidor, na hora de determinar valores. Assim se esfriou o debate em torno de quanto do lucro de produção deveria ir para os trabalhadores que fazem o produto ou serviço *versus* os proprietários que fornecem o capital, deixando o processo de mercado de trocas desprovido das questões de equidade, pelo menos aos olhos da nova geração de economistas neoclássicos.

O princípio da utilidade marginal decrescente também deu aos economistas neoclássicos aquilo de que precisavam para matematizar a disciplina e se juntar ao newtonianismo, com a aspiração de criar uma ciência de boa-fé. Dois contemporâneos de Jevons, Francis Ysidro Edgeworth e Philip Henry Wicksteed, elaboraram o cálculo matemático apropriado na forma de "indiferença e curvas de contrato, multiplicadores de Lagrange e coeficientes de produção", usados até hoje.[38]

Com todo o entusiasmo gerado em torno da economia matematizada, os economistas neoclássicos continuaram a teimar no compromisso com um universo feito de forças de atração e repulsão, sempre recaindo no equilíbrio. Declarou Jevons: "Assim como a força gravitacional de um corpo material não depende apenas da massa daquele corpo, mas das massas e das relativas posições e distâncias dos corpos materiais circundantes, também a utilidade é uma atração entre um ser que procura e aquilo que é procurado".[39]

Na verdade, Jevons estava a par da dificuldade de ajustar o uso da teoria do equilíbrio das forças de atração e repulsão e sempre retornar ao equilíbrio com um mercado dinâmico em que cada venda muda o meio, forçando um novo conjunto de relacionamentos, por menor que seja o desvio. Em seu livro *A teoria da economia política*, ele comenta que "a real condição da indústria é de perpétuo movimento e mudança".[40] Jevons reconhecia que o mercado dinâmico é difícil de ser estudado. Concordava que "é só como um problema puramente estático que me aventuro a tratar a ação da troca". Mais incisivo ainda é seu lamento:

> A Teoria da Economia abordada desse modo apresenta uma forte analogia com a ciência da Mecânica Estatística e percebemos que as Leis da Troca [econômica] se assemelham às Leis de Equilíbrio de uma alavanca, conforme determinado pelo princípio de velocidades virtuais. [...] Mas creio que os ramos dinâmicos da Ciência da Economia ainda precisam ser desenvolvidos, uma consideração na qual ainda não entrei.[41]

Jevons percebeu que sua crença fervorosa na física newtoniana e em um universo mecânico em equilíbrio não se encaixava na realidade de um mercado econômico em constante evolução, e admitiu, embora relutante, que sua teoria econômica era apenas uma "forte analogia". Mesmo assim, esperava conciliar um universo mecânico estático em equilíbrio com um mercado econômico dinâmico autoevolutivo a cada momento – uma tarefa impossível.

Os economistas permaneceram em silêncio quanto à importância vital das leis da termodinâmica para definir não só o modo como o universo funciona, mas também a evolução da vida na Terra e o funcionamento da economia. Entretanto, muitos dos principais cientistas do mundo nos campos da física, química e biologia continuavam a enfatizar a importância de posicionar as leis termodinâmicas no centro da história da natureza da existência, isolando ainda mais a profissão do economista da realidade.

Einstein não foi a única figura eminente na ciência a explicar que a primeira e a segunda lei da termodinâmica são o arcabouço que governa o funcionamento do universo. Em 1911, o químico vencedor do Prêmio Nobel, Frederick Soddy, em seu livro *Matter and Energy*, repreendeu os economistas pela cega desconsideração das leis da termodinâmica e pelo apego escravizante à teoria de equilíbrio newtoniana de atividade econômica, que não só era contrária às bases reais da prática econômica, mas também consistia em uma rota potencialmente mortal que ameaçaria tanto a civilização quanto o mundo natural. Ele lembrava aos colegas economistas que são as leis da termodinâmica que "controlam, em última instância, a ascensão e a queda dos sistemas políticos, a liberdade ou a dependência das nações, o movimento do comércio e da indústria, a origem da riqueza e da propriedade e o bem-estar físico geral da raça".[42]

O químico belga Ilya Prigogine, que ganhou o Nobel de Química por seu trabalho com estruturas dissipativas em química e biologia e as leis de termodinâmicas e a termodinâmica de não equilíbrio, também passou a vida insistindo com os economistas que evitassem o modelo newtoniano de equilíbrio. Em 1982, Prigogine deu uma palestra na Universidade Jawaharlal Nehru, na Índia, recordando o que aprendera em uma vida de trabalho no campo da química. Observou que "a química inteira corresponde a processos irreversíveis" que obedecem às leis da termodinâmica, o que acontece também na biologia e na física".[43] Como pode, então, a economia existir fora do campo dessas leis básicas que regem o universo?

Em referência à profissão da economia, Prigogine explicou que as leis da termodinâmica: "[Conduzem] a uma nova visão de matéria em que ela não é mais passiva, conforme descreve a visão mecânica do mundo, mas associada com atividade espontânea. Essa mudança é tão profunda que, penso eu, podemos dizer que há um novo diálogo do homem com a natureza".[44]

Prigogine sugeria que:

> a ideia de um substrato permanente, imutável, da matéria foi recha-
> çada [...]. [A termodinâmica] leva a um conceito de matéria ativa,
> como em um estado contínuo de transmutação. Esse cenário é um
> desvio significativo da descrição clássica da física, de mudança em
> termos de forças e campos. É um passo crucial para sairmos da estra-
> da majestosa aberta por Newton. [...] Mas creio que a unificação da
> dinâmica e da termodinâmica abre caminho para uma descrição radi-
> calmente nova da evolução temporal dos sistemas físicos. [...]
> Superamos a tentação de rejeitar o tempo como uma ilusão. Longe
> disso [...] o tempo deve ser construído.[45]

Prigogine concluiu que "todos esses construtos teóricos possuem um elemento em comum: indicam algum limite à nossa manipulação da natureza".[46]

Os economistas discordam. A pressuposição deles é que o processo econômico em si, desde que relativamente livre, vai gerar uma riqueza crescente a ser compartilhada pelos empresários capitalistas, os operários e os consumidores, sem limite superior, com exceção da inventividade criativa da classe empresarial.

Quais foram, então, as consequências de vivermos sob um sistema econômico casado com um universo mecânico atemporal, consumidos pela expropriação da natureza, obcecados por encontrar novos meios técnicos para aumentar a eficiência em transformar "recursos naturais" em uma orgia de consumo de curta duração, sempre apoiando a análise de custo-benefício e maiores rendas? Para usarmos expressões da termodinâmica, os ganhos econômicos de curta duração, colhidos durante os dois séculos e meio do reinado do capitalismo industrial, são minúsculos e passageiros na conta entrópica de longa duração, cujas impressões e externalidades negativas serão sentidas nas eras futuras. Cientes disso, como repensaremos a noção do que constitui a riqueza?

3

O mundo real:
capital da natureza

N a realidade, a "verdadeira riqueza" de que depende todo o processo de vida, e sem a qual o sistema econômico não existiria, permanece notadamente desconsiderada pelos economistas e líderes empresariais, e é aí que começam as externalidades negativas.

Produção primária líquida – a produção de biomassa vegetal – é todo o dióxido de carbono absorvido pela vegetação durante a fotossíntese, menos o que se perde pela respiração. A produção primária líquida é a geradora de toda a riqueza e a fonte das quais as espécies sustentam a cadeia alimentar para garantir sua sobrevivência. A raça humana tem vivido dessa produção primária líquida nos últimos duzentos mil anos de sua existência. Contudo, no decorrer da era industrial dos últimos dois séculos, nossa espécie acumulou uma quantidade cada vez maior dessa produção do planeta, transformando-a em riqueza produtiva de curta duração e possibilitando um vasto aumento da população humana e sua longevidade.

Havia cerca de setecentos milhões de seres humanos na Terra no início da Revolução Industrial.[1] No ano 2000, existiam mais de seis bilhões de humanos povoando o planeta e se apropriando de 24% da produção primária líquida global.[2] Além disso, as projeções atuais sugerem que, com o aumento da população, a produção primária líquida apropriada pelos humanos pode chegar a 44% em 2050, sobrando apenas 56% para ser compartilhada pelas outras espécies que habitam o planeta.[3]

A produção primária líquida, porém, não é possível sem o capital-base da natureza: o solo. Sem solo, não há vegetação e, portanto, não há fotossíntese. O solo é um microambiente altamente complexo. Seu material constitutivo é rocha. Por períodos longos de tempo, a rocha se submete a desgastes físicos e erosão natural, provocados principalmente por chuva, vento, temperatura, gravidade, terremotos e vulcões. Com tempo suficiente, a rocha desintegra-se em partículas menores que acabam se tornando areia e sedimento. Líquens se misturam com a areia e o sedimento, fragmentando-os em partículas ainda menores. Fungos e bactérias, insetos escavadores e animais também contribuem para deteriorar a rocha em solo. Os elementos e minerais na rocha degradada são os ingredientes críticos do solo.

As plantas, por sua vez, crescem no solo. Os animais comem as plantas e soltam as fezes no solo. Vermes e bactérias decompõem detritos vegetais e secreção animal, acrescentando-os à base do solo. Uma amostra média de solo é composta de 45% de minerais, 25% de água, 25% de ar e 5% de matéria orgânica. Só nos Estados Unidos existem mais de setenta mil tipos de solo.[4]

GRANDES EXPECTATIVAS:
a Revolução Verde na agricultura

Parte do motivo por que o solo superficial da terra está desaparecendo tem relação direta com as novas eficiências em genética vegetal e agricultura industrial, dando vazão às culturas de variedades de alto rendimento (HYV – *high-yield variety crops*), a prática de monocultura, o uso de mais pesticidas e inseticidas tóxicos, novas práticas de irrigação e uma temporada de plantio de três culturas por ano, quando antes só havia uma. Todos esses elementos juntos aumentaram de maneira dramática a produção agrícola em um período entre os anos 1960 e meados da década de

1980, principalmente na Índia, na China e no Sudeste da Ásia, mas também na África, na Europa e nos Estados Unidos, além de outras regiões.

Foi chamado de "A Revolução Verde", e era a criança-prodígio do doutor Norman Borlaug, futuro vencedor do Prêmio Nobel da Paz por aliviar a fome do mundo em desenvolvimento. No fim das contas, porém, ele deixou para trás um solo degradado a tal ponto que a base não podia mais ser restaurada a tempo de impedir uma falta gritante de produção de alimento em muitas regiões.

Eis o que aconteceu. Um plano ambicioso foi estabelecido para aumentar de maneira decisiva a eficiência da produção agrícola na Índia e, pouco depois, em todo o Sudeste da Ásia e posteriormente na África e no restante do mundo em desenvolvimento, com o objetivo de mitigar o acentuado problema da fome. O plano se constituía de vários componentes, cada qual complementando os demais para que, juntos, possibilitassem um grande salto no avanço da produção agrícola e do resultado final.

O primeiro componente foi o plantio de uma nova geração de sementes HYV, capazes de produzir rendimentos mais altos por acre. As sementes foram desenvolvidas pelo doutor Borlaug, com verbas proporcionadas pelas Fundações Ford e Rockefeller desde 1954. As sementes supriam as necessidades básicas de arroz, trigo, milho, soja e batata, produzidos em países em desenvolvimento. As sementes de alto rendimento eram mais responsivas aos fertilizantes petroquímicos, mas dependiam de extensa irrigação para amadurecer. As variedades vegetais de alto rendimento também resistiam a muitas doenças e amadureciam mais rápido que as variedades convencionais das mesmas plantas.

A meta era aperfeiçoar a produção agrícola em intervalos de tempo cada vez menores, com eficiências capitalizadas gerando mais lucro e maiores estoques de alimentos para uma população crescente e faminta nos países mais pobres. Infelizmente, as eficiências incorporadas às sementes HYV cobraram um alto preço ambiental, que deixou empobrecidas as regiões agrícolas na Ásia e em outros lugares, e o solo e a terra seriamente degradados.

Em primeiro lugar, as sementes HYV eram mais caras e, portanto, menos acessíveis aos agricultores mais pobres nos países em desenvolvimento. Os altos custos do capital inicial encorajavam as empresas agrícolas verticalmente integradas a entrar em cena e controlar imensos trechos de terra não usada, enquanto compravam terrenos menores dos fazendeiros e os consolidavam em campos maiores de produção. Os altos custos se agravavam pela necessidade da introdução de fertilizantes petroquímicos em larga escala. A intensificação da produção veio acompanhada por novos sistemas de irrigar a terra, a fim de garantir um amadurecimento mais rápido das culturas. O aumento da umidade no solo atraiu mais insetos, exigindo um uso maior de pesticidas e herbicidas. A acelerada produção agrícola também necessitava de maiores despesas para a compra de tratores, debulhadoras e outras máquinas de cultivo, além da construção de instalações maiores de armazenamento para guardar o excesso e do aperfeiçoamento de logística e transporte para agilizar a distribuição dos grãos no mercado.

Nos primeiros quinze anos da Revolução Verde na Ásia, a cultura do arroz aumentou de 2,1% por ano para 2,9%.[5] Nesse período, foi comprada mais terra para o cultivo, o que ajudou a incrementar a produção de arroz. No entanto, no início dos anos 1980, já se tornava evidente que a Revolução Verde começava a estagnar e até a regredir, com rendimentos em declínio. Algo estava errado.

Vejamos o que não deu certo. A eficiência aprimorada das culturas HYV de rápido amadurecimento permitiam aos agricultores, que tradicionalmente só cultivavam um produto por ano (deixando o solo livre durante o resto do ano para renovar seu conteúdo nutritivo), investir em dois ou até três plantios de culturas por ano. E a nova temporada de cultura anual significava uma nova temporada de irrigação anual, resultando em campos alagados e mais comprometimento do solo.

Estimava-se que, só na Índia, seis bilhões de toneladas de solo superficial eram drenados a cada ano.[6] O desgaste do solo, por outro lado, exigia um uso maior de fertilizantes petroquímicos para substituir o solo nativo e mais pesticidas para afastar os insetos atraídos aos terrenos alagados. Para piorar o que estava ruim, arar o solo com tratores e o uso de combinados em época de colheita três vezes por ano danificaram ainda mais os micro-organismos no solo, reduzindo sua fertilidade. Essas múltiplas dilacerações juntas drenaram as propriedades químicas e biológicas de um sistema de solo que evoluíra em mais de mil anos.

Quando começaram a chegar as avaliações, ficou óbvio que as eficiências do uso de sementes de variedade de alto rendimento e as redes de irrigação intensa para estimular o crescimento resultavam na drenagem de nutrientes do solo; assim surgiu a expressão "remoção de nutrientes". Esse rótulo das novas práticas agrícolas assinalou o momento de virada da excessiva Revolução Verde e foi quando se começou a repensar a abordagem da futura produção agrícola não só no mundo em desenvolvimento, mas também nos países desenvolvidos.

Nos anos 1980, os dados dos rendimentos começaram a mostrar uma experiência fracassada em maciça escala global. A Revolução Verde, outrora louvada e anunciada como um grande avanço científico nas ciências agrícolas, capaz de aumentarem muito a eficiência dos rendimentos das culturas e da renda para os agricultores, ao mesmo tempo em que alimentava um mundo faminto, fracassara. Dados agrícolas oriundos das principais nações produtoras de arroz do Sudeste da Ásia e do Pacífico – Luzon Central nas Filipinas, Tailândia e Java Ocidental na Indonésia – mostravam que de 1980 a 1989:

> O índice de maiores rendimentos foi mais baixo que o índice de crescimento em uso de insumos. Em Luzon Central, um rendimento maior de 13% em um período de dez anos só foi obtido à custa de um aumento de 21% em fertilizantes e 34% em sementes. Nas Planícies Centrais, no mesmo período, os rendimentos aumentaram em 6,5%, enquanto os níveis de fertilizantes cresceram em 24% e os de pesticidas em 53%. De modo semelhante, para Java Ocidental, os

rendimentos aumentaram em 23%, enquanto o uso de fertilizante expandiu em 65% e o de pesticida 69%.

Se alguém pensa que isso só ocorreu nos países asiáticos em desenvolvimento, e apenas na produção de arroz, é bom reconsiderar. Essa mudança nas práticas agrícolas acontecia naquela época e se repete ainda hoje em todas as principais regiões agrárias do mundo.

O Sindicato dos Cientistas Engajados dos Estados Unidos entrou em cena com "O Custo Oculto da Agricultura Industrial" no cinturão do milho norte-americano. As mesmas sementes HYD e os posteriores e onerosos insumos de irrigação, fertilizantes petroquímicos e pesticidas, bem como a monocultura em larga escala resultaram em externalidades negativas semelhantes de enorme perda de solo, ameaçando a viabilidade do cinturão do milho e da economia dos Estados Unidos.[7]

Assim como um número cada vez maior de relatórios sobre o estado da agricultura, o Sindicato dos Cientistas Engajados também atribui a culpa às eficiências aumentadas com base científica.

> Desde meados do século XX, a agricultura industrial é vendida ao público como um milagre tecnológico. Sua eficiência, dizem-nos, permitiria à produção alimentícia acompanhar o crescimento da população global, enquanto suas economias de escala garantiriam que a agricultura continuasse a ser um negócio rentável. Frequentemente, porém, algo crucial é omitido dessa história: o preço. Na verdade, nossos alimentos industrializados e o sistema agrícola vêm com custos altos, muitos dos quais oneram os pagadores de impostos, as comunidades rurais, os próprios agricultores, outros setores empresariais e as gerações futuras. Quando incluímos essas "externalidades" em nossa conta, podemos ver que esse sistema não é custo-efetivo, tampouco um meio saudável ou sustentável de produzir o alimento de que precisamos.[8]

A série de passos equivocados, embora não intencionalmente, da promissora Revolução Verde, da grande esperança para a humanidade a uma drenagem perigosa do solo superficial da terra, além da perspectiva de fome global em escala sem precedentes, é o que podemos chamar de "efeito acumulativo". É particularmente notável como cada componente da Revolução Verde retumbou sobre os outros e criou novas externalidades negativas imprevistas, em um *loop* de retroalimentação positiva em cascata.

Gostemos ou não, todos nós caímos em uma sala de aula da biosfera na qual aprendemos a lição todos os dias, e cada um de nossos atos implica alguma mudança, ainda que banal, no mundo natural que habitamos. Nenhum de nós é autônomo, e sim um agente em relações extrativas e simbióticas com o mundo ao redor. Eficiências sempre maiores em tudo o que fazemos aumentam nossa marca ecológica e a conta entrópica. A única questão é quão levemente optamos por pisar.

Quanto mais eficientes nos tornamos, mais externalidades negativas e mais *loops* de retroalimentação positiva podemos esperar. A maioria das pessoas aprendeu a acreditar na noção simplista de que um intercâmbio de bens ou serviços entre vendedor e comprador no mercado afeta apenas as duas partes envolvidas, com um efeito entrópico apreciável pequeno ou nulo a se espalhar e desencadear outras externalidades negativas no caminho. Isso é, no mínimo, ingênuo.

Não que as externalidades positivas também não repercutam nos diversos atos de troca, mas as leis da termodinâmica e da termodinâmica de não equilíbrio são capatazes severos. Mesmo as externalidades positivas deixam um rastro entrópico, que certamente criam suas próprias externalidades negativas em algum lugar de sua passagem.

CUIDADO COM A SINDEMIA

Aparentemente, nós começamos a captar a mensagem. Surgiu um novo termo que define a consciência emergente do que significa viver em um mundo governado pelas leis da termodinâmica. A palavra é "sindemia" e foi cunhada por Merrill Singer, antropólogo médico na Universidade de Connecticut em meados da década de 1980, que descreveu o modo como as epidemias se sobrepõem, criando retroalimentação positiva e externalidades negativas em espiral. Em 2017, *The Lancet*, um dos periódicos médicos mais antigos do mundo, endossou o termo na publicação de uma série de relatórios descrevendo-o de uma maneira muito mais expansiva e detalhada. Depois, em 2019, *The Lancet* publicou um estudo intitulado "A Sindemia Global da Obesidade, Subnutrição e Mudança Climática".[9]

No estudo, a revista abordou três pandemias globais que afetam a civilização: obesidade, subnutrição e mudança climática; e analisou o modo como cada uma influencia e afeta as outras, deixando-nos em um círculo vicioso, semelhante àquele encontrado pela Revolução Verde. Interessante que as externalidades negativas da Revolução Verde tenham de fato uma função principal no desenrolar da nova supersindemia.

The Lancet argumenta que a convergência de obesidade, subnutrição e mudança climática "constituem uma sindemia, ou sinergia de epidemias, pois ocorrem em conjunto no tempo e no espaço, interagem entre si para produzir sequelas complexas e compartilham fatores sociais subjacentes".[10] Obesidade, uma questão marginal pouco conhecida meio século atrás, tem explodido, a ponto de se tornar a principal ameaça à saúde humana no mundo, pelo menos até a pandemia de Covid-19. Em 2015, dois bilhões de seres humanos eram caracterizados como obesos. A doença resulta em quatro milhões de mortes anuais e uma perda de 120 milhões de anos de vida ajustados à desabilidade.[11] Igualmente preocupante é que o custo estimado da obesidade saltou para 2,8% do PIB.[12] Se acrescentarmos as doenças cardiovasculares e pulmonares e a diabetes resultantes da obesidade, as estatísticas estouram o mapa. O clímax desse mal remonta à transição para a agricultura baseada em petroquímicos na década de 1950, sua extensão até a década seguinte com o advento da Revolução Verde e das culturas de variedades de alto rendimento, e o final dos anos 1990 com o surgimento das culturas geneticamente manipuladas. A agricultura petroquímica é responsável por até 23% de todas as emissões de gás de efeito estufa, conforme nos alerta o relatório de *The Lancet*, se for incluída a parte ascendente da rota do alimento; por exemplo, transporte, logística e controle de desperdício. Comida e agricultura correspondem a 29% de todas as emissões de aquecimento global.[13]

Além disso, a cada aumento de um grau em temperatura atribuído às emissões do aquecimento global, a capacidade do ar para reter água aumenta em cerca de 7%, levando à precipitação mais concentrada nas nuvens e à geração de eventos extremos relacionados às águas: temperaturas frígidas e tempestades de neve no inverno; enchentes devastadoras de primavera; secas prolongadas no verão e horrendos incêndios na mata; e furacões de categoria 3, 4 e 5 no outono, com perdas excepcionais de vida e propriedade, além da destruição de ecossistemas.[14]

Os biomas da terra, que se desenvolveram em paralelo com um ciclo hidrológico previsível no decorrer de 11.700 anos desde o fim da Era Glacial, não podem acompanhar a enorme curva exponencial que impulsiona hoje o ciclo hidrológico, sofrendo assim um colapso considerável em tempo real.[15]

A agricultura petroquímica também induz externalidades negativas que são pouco consideradas, mas exercem um impacto enorme. A aplicação de fertilizantes petroquímicos sobre um solo em deterioração e a depredação do solo por parte de pesticidas e inseticidas está matando a composição de nutrientes essenciais para o crescimento vegetal saudável. E é isso que desencadeia a sindemia. O valor nutritivo menor nas culturas é transferido para uma variedade de produtos alimentícios consumidos por quase oito bilhões de pessoas. Isso significa que nossa espécie não consome nutrientes suficientes para as funções saudáveis do corpo no curso de uma vida. A Organização das Nações Unidas para Alimentação e Agricultura apresentou a melhor definição para isso, com seu lema "solos saudáveis são a base para a produção de alimentos saudáveis".[16]

A agricultura industrial opera com a mesma meta geral de outros setores industriais: aumentar eficiência em suas cadeias de valor, nesse caso as monoculturas, o uso pesado de petroquímicos para acelerar o processo e a produção e vender alimentos pouco nutritivos e altamente processados que garantam vida longa nas prateleiras e permitam que as linhas de produtos sejam transportadas em escala global e armazenadas por longos períodos de tempo. Alimentos processados têm "altos índices de calorias, gorduras, adoçantes e outros carboidratos" e são consumidos por bilhões de pessoas, o que desencadeia uma espantosa epidemia global de obesidade e resulta em um aumento de doenças do coração, diabetes e outras moléstias que ameaçam a vida.[17]

A mudança na dieta global tem causado um impacto massivo na saúde e no bem-estar de bilhões de pessoas que sofrem de doenças perigosas relacionadas à obesidade. Se quisermos saber como isso aconteceu, devemos voltar à crescente racionalização de uma indústria alimentícia global, controlada por um número pequeno de corporações multinacionais dedicadas a aperfeiçoar as eficiências em suas cadeias de valor e aumentar as rendas. James Tillotson, professor emérito de política alimentar e negócios internacionais na Escola Friedman de Ciência e Políticas de Nutrição na Universidade Tuffs, resume a questão, salientando que "temos um regime inteiro aqui que trabalha para aumentar a eficiência agrícola".[18]

Alimentos altamente processados – que são densos em energia e pobres de nutrientes – são mais baratos, comprados e consumidos por famílias de renda baixa ou moderada, cujos filhos já se encontram metabolicamente pré-condicionados desde o nascimento à obesidade porque os pais são obesos.

De acordo com um estudo publicado pelo doutor Peter Dolton, professor de economia na Universidade de Sussex, no periódico *Economics and Human Biology*, "o mecanismo de transmissão intergeracional é ao mesmo tempo um processo biológico... e um processo ambiental compartilhado... Apuramos que o efeito conjunto da família e sua constituição genética corresponde a algo entre 35%-40% do provável Índice de Massa Corporal (IMC)".[19] A predisposição genética para obesidade, geração após geração, é um sonho de mercado para a indústria de processamento de alimentos, garantindo-lhe uma base de clientela forte para suas linhas de produto, mas infelizmente à custa da grande deterioração da saúde de sucessivas gerações com essa externalidade negativa herdada.

A indústria alimentícia acelerou a eficiência com a invenção do *fast food*, condicionando gerações de consumidores a uma dieta de alimentos processados com baixo conteúdo nutritivo. Ao acrescentar doses massivas de xarope de milho alto em frutose, açúcares e gorduras àquilo que é eufemisticamente chamado de comidas e bebidas "confortáveis", cada geração acaba se viciando em uma dieta alimentar que traz sérios riscos e um custo alto para a saúde. A cultura do *fast food* colocou os processos de racionalização e eficiência no foco do preparo e consumo de comida, ao mesmo tempo em que viciou o público em uma dieta mais gordurosa e menos nutritiva.

Restaurantes de *fast-food* processavam os alimentos e raramente serviam frutas frescas e legumes. Tudo engendrado em torno da eficiência. Afinal, frutas e legumes têm vida mais curta nas prateleiras, se comparados com alimento processado. Frutas e legumes exigem logística adicional para garantir que sejam disponibilizados a tempo, enquanto os alimentos processados precisam de menos atenção por causa de sua vida mais longa na prateleira. O Departamento de Agricultura dos Estados Unidos (USDA) detectou que a comida fora de casa "teve a média total de absorção de energia aumentada de 17% em 1977-1978 para 34% em 2011-12, sendo o consumo de comida em restaurantes de *fast-food* sua maior fonte de crescimento".[20] O USDA conclui que a comida fora de casa "continha mais gorduras saturadas e sódio, e menos cálcio, ferro e fibras".[21] Apesar de todos esses dados, a alimentação eficiente é vendida ao público como uma experiência prazerosa.

O estudo da *The Lancet* sobre a sindemia de obesidade, subnutrição e mudança climática, embora nuançado, não abordou as diversas outras externalidades negativas que à primeira vista podem parecem não relacionadas. Em meses recentes, a comunidade científica e médica se assustou ante a descoberta de uma relação entre a pandemia de Covid-19 e a sindemia de obesidade, má nutrição e mudança de clima. Os dados da Covid-19 mostram que entre as populações de maior risco de contrair o vírus e morrer estão os obesos crônicos, aquela parte da população que geralmente sofre de diabetes, doenças cardíacas e pulmonares, a mesma coorte global que foi gerada e cortejada pela indústria alimentícia global durante a Revolução Verde e subsequente revolução biotecnológica agrícola.

Muitas externalidades são simplesmente difíceis de prever. Por exemplo, consideremos a relação entre antibióticos, obesidade e a pandemia de Covid-19. Os antibióticos pertenciam ao grupo das drogas miraculosas do século XX, salvando milhões de vidas. Minha irmã e eu fomos dois dentre os primeiros bebês nos Estados Unidos a serem tratados com penicilina. Nascemos em janeiro de 1945 e éramos extremamente prematuros, cada um pesando menos de 1,14 quilo; todos achavam que morreríamos. A penicilina nos salvou.

Os antibióticos entraram em uso geral depois da Segunda Guerra Mundial, primeiro na América e depois em quase todos os países. Existem mais de cem antibióticos em uso hoje em dia, para tratamento de infecções bacterianas. O que preocupa a comunidade médica é que muitos desses antibióticos não são mais eficazes por causa do uso exagerado. As bactérias sofreram mutação e se tornaram resistentes aos remédios.

Segundo os Centros para Controle e Prevenção de Doenças nos Estados Unidos (CDC), 47 milhões de receitas de antibióticos são escritas todos os anos nos Estados Unidos para infecções que não precisariam deles, ou como medida preventiva.[22] Um padrão semelhante de exagero na prescrição de antibióticos é observado no uso veterinário e também no agrícola. Os CDC relatam que "mais de 2,8 milhões de infecções resistentes a antibióticos ocorrem nos Estados Unidos a cada ano".[23] Em níveis globais, cerca de setecentas mil pessoas morrem por ano de doenças resistentes a drogas.[24]

O Banco Mundial alerta que as infecções bacterianas resistentes a medicamentos são a próxima grande pandemia e "podem causar danos econômicos globais semelhantes aos da Crise Financeira de 2008".[25] Em um estudo publicado em 2017 sob o título "Infecções resistentes às drogas: uma ameaça ao nosso futuro econômico", os pesquisadores informam que a resistência antimicrobiana (RAM) resulta em mais internações hospitalares e mortes, e talvez vejamos uma queda no PIB global de até 3,8% em 2050 nas nações desenvolvidas, e 5% ou mais nas nações de rendas baixas.[26] O valor do mercado global pode despencar até 3,8%, enquanto os gastos com saúde talvez alcancem 1,2 trilhão de dólares por ano.[27]

A doença pulmonar é o que faz a comunidade médica perder o sono por causa da Covid-19. Sabe-se que na pandemia de gripe espanhola de 1918-1920, a maioria das mortes não era causada pelo vírus em si, mas por uma pneumonia bacteriana secundária, segundo o doutor Anthony Fauci do Instituto Nacional de Saúde dos Estados Unidos (NIH).[28] A preocupação é que o aumento dramático do uso de antibióticos para tratar infecções bacterianas relacionadas aos pulmões e provocadas pela Covid-19 possa acelerar a mutação de cadeias resistentes de bactérias, inutilizando o arsenal existente de antibióticos, com consequências calamitosas para a humanidade.

Nossa noção supersimplificada de causa e efeito limitados na hora de medir os custos e benefícios, embora pareça benigna, pode liberar uma tempestade de fogo de externalidades negativas interativas e interconectadas de longa duração.

SOMOS O POVO DO COMBUSTÍVEL FÓSSIL

A Era do Progresso inteira é apenas um termo errôneo para uma narrativa mais profunda que até recentemente permaneceu oculta. Pode-se dizer, sem exagero, que a era moderna é a Era dos Combustíveis Fósseis. Se a espécie humana sobreviver a este momento na história da Terra, as gerações futuras só nos reconhecerão graças à nossa remanescente marca de carbono no registro geológico. Assim como caracterizamos nossos ancestrais distantes como povo da Idade da Pedra, da Idade do Bronze e da

Idade do Ferro, as futuras gerações, na longínqua posteridade, nos considerarão o povo da Era do Carvão.

Embora costumemos associar combustíveis fósseis com a energia que propulsiona os veículos, aquece os lares e ambientes de trabalho, gera eletricidade e é usada em fertilizantes e pesticidas sintéticos, na verdade eles também fornecem calor para produzir os componentes materiais vitais de nossa economia; por exemplo, o aço. Combustíveis fósseis são encontrados em inúmeros produtos, entre eles, materiais de construção, plásticos, embalagens, produtos farmacêuticos, aditivos e conservantes em alimentos, lubrificantes, borracha sintética, roupas sintéticas, cosméticos, detergentes, móveis e eletrônicos.

A maior parte de nossa atividade econômica é composta de combustíveis fósseis ou transformada e movida por eles. O que entra em nosso corpo, em nossas casas, empresas, escritórios e fábricas é, em grande extensão, mediado por combustíveis fósseis ou composto deles.

As externalidades negativas e a sindemia geradas por agricultura petroquímica, pela Revolução Verde e pela lavoura biotecnológica, embora devastadoras, não são únicas. Toda indústria e todo setor da economia global contam uma história semelhante. Apesar da diferença de grau entre essas externalidades negativas, elas são de natureza semelhante.

Consideremos a indústria da moda global. Quando pensamos nos grandes poluentes responsáveis por emissões de aquecimento global e outras externalidades negativas que afetam o ambiente, a indústria da moda até pouco tempo atrás passava pelo radar e era aprovada. Hoje, não mais. Essa indústria gera 10% de todas as emissões de aquecimento global, mais que a metade de todos os voos internacionais e transporte marítimo, combinados. Além disso, ela é a segunda maior poluidora das águas.[29]

A enorme impressão de carbono e água da indústria da moda tem tudo a ver com o aumento de suas eficiências em produção e campanhas astutas de publicidade e marketing para convencer os consumidores a usarem a moda da estação, jogando fora as compras da estação anterior e comprando roupas novas. Boa parte dos ganhos com eficiência deriva de partes terceirizadas do processo de produção a nações em desenvolvimento com padrões ambientais inadequados ou inexistentes, e cuja mão de obra recebe salários de subsistência e trabalham sob condições péssimas em fábricas insalubres.

Essas eficiências aumentadas reduziram de modo dramático o custo do vestuário e aumentou as compras dos consumidores. Em 2020, na União Europeia, o consumidor médio de roupas e calçados fez mais compras, mas com menos gastos que uma década atrás. Nos Estados Unidos, o consumidor médio compra uma peça de roupa a cada 5,5 dias.[30] Não é à toa que o tempo de vida de uma roupa tenha diminuído substancialmente em 36%, comparado com quinze anos atrás.[31] A indústria da moda prevê que, "se os padrões demográficos e de estilo de vida continuarem como estão agora, o consumo global de vestimentas aumentará de 62 milhões de toneladas métricas em 2019 para 102 milhões de toneladas em dez anos".[32]

Mais compras e menos tempo de uso se traduz em mais desperdício. A indústria é responsável por 92 milhões de toneladas de desperdício geradas por ano, e algumas estimativas sugerem que 25% a 30% do tecido usado é jogado fora justamente na fabricação das roupas.[33] Só na União Europeia, mais de um terço do estoque de roupas não é vendido a cada estação e acaba no lixo. Somemos a isso materiais têxteis danificados e descartados durante o processo de manufatura e a moda alcança 22% de todo o desperdício misto no ambiente global anualmente (menos de 15% do material têxtil supérfluo é reciclado).[34]

A indústria têxtil também usa mais de 2.500 produtos químicos no processo de manufatura e uma pesquisa apurou que 10% desses produtos eram de "alto risco potencial para a saúde humana". Por fim, a indústria da moda usa aproximadamente 44 trilhões de litros de água anuais para irrigação, ou cerca de 3% de toda a água usada em irrigação.[35]

Na maior parte da era industrial, os combustíveis fósseis eram tão baratos que quase não víamos como eram importantes para aumentar eficiências. Conforme já abordamos aqui, embora os economistas somassem energia com tempo, capital e mão de obra como insumos que determinam eficiência, com exceção dos engenheiros, os empresários geralmente ignoravam a energia quando queriam determinar produtividade, pois era muito barata. Focavam quase exclusivamente no custo/benefício do capital e da mão de obra para aumentar a eficiência.

Em retrospectiva, a ingenuidade, sobretudo dos economistas, é gritante. Raramente encontramos sequer uma menção esporádica na literatura reconhecendo que a maior parte do capital humano na era industrial é a riqueza armazenada, gerada, de uma maneira ou de outra, por combustíveis fósseis que mantêm todo trabalhador vivo e com saúde.

A realidade de que a própria existência de nossa civilização se funde com os combustíveis fósseis só ficou óbvia diante do súbito aumento no preço do petróleo nos mercados mundiais na primeira década do século XXI. Nos anos 1960, o petróleo era vendido a meros 3 dólares por barril. Os preços do petróleo começaram a aumentar aos trancos e barrancos com a imposição do embargo da Organização dos Países Exportadores de Petróleo em 1973. Na primeira década do século XXI, o petróleo continuou a subir de preço de forma exorbitante, atingindo um recorde de 147 dólares por barril em julho de 2008.

Quando o preço passou de 100 dólares por barril, a economia global começou a declinar, porque muitas das coisas que fabricamos e produzimos são feitas de e movidas por combustíveis fósseis. Quando o barril chegou a 147 dólares, a economia global inteira já estacionara, pois o preço de quase todos os bens e serviços na economia tem uma ligação intrínseca com combustíveis fósseis.

Julho de 2008 marcou o início do fim da era industrial baseada em combustível fóssil. Foi o abalo sísmico do qual a sociedade nunca se recuperou totalmente. O colapso do mercado financeiro centrado na crise *subprime* imobiliária – muito parecida com o esquema Ponzi – foi o choque posterior. Era impossível manter a economia ficcional da manipulação dos preços de hipotecas quando a economia pesada de combustíveis fósseis fechou todas as portas da vida econômica.

A comunidade empresarial global, os governos e, sem dúvida, os economistas ainda não entenderam que a subida íngreme de eficiências e produtividade, geradora da riqueza material sem paralelos, não seria concebível sem a exumação e a transformação dos combustíveis fósseis de um período geológico distante na história. O outro lado da moeda na ativação do cemitério carbonífero, com seu armazém de energia limitada, dissipando-a em menos de duzentos anos para criar a Era do Progresso, é a nossa conta entrópica na forma de emissões de aquecimento global que hoje ameaçam o futuro da vida na Terra.

Diante dos reveses da teoria do equilíbrio de mercado e do processo de racionalização que põe as eficiências no centro da equação, ao mesmo tempo em que se recusa terminantemente a reconhecer as implicações termodinâmicas das externalidades negativas, o que falta é uma completa reconsideração da economia e, mais importante, da natureza das ações humanas. Essa reconsideração exige que lidemos melhor com nossas noções de tempo e espaço.

Claro, nossas ideias arraigadas de tempo e espaço parecem muito distantes da crise que vivemos. Entretanto, o modo como entendemos e reconhecemos essas coordenadas primordiais da consciência humana é essencial para libertarmos nossa humanidade coletiva do caldo tóxico da racionalidade e da eficiência, chamadas eufemisticamente de Era do Progresso, e encontrarmos o caminho para um estilo de vida mais adaptativo e empático, próprio da iminente Era da Resiliência. Repensar a existência no tempo e no espaço é provavelmente a melhor e última chance da espécie humana para mudar de rumo e aprender a prosperar em uma Terra imprevisível e restaurada.

Parte II

PROPRIETARIZAÇÃO DA TERRA E EMPOBRECIMENTO DA FORÇA DE TRABALHO

4

A Grande Dizimação:
o isolamento planetário de tempo e espaço

Dia 24 de maio de 1844: membros do Congresso dos Estados Unidos se reuniram para testemunhar um evento extraordinário. Anos antes, o Congresso concordara em financiar o desenvolvimento de um aparelho projetado por um inventor americano, Samuel F. B. Morse, que afirmava ter aperfeiçoado uma máquina – um telégrafo elétrico – capaz de canalizar correntes elétricas e enviar comunicação codificada a um local a 64 quilômetros de distância instantaneamente, para logo em seguida receber a resposta codificada em questão de segundos em uma fita de papel. Uma promessa que teria sido difícil de sequer vislumbrar anteriormente.[1]

Morse enviou uma mensagem a seu assistente, Alfred Veil, a 64 quilômetros dali, em uma estação ferroviária em Baltimore, solicitando uma resposta. Segundos depois, a resposta chegou ao Capitólio. Dizia: "Que coisas Deus têm realizado!". O momento marcou a aniquilação virtual da distância espacial e a compressão do tempo até quase a simultaneidade, assinalando o início da era eletrônica. A frase foi tirada da Bíblia e consta no Livro dos Números (23:23) – apropriadíssima para descrever o momento.

Lembremo-nos do livro do Gênesis, em que Deus criou o mundo com a ordem "Faça-se luz" e, sem qualquer passagem de tempo, "assim foi feito" – a perfeição da eficiência. A comunicação quase simultânea de Morse foi recebida com espanto pelos membros do Congresso, conjurando a espécie de eficiência que até então era reservada ao Senhor Todo-poderoso.

O relato de como chegamos a esse ponto na história e a essa transformação fundamental em nossa noção de tempo e espaço começa de modo um tanto inocente, no século XIV, na Europa medieval, com dois eventos que depois definiriam a era moderna. O primeiro foi a invenção do relógio mecânico e a medição rigorosa do tempo pelos monges beneditinos em suas liturgias diárias. O segundo foi a criação da perspectiva linear na pintura, por artistas da Renascença italiana.

O RELÓGIO MECÂNICO E A PERSPECTIVA LINEAR NA ARTE: as consequências não intencionais que mudaram a história

Os beneditinos eram uma ordem monástica cristã fundada em 529 por Bento de Monte Cassino. Eles se dedicavam ao trabalho manual árduo e à estrita observância religiosa. Sua regra cardinal era "o ócio é o inimigo da alma". Os irmãos acreditavam que a atividade manual contínua era uma forma de penitência e um caminho para a salvação eterna. São Bento advertia seus irmãos de que, "se quisermos escapar das dores do inferno e alcançar a vida eterna, devemos nos apressar para fazer somente coisas que nos beneficiem para a eternidade, enquanto ainda temos tempo".[2]

Os beneditinos foram os primeiros a perceber a passagem do tempo como "um recurso escasso" e, já que o tempo pertencia a Deus, tinham de usá-lo plenamente a fim de render homenagens a Ele. Com essa finalidade, cada momento deveria ser dedicado a atividades organizadas. Havia horários para prece, labuta, refeição, leitura, banho e sono.[3]

Para se certificarem de que todos os irmãos seguiam as rotinas prescritas e as atividades estipuladas, os beneditinos reintroduziram a hora romana, quase abandonada depois da queda de Roma. Literalmente, toda atividade era marcada para um horário específico do dia, e, para garantir que todos comparecessem, anunciavam com sinos cada atividade. Os sinos mais importantes convocavam os fiéis para as oito horas canônicas, quando os monges celebravam o ofício divino. Mas mesmo as atividades mais comuns tinham horários marcados nas semanas designadas e até nas estações, tais como raspar a cabeça, encher de novo os colchões e fazer sangria. Nenhum espaço de tempo era relegado ao acaso.

Talvez os beneditinos tenham sido o primeiro grupo na história a racionalizar o tempo pelo que viemos a chamar "programação de horário" na era moderna. Por esse motivo, eles costumam ser considerados os "primeiros 'profissionais' da civilização ocidental".[4] A sincronização em grupos de rotinas bastante correlacionadas, com uma função específica atribuída a cada membro, não passou despercebida por historiadores de um período posterior. O sociólogo Eviatar Zerubavel afirmou que os beneditinos "ajudaram a dar ao empreendedorismo humano o compasso e o ritmo regular da máquina".[5]

A despeito do zelo fanático pela pontualidade, os beneditinos enfrentavam o problema de nem todo tocador de sino ser sempre confiável. A solução foi o advento do relógio mecânico, inventado pelos irmãos por volta de 1300, uma máquina automatizada que funcionava com um dispositivo chamado escape, mecanismo que "interrompia a intervalos regulares a força de um peso em queda", controlando a liberação de energia e o movimento das engrenagens.[6] O novo aparelho permitia aos irmãos padronizar a quantidade de horas para poderem programar as atividades diárias com precisão e supervisionar seus esforços com maior confiabilidade.

A maravilha tecnológica era tão extraordinária que a notícia logo se espalhou do mosteiro para os povoados urbanos, onde os relógios se tornaram o marco central de todas as praças municipais e os coordenadores do cotidiano comercial e social. A vida comercial e a vida geral ficavam cada vez mais eficientes e exigiam não apenas mais pontualidade, mas também precisão. Em 1577, foi inserido o ponteiro dos minutos e, pouco depois, dos segundos.[7] Calibrar o tempo se tornou um fetiche e um passatempo. Como o avanço da era industrial e do capitalismo do mercado, "tempo é dinheiro" se tornou o adágio da época. Na década de 1790, os relógios, antes um espetáculo e um luxo, haviam se transformado em necessidades fáceis de comprar, acessíveis em todas as casas. Os trabalhadores começaram até a carregar consigo relógios de bolso.

Em *As viagens de Gulliver*, de Jonathan Swift, os sábios de Lilliput relataram ao imperador que o gigante forasteiro capturado tirava sempre do bolso um objeto brilhante que fazia um barulho incessante como um moinho de vento, e "levava tal engenho ao ouvido". A conjectura dos sábios era de que "trata-se de algum animal desconhecido, ou o deus que ele venera; mas somos mais inclinados a crer na segunda hipótese, porque ele nos garantiu [...] que raramente dá qualquer passo sem consultá-lo".[8]

O relógio e os relógios de bolso reorientavam o público a se afastar do tempo da natureza, calculado pelo nascer do sol, o sol a pino e o poente, e seguir o compasso fixo do tempo mecânico no chão de fábrica. O ajuste ao sistema de produção nas fábricas exigia foco total na sincronização da atividade e foi um marco no caminho para uma civilização hipereficiente.

Os beneditinos, por sua vez, não tinham a menor intenção de ver seu invento usado na promoção de uma vida secular mais eficiente, que acabaria comprometendo a visão teológica do mundo cristão medieval. A partir dali o tempo em si seria percebido como unidades padronizadas mensuráveis e operantes em um universo paralelo e desligado dos ritmos da terra. Seria dedicado à visão mecanicista de eficiências cada vez maiores para expropriar e consumir todo o mundo natural – tudo em nome do progresso econômico. As repercussões ainda causariam o caos nas últimas décadas da era moderna.

Apenas um século depois, um arquiteto e artista florentino, Filippo Brunelleschi, foi o primeiro europeu a pintar um quadro usando a perspectiva linear. Outros artistas logo o seguiram. A perspectiva linear na arte se tornou uma ferramenta que mudaria o modo como a humanidade percebia o espaço. A revolução imaginativa na orientação espacial inspiraria o nascimento do método científico e a matematização do espaço, fornecendo as ferramentas e as técnicas pelas quais a cartografia poderia isolar e privatizar as esferas da Terra.

Na Europa feudal, os lugares eram importantes, e a ideia de espaço vazio parecia inconcebível. No mundo do cristianismo, os fiéis concebiam cada lugar no reino de Deus ocupado por uma ordem ascendente da criação de Deus – uma escada que subia desde as criaturas mais inferiores que "rastejam sobre a terra" até os seres humanos, os anjos e o Senhor no alto. O reino de Deus é uma plenitude, sem nenhum vácuo espacial. Por que Deus deixaria sua criação com um vazio a ser preenchido em alguma data futura? Alfred W. Crosby, professor de História e Geografia na Universidade de Harvard, deu a melhor das definições, explicando que "a vacância não tinha autenticidade ou autonomia para um povo que rejeitava a possibilidade de um vácuo".[9]

No topo da escada que formava a Grande Cadeia do Ser e logo abaixo dos anjos estão os herdeiros de Adão e Eva, cujos olhos se voltam sempre para o alto, para o céu. Não havia motivo para contemplar o horizonte em um mundo caído, percebido como parada temporária na expectativa de sua ascensão ao céu e à vida eterna.

Quando turistas americanos visitam a Europa, geralmente pretendem ver as grandes catedrais medievais. Esperam captar a majestade da catedral a certa distância e "vislumbrar" sua presença dominadora no espaço, mas acabam se decepcionando por ela estar tão densamente inserida no meio de círculos concêntricos de *habitats* medievais e modernos que bloqueiam a vista. Isso ocorre porque na Europa feudal, o horizonte vazio além dos portões da cidade e dos campos circundantes era infestado de perigos. A segurança coletiva era possível quando se vivia muito perto do seio da catedral de Deus. Quando passamos por suas portas imponentes, nossos olhos logo se fixam nos tetos arqueados e na direção do céu, onde nos aguarda a vida eterna.

Quanto às pinturas e tapeçarias que enfeitam as paredes das catedrais, elas representam a criação de Deus sobre um terreno plano com todas as formas de vida ascendendo ao céu. Aos olhos do visitante, as imagens parecem oníricas e infantis. Apesar de belas, as pinturas não possuem profundidade, não têm perspectiva. Não parecem "realistas".

Brunelleschi rasgou o *script* da igreja ao usar perspectiva linear para reproduzir o batistério em Florença a partir do portão frontal da catedral, enquanto ainda estava em construção. A perspectiva linear projetava a ilusão de profundidade tridimensional pelo uso de um "ponto esvaecente" para o qual todas as linhas convergem, no nível do olho, sobre o horizonte.[10] O movimento de seu pincel assinalou uma das grandes transições revolucionárias na história do mundo, que mudou a própria maneira da espécie humana perceber o espaço e a nossa relação com ele. Michelangelo, Leonardo da Vinci, Rafael e Donatello logo aplicaram o pincel à tela, pintando suas obras-primas que reproduzem perspectiva.

O artista Masaccio foi o primeiro dos pintores renascentistas a demonstrar um domínio maduro do uso da perspectiva e as regras que a acompanham. Seus quadros têm volume e os *habitats* e paisagens se distanciam do mesmo modo que o olho os vê. Os historiadores da arte se referem a esse novo estilo artístico como "realismo".

Tente imaginar as forças hercúleas liberadas por essa simples manobra artística. Antes, para as massas não instruídas e analfabetas, o que aprendiam acerca da realidade da existência era encontrado nas pinturas que decoravam suas grandes catedrais. Era a única sala de aula. Os fiéis estavam acostumados com o conforto das imagens que representavam uma humanidade unida – uma comunidade de crentes – que aguardava, ansiosa, o retorno de Cristo à Terra e a salvação eterna, quando seriam alçados ao céu. De repente, começaram a vislumbrar imagens que direcionavam os olhos para o horizonte, boa parte do qual permanecia vazio e pronto para ser transformado.

Talvez o aspecto mais transformador do uso da perspectiva na arte seja o fato de ter aberto o caminho para uma mudança na consciência humana. Preparou sucessivas gerações para conceber o mundo sob o ponto de vista dos "olhos videntes" do observador. Tudo ao alcance da vista se torna um "objeto" potencial que pode ser avaliado, medido, captado, expropriado e privatizado.

Ver o mundo como um observador desapegado significa sair da comoção das cercanias e assumir o papel de um *voyeur*. Não é coincidência que muitas das obras-primas da Renascença reproduzam um observador solitário a espiar pela janela o que existe além. A própria noção de um eu autônomo ganhou asas na Renascença italiana e, depois, na europeia.

Muitos dos primeiros artistas a aplicar a perspectiva linear em suas pinturas também eram arquitetos e usavam o conhecimento de perspectiva para fazer desenhos arquitetônicos. As lições aprendidas em seu ofício serviam para o campo da matemática, com o desenvolvimento da geometria projetiva.

Galileu, o pai da ciência moderna, depositou todos os seus interesses científicos das lições que aprendera de artistas e arquitetos na matemática da perspectiva. Nascido em 1564 perto de Florença, Galileu estudou matemática e nela descobriu a perspectiva na arte. Como se poderia esperar, os matemáticos da época, tanto na Itália quanto na Alemanha, viviam imersos na arte de usar perspectiva para fazer avançar sua disciplina. Afinal, os dois campos tinham a ver com medições e cálculos. Havia uma troca regular durante esse fértil período gestacional da ciência moderna entre artistas, arquitetos e matemáticos, todos utilizando lições aprendidas de perspectiva e do estudo de geometria.

O próprio Galileu brincava com a ideia de ser artista e almejava se tornar o artista oficial dos Médici. Assim como Descartes, Galileu ajudou a introduzir a matemática na ciência, transformando a exploração científica em medição matemática de fenômenos observáveis, o que ela é até hoje. Em seu livro *Il Saggiatore*, publicado em 1623, ele escreveu:

A filosofia é escrita neste grandioso livro, o universo, que permanece sempre aberto para o nosso ["olhar"]. Mas o livro não pode ser compreendido, a menos que aprendamos antes a decifrar a linguagem e ler as letras que o compõem. Está escrito na língua da matemática, e seus caracteres são triângulos, círculos e outras figuras geométricas sem as quais é humanamente impossível entender uma única palavra do livro; sem elas, vagamos por um labirinto escuro.[11]

Philipp Lepenies, diretor do Centro de Pesquisa de Políticas Ambientais na Universidade Livre de Berlim, observa que o uso que Galileu faz da palavra "olhar" em seus comentários científicos remonta à difundida aplicação de perspectiva linear na arte. O cientista, assim como o artista, é um observador desapegado, olhando para o objeto de sua inspeção e usando a matemática como um meio de medição para torná-lo objetivo e conhecer os fenômenos estudados.[12]

Ser "objetivo", que se traduz como ser desapegado e racional, é um conceito enraizado tanto na cultura popular como no mundo racional da ciência há mais de meio milênio de história, acompanhado da noção de que todos somos agentes autônomos a observar o mundo, tornando-o objetivo e expropriando-o para garantir nossa identidade.

O desvio para a perspectiva linear na arte não significava apenas pintar de modo mais realista, ou sequer fazer avançar a geometria e a matemática, e elevar o método científico para fazer dele o padrão dourado na descoberta das verdades de todos os fenômenos no mundo. Em um nível mais profundo, o alargamento da visão chegou à custa da depreciação da auralidade. Tão acostumados estamos com a ideia de "ver para crer", que é difícil imaginar nas culturas anteriores a oralidade com mais proeminência para validar a realidade. Na Europa feudal, onde imperavam as culturas orais, o aprendizado consistia de fato em se tornar aprendiz e passar adiante conhecimentos por meio de instruções orais. A maioria dos arranjos contratuais, por exemplo, era feita em acordos orais.

Enquanto o sentido visual é isolado e desapegado, a audição é muito próxima e íntima. O som nos cerca e nos envolve. As culturas orais têm localizações específicas. Quando os viajantes visitavam sociedades tradicionais, pelo menos até o século XX, costumavam notar como as pessoas se fechavam em grupos coesos, com frequência falando ao mesmo tempo. Para um observador ocidental, essa atitude parecia invasiva e desrespeitosa em relação ao espaço e à individualidade das pessoas. O que ele não sabia é que as culturas orais eram profundamente participativas e comunais pelo simples motivo de que a comunicação oral limitava o alcance espacial.

COMUNICAÇÃO SILENCIOSA:
uma nova abordagem da socialização

Se a programação de horários e o relógio isolaram o tempo e a perspectiva na arte acelerou o processo de expropriar e isolar o espaço, a invenção da prensa foi uma força igualmente transformadora que isolou tanto a temporalidade quanto o espaço, assim como a invenção do telefone no fim do século XIX e da internet no fim do século XX. A prensa foi instrumental para difundir a alfabetização em massa na Europa e, no fim, no mundo todo. Permitiu que milhões de pessoas separadas por grandes distâncias no tempo e no espaço se comunicassem em silêncio em páginas escritas.

Aprender por meio da leitura também foi uma experiência mais solitária e cerebral, se comparada com a cultura oral. Ler é algo que se faz em privacidade. Enquanto a comunicação oral é rápida, a mensagem impressa é permanente e nos permite guardar as palavras e os pensamentos para podermos retornar a eles depois, em busca de referência. Nas culturas orais, a comunicação deve ser armazenada na memória, oferecendo apenas uma habilidade limitada de recordação. É por isso que as culturas orais contavam com mnemônica e rima para ativar a memória. A prensa exercitava a mente de maneiras inéditas, sobretudo por induzir a reflexão. Um leitor podia pensar nas páginas lidas ou voltar a elas para relembrar as informações, abrindo a imaginação humana para modos inteiramente novos de pensar. A prensa também criou a ideia de autoria individual: a habilidade para você solicitar direito de posse por suas palavras na forma de direitos autorais. Reivindicar direito de propriedade por frases seria absurdo em períodos anteriores da história. Os filósofos pré-modernos não consideravam suas elucubrações "pensamentos originais", mas sim "revelações" que vinham até eles do éter, geralmente em sonhos ou em momentos de epifania. A autoria, em contraste, reforçava a crença na identidade autônoma, isto é, cada indivíduo é proprietário de suas comunicações com os outros.

Também a vida comercial foi transformada pela palavra impressa. A contabilidade na era feudal dependia basicamente de acordos orais. O alcance espacial limitado significava que os agentes comerciais costumavam agir em nível local e precisavam conhecer uns aos outros, em primeiro lugar. Registros contábeis escritos eram menos confiáveis, e os números e termos nos livros-caixa eram lidos em voz alta para as partes garantirem a autenticidade. O termo "auditar" existe há séculos e remonta a uma cultura antiga oral. No Evangelho segundo Lucas, Ambrósio de Milão adverte que "a vista se engana, mas o ouvido serve de testemunha".[13] Hoje, porém, confiamos na palavra escrita como se fosse o evangelho.

Os livros capturam o próprio tempo e se apossam dele. Um livro é envolto por uma aura de permanência. Mesmo hoje em dia, na era eletrônica, a maioria das pessoas ficaria horrorizada diante do ato de rasgar um livro ou jogá-lo no lixo. O tempo se congela no espaço às páginas de um livro, assim como uma foto ficaria congelada no tempo no século XIX. A mudança na consciência provocada pela palavra impressa acabaria condicionando o modo como os cientistas e economistas congelam o tempo e reivindicam espaço em suas respectivas disciplinas.

Ouvimos com certa frequência os termos "ponto de vista científico", "ponto de vista econômico", "ponto de vista psicológico", *ad nauseam*, cientes apenas em nível subliminar de que a palavra "vista" é dotada de verdade e consiste no único modo de "ver" o que é real, "o único meio de olhar para algo". No decorrer da era moderna, o sentido oral do que é real e verdadeiro tem sido relegado às margens.

A revolução da prensa foi instrumental para a grande onda exploratória através dos oceanos e a descoberta de novos espaços que podiam ser reivindicados. Novas descobertas de rotas comerciais oceânicas e descrições de litoral e massas continentais podiam ser padronizadas em mapas impressos, permitindo aos viajantes uma navegação mais precisa. Os mapas padronizados aumentaram dramaticamente a eficiência temporal da viagem marítima, da colonização de novas terras e do comércio a partir do século XVI.

A palavra impressa também fomentava a ideia de nacionalidade. Seria impossível conceber o estado-nação sem uma língua comum que unisse seus cidadãos como uma família extensa social. Sabe-se, por exemplo, que às vésperas da Revolução Francesa, menos de 50% da população do que hoje se chama França falava francês.[14] Quando a Itália foi unificada em 1861, apenas 2,5% da população falava o idioma italiano padrão.[15] Dizem que o primeiro-ministro de Piemonte teria declarado: "Fizemos a Itália. Agora precisamos fazer os italianos".[16]

Foram os impressores que salvaram a pátria. Eles estavam ansiosos por aumentar sua eficiência, vendas e rendas produzindo livros em massa, mas enfrentavam o obstáculo de literalmente centenas de línguas e dialetos locais, e os mercados eram muito pequenos para comportar a impressão de livros. Com o intuito de remediar a situação e estabelecer um meio mais eficiente de comércio, os impressores passaram a combinar elementos dos vários dialetos falados em uma região e, em seguida, padronizar a gramática em uma única língua vernácula, geralmente a mais dominante na região, e providenciar para que fosse adotada pelos jovens estados-nações como língua oficial.

A adoção de um idioma comum tinha o valor adicional do sentimento de uma identidade nacional. Os indivíduos começaram a conviver uns com os outros como uma família extensa de cidadãos comprometidos com a lealdade comum ao seu estado. A redução no número de

línguas faladas e escritas a um único idioma nacional em cada estado-
-nação também aumentou grandemente as eficiências no comércio, na
vida social e na governança.

EXUMAÇÃO DE CARVÃO E LIBERAÇÃO DE VAPOR

A revolução na comunicação impressa foi seguida de revoluções igualmente poderosas em energia e mobilidade. A acentuada diminuição de
terras florestais por toda a Europa, com o objetivo de abrir espaço para
agricultura, pastoreio e desenvolvimento urbano, culminou em uma crise
energética continental. Afinal de contas, as florestas eram a principal
fonte de energia e materiais de construção na sociedade europeia antes
da Revolução Industrial. Os britânicos encontraram uma alternativa nas
minas de carvão. O problema era que, em uma profundidade específica,
chegava-se ao nível da água, sendo a drenagem um obstáculo para o transporte do carvão à superfície.

Em 1698, Thomas Savery deu à Europa uma solução, com a invenção e a patente de uma bomba a vapor para remover água das profundezas
das minas. Entretanto, ao chegar à superfície, o carvão apresentava um
segundo problema. Era muito mais pesado e trabalhoso de transportar
que a madeira, difícil de carregar por estradas não planas (principalmente
em clima chuvoso), e as parelhas de cavalos eram caras demais para o
uso. A resposta veio com James Watt, que patenteou o motor a vapor em
1776. Usados a princípio no processo produtivo da indústria de algodão
nos anos 1780, os motores a vapor logo se alastraram para outras indústrias, tornando-se um *tour de force* com o primeiro uso de uma locomotiva
movida a carvão nos trilhos da Grã-Bretanha em 1804.[17]

A espantosa velocidade da locomotiva a vapor fascinou o público
britânico. Na década de 1830, as locomotivas a vapor funcionavam à
incrível velocidade de cerca de 128 quilômetros por hora. Em 1845, "48
milhões de passageiros já usavam as ferrovias do Reino Unido em um
único ano".[18] As locomotivas a vapor quebravam as barreiras de tempo e

encurtavam as distâncias nas viagens; com isso, criavam uma poderosa nova dinâmica no transporte e na logística, cuja hipereficiência reverberaria por todo o mundo, constituindo a base para o comércio continental em uma escala antes inimaginável.

As locomotivas também eram impermeáveis às oscilações sazonais e climáticas e podiam trabalhar o ano inteiro. Em termos de velocidade de entrega, uma locomotiva a vapor podia fazer várias viagens de ida e volta no tempo que uma barcaça nos canais completaria só uma. Além do mais, aguentavam o triplo de carga que as barcaças e por um preço equivalente. Todos esses fatores contribuíam para uma aceleração histórica em velocidade e eficiência no tempo e no espaço.

Já na década de 1830, os barcos a vapor singravam por mares abertos, com custos que eram 15% a 20% inferiores ao dos barcos a vela. Em 1900, os barcos a vapor já transportavam 75% do peso global de carga. Esses barcos também levavam milhões de imigrantes europeus às praias americanas. O nome do jogo era eficiência, possível quando se exumava carvão do cemitério do período carbonífero.

A redução de tempo e espaço permitida pelo advento de novas formas de comunicação, uma nova fonte de energia e novos modos de mobilidade e logística para transmitir, impulsionar e movimentar a atividade econômica, a vida social e a governança entronizaram a eficiência como o tema dominante da sociedade nos anos 1890, pelo menos na Europa e na América.

A PADRONIZAÇÃO DO TEMPO MUNDIAL

Só havia um porém nesse cenário. Cada localidade acertava seus relógios de acordo com suas preferências de tempo, causando um pesadelo logístico para as ferrovias. Em 1870, um passageiro viajando em um trem de Washington D.C. a São Francisco teria de acertar seu relógio mais de duzentas vezes para manter-se atualizado nos fusos horários ao longo do caminho.[19] Se permanecesse essa orientação por horários locais, as possíveis eficiências em logística e comércio geradas pelas locomotivas e barcos a vapor seriam perdidas para sempre. A necessidade óbvia era a de racionalizar o fluxo de transporte e logística, com o intuito de viabilizar as potenciais novas eficiências e a subsequente produtividade que os barcos e as locomotivas a vapor ofereciam a uma emergente era industrial.

A criação de mercados nacionais, continentais e globais para comércio e troca exigia uma transição na organização de tempo e espaço. A solução proposta foi ousada. O plano era dessocializar e deslocalizar o tempo ao estabelecer fusos horários universais padronizados por todo o mundo.

Os governos da Grã-Bretanha e dos Estados Unidos foram os primeiros a dividir seus países em fusos horários para acomodar os serviços ferroviários, e nos anos 1880 outras nações já reivindicavam a implementação de uma hora mundial única. Em outubro de 1884, a Conferência Internacional do Meridiano votou para considerar Greenwich, perto de Londres, o marco zero de longitude para a adoção de um sistema de horas universal. O governo francês foi contra a escolha de Greenwich, preferindo o observatório de Paris como marco zero. A discussão se estendeu por décadas.

Em 1912, porém, Paris foi a sede da Conferência Internacional do Tempo, frequentada por diversas nações, e lá a questão foi oficializada. Greenwich seria a longitude zero e, partir daquela data, as nações participantes concordariam em abandonar seus horários locais em troca de um sistema de tempo mundial. Com esse único golpe, o tempo foi separado das temporalidades locais e dos ritmos da terra para servir ao comércio, à logística e às relações internacionais em uma economia recém-globalizada.

A abstração, racionalização e compressão de tempo e espaço continuaram nos séculos XX e XXI com as subsequentes descobertas de vastos depósitos de petróleo e gás natural; a introdução da eletricidade; a invenção do telefone; o advento do automóvel e das viagens aéreas; a invenção do rádio, da televisão, do computador, da internet, inteligência artificial e governança do algoritmo; e da interconectividade por meio do GPS, com impactos duradouros sobre o modo como nossa espécie percebe tempo e espaço e também sobre a própria natureza da existência.

Com essas novas coordenadas temporais e espaciais, a humanidade conseguiu isolar, parcialmente privatizar e expropriar as grandes esferas da Terra e as outras instâncias que compõem a íntima geoquímica, física e biologia do planeta. Todas foram capturadas, saqueadas e consumidas com um zelo hedonista impulsionado por eficiências incomparáveis na curta existência da espécie humana. Infelizmente, essa história é omitida na maioria das narrativas da era moderna, e precisa ser divulgada.

5

O supremo roubo:
As esferas da Terra como *commodities*, o fundo genético e o espectro eletromagnético

Na sociedade feudal, propriedade tinha um significado diferente do que usamos hoje em dia. A visão da igreja era que a terra é criação de Deus e foi confiada aos descendentes de Adão e Eva. Deus dá ao seu rebanho o direito de usar partes de seus domínios em uma hierarquia decrescente de obrigações e responsabilidades, partindo do Céu, passando pelos emissários de Deus na igreja e deles para os reis, príncipes, senhores e servos. Nesse esquema, o que impera são as relações de proprietariedade, mais que as de propriedade em si. Ninguém era dono de propriedade alguma, como entendemos hoje, mas apenas exercia a proprietariedade de determinadas partes da criação do Senhor que ele alocava em ordem decrescente. Comprar e vender terra não tinha função importante na Europa feudal.

PROPRIETARIEDADE DAS ESFERAS DA TERRA

No século XVIII, o regime feudal de relações de propriedade tinha começado a cair, cedendo lugar à noção moderna de titularidade privada com base em um sistema incipiente de capitalismo. O filósofo inglês John

Locke forneceu a base filosófica para um repensar total da propriedade em sua obra *Dois tratados do governo civil*, publicada em 1690.

Locke argumentava que a propriedade privada é um direito natural inalienável, que afirma a promessa de Deus a Adão no Jardim do Éden de que ele e todos os seus descendentes teriam domínio sobre seu reino na terra e todas as criaturas que nela habitassem, bem como os abundantes frutos produzidos pela terra. Locke deixa claro que:

> Quando [Deus] deu o mundo à humanidade, [Ele] ordenou ao homem também trabalhar, e sua condição de penúria exigia isso dele. Deus e sua razão ordenaram que ele [e a humanidade] subjugassem a terra, i.e., trabalhasse-a para o benefício da vida, e sobre ela construísse algo que lhe pertencesse, fruto de sua labuta. Aquele que, em obediência ao mandamento de Deus, subjugasse, cultivasse e semeasse qualquer parte dela, podia anexá-la à sua propriedade, a que nenhum outro teria direito, nem poderia sem injúria dele tomar.[1]

Mais perturbadora, porém, é a classificação que Locke faz da natureza como sendo inútil até o homem canalizá-la e transformá-la em propriedade valiosa.

> Aquele que se apropria de terra por seu trabalho, não diminui, mas aumenta o estoque comum da humanidade. Pois as provisões que servem ao sustento da vida humana, produzidas por um acre de terra privado e cultivado, são... dez vezes maiores que aquelas oferecidas por um acre de igual riqueza, porém inútil sem o cultivo [...]. É, portanto, o trabalho que dá o maior valor à terra, sem o qual ela não teria valor algum.[2]

Locke transformou o domínio sobre os elementos comuns da terra, de uma obrigação mutuamente compartilhada da Grande Cadeia do Ser de Deus em um direito de cada indivíduo possuir partes do planeta não pertencentes à comunidade humana.

A força vital do planeta se concentra no intercâmbio de suas principais esferas: hidrosfera, litosfera, atmosfera e biosfera. A biosfera, que recebe a maior atenção, compreende os 19 quilômetros do solo e das profundezas oceânicas até o limiar exterior da atmosfera, dentro da qual a hidrosfera, a litosfera e a atmosfera interagem para permitir o florescimento da vida.

Durante a Era do Progresso, nossa espécie captou cada uma dessas esferas vitais para compor a infraestrutura planetária da qual a vida emerge e evolui e, em nome da eficiência, converteu-as em propriedade manipulável para exploração comercial. Agora estamos colhendo furacões. Vejamos um resumo da história dos males causados na litosfera e na hidrosfera, ambas as quais com um papel vital na manutenção da vida na Terra.

A LITOSFERA:
o chão em que pisamos

A litosfera é a parte sólida da Terra, e inclui o manto superior e a crosta. A superfície da litosfera contém o solo e é chamada de pedosfera. O solo cobre a maior parte da massa da terra e sua espessura varia entre alguns centímetros e vários metros. Essa camada ultrafina da litosfera costuma ser chamada de Zona Crítica, e por um bom motivo. A Fundação Nacional da Ciência dos Estados Unidos explica que:

> É uma camada fronteiriça viva que respira e evolui constantemente, na qual rochas, solo, água, ar e organismos vivos interagem. Essas complexas interações regulam o *habitat* e determinam a disponibilidade dos recursos que sustentam a vida, entre eles, produtos alimentícios e a qualidade da água.[3]

O solo segura e faz crescer nossas plantas, e purifica nossa água. Ele não só contém minerais vitais, mas também palpita com vida; é um miniecossistema. O Instituto da Terra da Universidade de Columbia afirma que um acre de solo "pode conter 408,2 quilos de minhocas, 1.088,6 quilos de fungos, 680,3 quilos de bactérias, 60 quilos de protozoários, 403,6 quilos de artrópodes e algas, e às vezes até pequenos mamíferos [...] um grão de solo pode conter um bilhão de bactérias, das quais só 5% foram descobertas".[4]

Por que, de repente, a comunidade científica enfoca tanto o solo que há muito tempo subestimamos? Porque a revolução mecânica da agricultura no fim do século XIX, a agricultura química do século XX e a atual agricultura geneticamente manipulada do século XXI comprometeram demais a base do solo em todos os continentes. Pela primeira vez na história, "o índice de perda de solo superficial por erosão superou o índice de formação de solo. O Centro Internacional de Informação e Referência do Solo alerta que o solo hoje é 'um recurso natural ameaçado'".[5] As repercussões se alastram. Como já mencionamos, a formação de solo é um processo lento. A natureza leva quinhentos anos ou mais para criar uma única polegada de solo superficial.

Mas não é só a agricultura petroquímica *high-tech* e supereficiente que danifica o solo. O pastoreio de gado é outro fator importante na diminuição do solo. Vinte e seis por cento da massa terrestre livre de gelo é tomada por animais de fazenda, a maior parte gado, mas também ovelhas, cabras e outras espécies.[6] O pastoreio já infligiu danos sérios à base de solo do planeta. A Organização das Nações Unidas para Alimentação e Agricultura (FAO) alerta contra "os efeitos nocivos sobre a disponibilidade de água subterrânea, a fertilidade do solo e a biodiversidade" provocados pela atividade de pastoreio. A agência das Nações Unidas ressalta que "20% dos pastos do mundo estão danificados".[7]

Essa tendência só irá acelerar, principalmente por causa da intensificação de pastoreio animal por acre conforme a alimentação humana se fixa cada vez mais em carne vermelha. Como se isso não bastasse, as vacas emitem metano, um gás de aquecimento global que é 25% mais potente em acumular calor que as emissões de CO_2. Os animais de criação, particularmente as vacas, são responsáveis por 14% de todas as emissões de gás do efeito estufa.[8]

Se o gado bovino e outros animais de fazenda continuassem a crescer em números, só esse fato provavelmente viraria a balança com a perda de boa parte da preciosa base de solo da terra ainda restante, mas há outros fatores atuantes. Um estudo em 2020 conduzido pelo Fórum Econômico Mundial apurou que 95% da superfície da terra "foi modificada pelo ser humano".[9] Algumas das práticas mais devastadoras do solo são: desflorestamento, povoação humana, mineração e sistemas de transporte e rodoviários.

A mais destruidora das categorias responsáveis pela erosão do solo é o desflorestamento. Os principais agentes do desflorestamento são quatro *commodities*: carne vermelha, soja, óleo de palma (azeite de dendê) e os produtos de madeira, segundo o Sindicato de Cientistas Engajados.[10]

Não é segredo que grandes áreas nas florestas da Amazônia e outras florestas tropicais do mundo têm sido totalmente queimadas com o objetivo de liberar espaço para o pastoreio. Mas a questão do gado vai muito além do que nossos olhos veem. Grande parte das florestas é desmatada para abrir espaço destinado ao cultivo de soja. O que o público não sabe é que 70% da produção mundial de soja é usada para alimentar o gado e outros animais de criação.[11] O óleo de palma, por sua vez, se tornou um ingrediente muito comum nos alimentos processados. O elo de tudo isso é a eficiência de mercado. A conta entrópica chega com a perda de grande parte do solo superficial remanescente da terra, que dura hoje o equivalente ao tempo da primeira infância do bebê.

Infelizmente a conta entrópica não para com a diminuição do solo superficial. A litosfera se estende da crosta superior até as copas das árvores. Com o desflorestamento, cujo objetivo é criar espaço para o pastoreio, o cultivo de soja e óleo de palma e o fornecimento de lenha e outros produtos da madeira – além do aquecimento climático oriundo de CO_2, metano e emissões de óxido nitroso –, florestas inteiras no mundo estão desaparecendo. Isso deixa os cientistas do clima em pânico.

Florestas, principalmente as tropicais, são como o solo: pias de carbono. Ambos captam CO_2 da atmosfera e o armazenam. Hoje, ocorre uma perigosa tendência inversa. Um novo estudo publicado pela revista *Nature* em 2020 envolvendo cem das mais importantes instituições científicas do mundo, e realizado no decorrer de trinta anos, mostra que as florestas tropicais têm absorvido um terço a menos de carbono que nos anos 1990 por causa das temperaturas mais quentes, das secas e principalmente do desflorestamento. O estudo prevê que a floresta tropical típica pode virar uma fonte de carbono até a década de 2060, segundo Simon Lewis, professor de geografia na Universidade Leeds e um dos principais autores.[12]

O relatório dizia que as florestas tropicais estavam absorvendo cerca de 17% das emissões de CO_2 da atividade humana nos anos 1990, mas na última década esse índice diminuíra para somente 6% do CO_2 atmosférico.[13] A taxa de declínio em árvores que absorvem emissões de CO_2 da atmosfera tem intensificado o aquecimento global, atuando como um *loop* de retroalimentação positiva, matando mais árvores ainda. Lewis diz que a velocidade da mudança das florestas tropicais do mundo, de pias de carbono para emissores puros de CO_2 "está décadas à frente inclusive dos modelos climáticos mais pessimistas".[14]

Há também 2.300 bilhões de toneladas de carbono incorporadas nos solos da terra, em comparação com cerca de 790 bilhões de CO_2 capturados na atmosfera. Se os solos continuarem a se deteriorar e as florestas em ritmo de diminuição absorverem menos emissões de CO_2 da atmosfera, o enorme *loop* de retroalimentação provavelmente elevará as temperaturas do planeta a níveis mais altos que os projetados hoje pelo Painel da ONU sobre Mudança Climática.[15]

Façamos uma análise paralela de custo-benefício, comparando a renda anual das indústrias mais responsáveis por dizimar a base do solo da terra e as florestas, para podermos ver como o ganho comercial em curto prazo foi pequeno na economia global, em proporção aos danos em longo prazo infligidos à litosfera da Terra. A renda na indústria pecuária global foi de 385 milhões de dólares em 2018.[16] A indústria florestal angariou 535 bilhões de dólares em renda em 2010.[17] A indústria de soja colheu 42 bilhões em 2020, e a de óleo de palma emplacou 61 bilhões em 2019.[18] A mineração computou uma renda de 692 bilhões de dólares em 2019.[19] Tudo isso totaliza 1,7 trilhão de dólares. Coloquemos essas estatísticas em confronto com a erradicação do solo e a erosão das florestas remanescentes em um planeta moribundo. Vale a pena?

HIDROSFERA:
privatizando a água

A hidrosfera abrange toda a água líquida na Terra e inclui oceanos, lagos, rios, aquíferos subterrâneos, gelo e o nevoeiro e as nuvens na atmosfera. Por mais de 190 mil anos, nossos ancestrais coletores e caçadores consideraram a água um recurso comum. Com o advento da agricultura e do pastoralismo, mais ou menos dez mil anos atrás, as disputas pelo acesso à água ao longo dos rios e lagos aumentaram, embora, de modo geral, o recurso fosse compartilhado porque havia amplas reservas em toda parte de um mundo com uma população humana ainda pequena. Hoje, com uma população em torno de 7,9 bilhões, a batalha pelos direitos à água se tornou um problema sério, agravado pela mudança climática e pela crescente desertificação de regiões enormes das massas continentais da terra.

Os oceanos, por outro lado, têm, de forma global, sido considerados abertos para a navegação e a pesca de todos. Embora se registrem disputas e guerras declaradas pelo controle dos mares no comércio, partes isoladas do oceano e a reivindicação de soberania sobre elas é um fenômeno relativamente novo.

A primeira luta titânica por reinvindicação de áreas oceânicas foi entre Espanha e Portugal nos anos 1400, ambas as nações potências marítimas na época. Cada uma reivindicava soberania de todo o Oceano Atlântico, o Oceano Índico e o Oceano Pacífico – posição no mínimo presunçosa. No Tratado de Tordesilhas, assinado em 1494, dividiram os oceanos do mundo em espaços restritos soberanos "entre os polos norte e sul que se estendiam por 370 léguas a oeste das ilhas de Cabo Verde".[20] A Espanha ficou com a jurisdição exclusiva de todo o oceano a oeste da linha demarcatória, incluindo o Golfo do México e o Oceano Pacífico, e Portugal obteve o controle de tudo a leste, incluindo os Oceanos Atlântico e Pacífico.

No século XVII, esse arranjo perfeito já sofria um abalo, pois a Inglaterra, a França e todas as potências europeias reafirmavam sua soberania em alto-mar. O prêmio compensava o embate. O explorador inglês *sir* Walter Raleigh percebeu a importância da jogada, sugerindo que "quem comanda o mar comanda o comércio; quem comanda o comércio do mundo comanda as riquezas do mundo, e, em decorrência, o próprio mundo".[21]

Como a perspectiva de uma nação obter soberania sobre os oceanos era um cenário improvável, as nações começaram a mordiscar partes do oceano que se estendiam de suas águas costeiras. Os italianos reivindicavam uma zona de 160 quilômetros a partir de seu litoral e mar adentro, medida calculada pela distância percorrida por um navio em dois dias. Outros países buscavam o domínio das águas abertas até o horizonte visual. Algumas nações ambiciosas sugeriam estender a soberania até onde o telescópio pudesse alcançar. Os holandeses preferiam ser os soberanos dos oceanos até a distância percorrida por uma bola de canhão. Na época de Napoleão, o alcance do fogo de artilharia era de 4,8 quilômetros. Essa nova demarcação se tornou o padrão até a véspera da Segunda Guerra Mundial.

Depois da guerra, os Estados Unidos, hoje a superpotência dominante, reivindicaram jurisdição sobre todos os depósitos de petróleo, gás e minerais ao longo do leito oceânico de sua plataforma continental. Até o fim da década de 1960, muitas nações exigiram domínio sobre águas costeiras que se estendiam a aproximadamente 19 quilômetros da costa ao mar.[22]

Em 1982, as Nações Unidas estabeleceram uma Lei de Convenções Marítimas assinada por nações do mundo inteiro, oferecendo a cada país soberania de 12 milhas da costa ao mar, mas também incluindo a concessão de zonas econômicas exclusivas (ZEEs) até cerca de 370 quilômetros no mar, o que dava a cada nação "direitos soberanos com o propósito de explorar e manusear, conservar e administrar" os recursos vivos e não vivos dos oceanos, leitos oceânicos e subsolo.[23] Essa extraordinária concessão permitia que as nações litorâneas se apoderassem de uma grande porção das áreas oceânicas do mundo que continham 90% da atividade pesqueira marinha e 87% das reservas de petróleo e gás no mar ao longo das plataformas continentais.[24]

O grande prêmio em décadas recentes é a enorme riqueza em petróleo e gás no fundo dos oceanos e mares. O leito oceânico também é um armazém de valiosos minerais e metais como cobre, manganês, cobalto, alumínio, estanho, urânio, lítio e boro. Até o momento atual, as nações têm uso exclusivo de 57% do leito oceânico, privatizando as últimas grandes áreas comuns da Terra e boa parte da hidrosfera que rege o planeta aquático.[25] E os oceanos compõem mais de 70% da terra.

Levar petróleo e gás do leito oceânico para a superfície é um grande negócio e traz riquezas para as nações que tiveram a boa fortuna de estender sua soberania sobre esses campos férteis. Países menores como a Noruega são algumas das nações petroleiras mais importantes do mundo, graças aos direitos de extração que desfrutam para retirar combustíveis fósseis das profundezas do Mar do Norte. Os Estados Unidos estão entre os líderes, com plataformas de petróleo no mar ao longo do litoral ocidental e no Golfo do México.

Pesca em alto-mar sempre foi uma oportunidade lucrativa de negócios, pelo menos até pouco tempo atrás, pois a pesca predatória exauriu grande parte dos estoques pesqueiros. Cinco países são responsáveis por 64% da pesca em alto-mar, com rendas agregadas de 7,6 bilhões de dólares em 2014: China, Taiwan, Japão, Coreia do Sul e Espanha.[26]

O uso de tecnologias digitais, levantamento por satélite, mapeamento do leito marítimo, sonar, radar e dispositivos de GPS para localizar áreas pesqueiras no fundo do mar transformou a indústria da pesca em "minas predatórias" das profundezas oceânicas. Os grandes jogadores lançam seus barcos de pesca que pesam até 14 mil toneladas e têm o comprimento de campos futebol. Esses barcos são equivalentes a fábricas flutuantes gigantes que matam, processam e embalam a pilhagem a bordo. Os barcos pesqueiros, capazes de armazenar em seus depósitos até 18 milhões de peixe congelado, varrem o leito oceânico com redes tão grandes que podem "engolir doze jatos tipo jumbo" e tão poderosas que conseguem afastar rochas de 25 toneladas. Os barcos podem cobrir "80 milhas de palangres submersos ou 45 milhas de redes de deriva".[27] A supereficiência da pesca oceânica de alta tecnologia dizimou a tal ponto o estoque pesqueiro que mais ou menos um terço da renda com pesca hoje em dia vem de subsídios do governo para ao menos manter a indústria em pé.[28]

A água potável no planeta – a substância básica da vida na Terra – também é isolada e privatizada. Talvez fosse de fato inevitável que, com o isolamento, a racionalização e a privatização de tempo e espaço, a água também ficasse estigmatizada como recurso escasso e igualmente isolada e privatizada, servindo aos interesses pecuniários de um punhado de empresas globais. Dizem elas que são mais bem preparadas para manter e disseminar esse recurso vital à humanidade.

A privatização das fontes de água potável acompanhou o consenso político de Margaret Thatcher e Ronald Reagan em suas respectivas administrações no Reino Unido e nos Estados Unidos no começo dos anos 1980. Ambos os governos defendiam passar para as mãos do setor privado patrimônios como sistemas rodoviários e ferroviários, o serviço postal, portos de água profunda e aeroportos, redes públicas de televisão, redes elétricas, prisões, escolas públicas e outros serviços. Eles adotavam o que se chamava "neoliberalismo", pensamento popular na época e que pregava que as burocracias eram lentas demais para inovar, ignoravam as demandas públicas e, acima de tudo, mostravam-se muito ineficientes. A ideia era que, se o setor privado assumisse os bens e serviços públicos, as forças de mercado garantiriam que as práticas operantes mais eficientes tomariam conta e apresentariam os melhores preços de mercado, sempre visando ao benefício dos consumidores.

Claramente, na época eram poucas as evidências de que a administração governamental de serviços públicos era ineficiente ou alheia às necessidades dos cidadãos. Pelo menos nas nações altamente industrializadas, os trens eram pontuais, os serviços postais entregavam a correspondência, os sistemas rodoviários eram bem cuidados, as escolas públicas adequadas e os serviços de saúde pública profissionalmente administrados. Entretanto, os defensores da agenda econômica neoliberal conseguiram ser ouvidos pelos líderes políticos e, logo em seguida, as instituições mediadoras globais, como as Nações Unidas, a Organização para a Cooperação e o Desenvolvimento Econômico (OCDE), a Organização Mundial do Comércio (OMC), o Banco Mundial apresentaram políticas para desmembrar e privatizar os serviços em nível global, passando a maior parte deles para as mãos das maiores corporações multinacionais do mundo.

A OMC declarou a água como *commodity* negociável e a classificou como um "bem comercial", um "serviço", ou um "investimento", e estipulou cláusulas que impediriam governos de tentar impedir o setor privado de se envolver com a transação comercial da água no mercado. O Banco Mundial se tornou a principal instituição a defender a privatização dos sistemas públicos de abastecimento de água, sobretudo no mundo em desenvolvimento, forçando nações a criar uma legislação para fomentar a privatização de água potável e sistemas de saneamento como um *quid pro quo* para a obtenção de empréstimos. O Banco Mundial e outras instituições de crédito incentivavam as parceiras público-privadas (PPPs), que permitiriam aos governos arrendar sua infraestrutura de abastecimento de água a empresas privadas, e estas a administrariam por um período predeterminado.

O Banco Mundial, a OMC, a OCDE e outras instituições globais não reconheceram que há pouco incentivo por parte das empresas privadas à melhoria contínua das infraestruturas e serviços públicos que elas administram por preços mais baixos. Diferente dos mercados em que os consumidores escolhem o fornecedor e podem transferir a fidelidade para os concorrentes (que podem oferecer um preço melhor e serviço aperfeiçoado), a infraestrutura pública – estradas, aeroportos etc. – é monopólio natural. Os consumidores não têm alternativa e precisam usá-lo.

As parcerias público-privadas com arrendamentos de longo prazo incentivam as empresas a praticar a "separação de ativos" – isto é, não acrescentar melhorias à infraestrutura e aos serviços, sabendo que seus usuários têm pouca ou nenhuma alternativa ao serviço prestado. Ao contrário dos serviços de infraestrutura publicamente administrados, as empresas privadas precisam mostrar um aumento contínuo no fluxo de rendas e lucros, mesmo que sua base de clientes permaneça relativamente plana. Em outras palavras, o mercado potencial costuma ser explorado desde o início. O resultado final é a contínua separação de ativos para economizar custos e garantir o fluxo contínuo de lucros. Isso é particularmente óbvio nos sistemas de água e saneamento, para os quais as comunidades mais pobres são obrigadas a aceitar quaisquer condições impostas pelas empresas privadas, o que por certo não seria um estudo de caso de como a mão invisível atuante providencia o melhor preço.

Nos primeiros anos da privatização da água, o Banco Mundial incentivava as parcerias público-privadas mediante generosos empréstimos aos governos, por meio de seu braço no setor público, a Corporação Financeira Internacional, cuja missão parcial é investir em projetos de privatização.

Mesmo diante do acúmulo de evidências contra a privatização da água, o Banco Mundial continuou a financiá-la. Entre 2004 e 2008, por exemplo, "52% dos projetos de Banco Mundial para serviços de abastecimento de água e saneamento – 78 projetos totalizando 5,9 milhões de dólares – proporcionavam alguma forma de privatização, e 64% deles alguma forma de recuperação".[29] O apego à eficiência e às forças de mercado ainda é forte nos círculos oficiais em instituições globais como o Banco Mundial, o Fundo Monetário Internacional (FMI) e outras, bem como entre as instituições governamentais nacionais.

O processo de privatização ainda não foi suprimido. Dez corporações globais dominam o mercado de água, e as três maiores – Suez, Veolia e RWE AG – oferecem serviços de água e saneamento a fregueses em mais de cem países.[30] Essas corporações globais gigantes forçam uma agenda de privatização e são beneficiadas por generosos incentivos governamentais, enquanto auferem lucros dos preços altos do abastecimento de água e arriscam reduzir a qualidade dos serviços, tudo em nome de uma maior eficiência devidamente registrada em relatórios de custo-benefício e balanços trimestrais.

A privatização dos sistemas de água é apenas um lado do expansivo mercado da água. Do outro lado, as empresas globais encontraram um mercado rentável na venda de água engarrafada. Até os anos 1970, um bilhão de litros de água eram vendidos no mercado global. Quarenta anos depois, em 2017, as vendas de água engarrafada tinham subido espantosamente para 391 bilhões de litros, e em 2020, esperava-se para esse mercado um aumento de renda para 300 bilhões de dólares. Os setores de água de empresas como a Coca-Cola ultrapassavam as vendas de refrigerantes já em 2016.[31]

Após trinta anos de privatização de água potável e serviços de saneamento, a Organização Mundial da Saúde e a Unicef emitiram um relatório em 2019 e verificaram que 2,2 bilhões de pessoas no mundo ainda não têm acesso a serviços de água potável segura e 4,2 bilhões de pessoas vivem sem serviços de saneamento. Três bilhões de pessoas não possuem sequer serviços de abastecimento para a higiene das mãos.[32] O acesso inadequado aos serviços de abastecimento de água e saneamento não é um problema exclusivo dos países em desenvolvimento. Um estudo conduzido sobre esses serviços nos Estados Unidos constatou que instalações da indústria privada "cobra normalmente 59% a mais por serviços de água que as estações dos governos locais".[33] O estudo analisou dezoito municípios que encerraram os contratos com empresas privadas e verificou que "as operações públicas cobram em média 21% a menos que o setor privado por seus serviços de água e esgoto". Além disso, a privatização "pode aumentar o custo do financiamento de um projeto de abastecimento de água em 50% ou até 150%". Para minimizar as perdas, as empresas privadas cortam custos por meio da separação de ativos, usando "materiais de construção inferiores, atrasando a manutenção necessária e reestruturando a força de trabalho, práticas que se traduzem em serviço pobre e suspeito". A conclusão do relatório é clara: "Empresas multinacionais de abastecimento de água atendem aos interesses de seus acionistas, não do público a que servem".[34]

O direito humano ao acesso a serviços de água e saneamento deverá enfrentar um futuro ainda mais incerto com o avanço da mudança climática. Algumas áreas da Terra se tornarão inabitáveis, à medida que os ecossistemas entrarem em colapso por causa das mudanças dramáticas na circulação de água, forçando migrações em massa de regiões inóspitas, como nunca vistas antes. As pessoas que se realocarem terão de repensar radicalmente seus meios de salvaguardar o regime de abastecimento de água, introduzindo práticas de resiliência com o intuito de garantir acesso suficiente à água para manter a vida.

COMERCIALIZAÇÃO DO FUNDO GENÉTICO

Em anos recentes, até o diversificado fundo genético que constitui o desenho gráfico da vida entrou no frenesi das *commodities*, em nome da eficiência. A comunidade científica, a indústria das ciências da vida, as empresas de biotecnologia, a indústria farmacêutica, o agronegócio e a comunidade médica reivindicam direitos sobre os variados aspectos e propriedades do mapa genético, na tentativa de isolar o próprio âmago do mundo natural. A "corrida dos genes" para reconfigurar os programas genéticos da vida com fins comerciais representa o estágio final na pacificação do selvagem.

Em 1972, Ananda Mohan Chakrabarty, microbiologista contratada pela General Electric, requereu a patente no Escritório de Patentes e Marcas Registradas dos Estados Unidos (PTO) de um micro-organismo geneticamente criado para consumir derramamento de óleo nos oceanos. O PTO rejeitou a solicitação, argumentando que com exceção das plantas de reprodução assexuada, que tinham um *status* especial patenteável graças a uma lei do Congresso, todas as outras formas de vida não são patenteáveis por serem produtos da natureza.

Chakrabarty recorreu, então, ao Tribunal de Alfândegas e Apelações de Patentes, no qual, por uma votação apertada de 3-2, os juízes derrubaram a decisão do PTO. A maioria deles afirmou que "o fato de micro-organismos [...] serem vivos não tem importância legal" e que um micro-organismo está "mais próximo de uma composição química inanimada, como reagentes e catalisadores, que de cavalos e abelhas, ou framboesas e rosas".[35]

O PTO recorreu à Suprema Corte, com o apoio de minha organização, a People's Business Commission, que emitiu uma nota *amicus curiae*, afirmando que "vida fabricada – superior ou inferior – será classificada como menos que viva, ou como nada além de substâncias químicas comuns", e que, se a patente fosse concedida pela Suprema Corte, o gesto abriria um precedente para patentear todas as formas de vida e suas partes constituintes no futuro".[36]

Em 1980, a Suprema Corte, com uma margem apertada de 5-4, decidiu a favor de Chakrabarty, concedendo a patente sobre a primeira forma de vida geneticamente engendrada. O presidente da instituição, juiz Warren Burger, referiu-se à minha nota *amicus curiae* como "o desfile sinistro de horrores".[37] Poucos meses depois da decisão da Suprema Corte, a Genentech (uma empresa *startup* de biotecnologia) abriu um milhão de suas ações, e, até o fim do dia comercial, a empresa já dobrara o preço delas: evento estonteante na história da Wall Street, apesar de a empresa até então não ter lançado um único produto no mercado.[38]

Em 1987, o PTO, antes defensor de que patentes sobre a vida seriam inadmissíveis, mudou de postura e emitiu sua decisão de que todos os organismos vivos multicelulares geneticamente criados, inclusive animais, são potencialmente patenteáveis – decisão essa que assinalou o início do século biotecnológico. Para acalmar a opinião pública, Donald J. Quigg, o comissário do Escritório de Patentes e Marcas Registradas, publicou a declaração de que, embora as patentes pudessem ser concedidas a toda espécie geneticamente modificada na Terra, os seres humanos eram excluídos porque a 13ª Emenda da Constituição dos Estados Unidos proíbe a escravidão.[39] Por outro lado, embriões e fetos humanos, genes, linhas celulares e tecidos e órgãos são potencialmente patenteáveis, desde que geneticamente modificados, embora o ser humano inteiro não.[40]

Um ano depois da nova posição do PTO, o escritório concedeu uma patente ao primeiro mamífero, um rato geneticamente manipulado contendo genes humanos que o predispunham a desenvolver câncer. Pouco depois, uma equipe de pesquisadores da Escócia recebeu uma patente norte-americana pelo método usado para clonar a famosa ovelha Dolly.[41] Desde então, milhares de patentes vêm sendo concedidas por escritórios de patentes no mundo todo para os métodos em uso e também para os componentes modificados de sementes e animais criados por engenharia genética, entre eles genes humanos e linhas de células modificadas.

Os geneticistas que lidam com vegetais e os agricultores ficaram bastante irritados à medida que as empresas globais agrícolas e de ciências da vida, como Monsanto, W. R. Grace, Bayer e Syngenta, começaram a requerer patentes sobre sementes geneticamente modificadas, obtendo monopólio das fontes básicas de alimentos que sustentam a vida humana. Por milhares de anos, os agricultores guardavam novas sementes nas épocas de colheita para plantar na temporada seguinte, mas de repente não podiam mais fazer isso com a compra de sementes geneticamente manipuladas. Nas décadas seguintes, milhares de fazendeiros em todos os continentes foram constantemente vigiados por empresas de ciência da vida, e, se fossem pegos usando a geração seguinte de sementes geneticamente manipuladas para o plantio no próximo ano, eram levados a julgamento e acusados de burlar os direitos de patentes da empresa e outros direitos relacionados.[42]

Com poucas exceções, os biólogos apoiavam de bom grado o patenteamento comercial da vida. Um estudo conduzido pelo doutor Sheldon Krimsky, professor de Políticas Urbanas e Ambientais e Planejamento na Universidade Tufts no fim dos anos 1980, constatou que 37% dos cientistas da biotecnologia, membros da prestigiosa Academia Nacional de Ciências, órgão conselheiro do Congresso norte-americano e do braço executivo do governo sobre políticas de ciências, tinham "afiliações industriais".[43]

Após décadas de feroz oposição de associações agrícolas, autoridades públicas de saúde, pesquisadores de universidades e do público em geral às concessões de patentes para a vida geneticamente modificada, a Suprema Corte julgou uma petição contra a Myriad Genetics, que recebera patentes sobre dois genes envolvidos na cura de câncer de mama e de ovários, retrocedendo apenas alguns passos. A corte decidiu que, embora os genes em si não pudessem ser patenteados pelo simples fato de serem identificados, o DNA sintético usado da seleção de mulheres poderia receber patente, já que não ocorre na natureza, deixando uma porta escancarada para a exploração da estrutura genética de nossa espécie.[44]

As empresas de biotecnologia argumentam que a engenharia genética é uma força benéfica, pois visa a meios mais eficientes de cultivar plantas saudáveis e criar animais. Um número cada vez maior de cientistas também se posiciona a favor de eliminar genes prejudiciais herdados na população humana, e até sugere a adição de genes aperfeiçoados para melhorar a saúde física e mental.

Ganhos de curto prazo em eficiência apregoados pela indústria de biotecnologia chegam inevitavelmente com externalidades negativas mais sérias. No topo da lista está o clima gelado criado em laboratórios de pesquisa nas universidades. Grandes empresas farmacêuticas e das ciências da vida e empresas globais de agronegócio se apoderaram dos laboratórios universitários ao financiar boa parte da pesquisa biotecnológica, e inclusive liberaram ações da empresa para os cientistas envolvidos, criando um véu de acobertamento nos laboratórios.[45]

Estudantes de graduação e pós-graduação e seus professores são chamados com frequência para aderir a acordos de não divulgação por empresas de biotecnologia, para garantirem que a pesquisa não seja compartilhada com colegas. Os pesquisadores também são proibidos de publicar em tempo hábil os estudos, oprimindo o compartilhamento de dados entre cientistas e estudantes. Muitos cientistas mais jovens começaram a estabelecer uma agenda contrária, ou seja, não aceitam pesquisa biotecnológica financiada pela indústria, argumentando que os ganhos financeiros de curto prazo auferidos pelas empresas globais não deveriam custar a liberdade de intercâmbio aberto de dados e pesquisas científicas.

Em nenhum outro lugar a flâmula da eficiência foi exibida de modo mais flagrante que no surgimento de uma nova técnica de *splicing* de genes chamada CRISPR. Essa técnica tem sido anunciada como "a mais versátil ferramenta de engenharia genômica na história da biologia molecular até hoje".[46] Em 2020, o Prêmio Nobel de Química foi para as duas inventoras da técnica, Emmanuelle Charpentier, da Unidade de Ciência de Patógenos do Instituto Max Planck, e Jennifer Doudna, da Universidade da Califórnia em Berkeley. As duas cientistas transformaram um mecanismo imune a bactérias chamado CRISPR em "uma ferramenta que pode editar de maneira simples e barata os genomas de tudo, desde trigo até mosquitos e humanos".[47] Essa ferramenta de baixo custo e incrivelmente eficiente, que funciona como uma "tesoura genética", deu origem a uma nova indústria biotecnológica que abrange os campos da medicina, de produtos agrícolas, controle de pestes, além de outros.

Pernilla Wittung-Stafshede, bióloga química da Universidade Chalmers de Tecnologia, menciona a promessa desse instrumento de extraordinária eficiência, comentando que "a habilidade para cortar DNA onde você quiser revolucionou as ciências da vida".[48] Porém, o aumento exponencial em eficiência por cortar genes nas linhagens germinativas das plantas, dos animais e dos humanos com o objetivo de eliminar os supostos traços prejudiciais, sem grande conhecimento das relações genéticas complexas e sutis de cada espécie que evoluiu e se adaptou no passar das eras, prenuncia externalidades negativas inefáveis. Essas externalidades negativas provavelmente superarão quaisquer ganhos de curto prazo em eficiência e qualquer renda gerada pelas indústrias farmacêuticas, agrícolas, médicas e das ciências da vida.

Exemplo de caso: em 1978 fui coautor de um livro com Ted Howard intitulado *Who Should Play God?*, sobre as promessas e os perigos da revolução biotecnológica, ainda rudimentar. Na época, afirmávamos que um dia os cientistas teriam à sua disposição aquelas técnicas de tesoura que, embora não pudéssemos saber, renderia às duas cientistas o Nobel de Química em 2020. Alertávamos contra os traços monogênicos da linhagem germinativa. São traços genéticos únicos que causam doenças crônicas e até morte prematura.

Um exemplo seria o traço recessivo da célula falciforme, encontrada principalmente em indivíduos de origem afro-americana, que é um marcador potencial de morbidez prematura. Mas sabe-se que esse mesmo traço serve para evitar malária. De modo semelhante, o traço recessivo para fibrose cística, também debilitante e uma ameaça à vida, correlaciona-se com maior resistência à cólera. Na verdade, pouco sabemos por que esses outros traços recessivos existem no genoma humano e qual seria a vantagem evolucionária que possibilita a sua persistência no genoma humano com o passar do tempo.

No fim dos anos 1970, fui convidado para um debate com o doutor Bernard Davies, proeminente professor de Biologia na Universidade de Harvard, sobre a questão da engenharia genética da linhagem germinativa. Perguntei-lhe se ele eliminaria todos os traços de genes recessivos na linhagem germinativa humana, caso as ferramentas de *splicing* genético fossem disponibilizadas, ao que Davies respondeu com um curto e grosso "sim". Levantei, então, um problema: se esses traços recessivos existem no genoma humano no decorrer de toda a história evolutiva, com a eliminação deles poderíamos, sem querer, fazer uma monocultura de nossa espécie, como fizemos com plantas e animais, cujos impactos seriam nocivos para nosso bem-estar e até sobrevivência, deixando os seres humanos mais vulneráveis e menos resilientes a novos ataques potenciais do ambiente que fossem rechaçados por esses traços genéticos recessivos.

A realidade é que o corte somático do genoma celular – isto é, eliminar um traço potencialmente debilitante ou mortal após o nascimento – poderia ser muito mais eficaz porque ele não afetaria a passagem desse traço para a linhagem germinativa, mantendo opções abertas para gerações ainda não nascidas, ao mesmo tempo que garantiria uma vida saudável para aqueles indivíduos que carregam esse gene. Infelizmente, essas reservas e alternativas receberam pouca atenção da indústria biotecnológica.

O impasse ético em torno do uso do CRISPR para intervir na linhagem germinativa humana veio à tona em novembro de 2018, depois que um cientista chinês anunciou o nascimento de gêmeas com genes editados: a primeira engenharia genética na linhagem germinativa de um feto. O cientista, He Jiankui, relatou que modificara um gene-chave em vários embriões que oferecia resistência ao HIV antes de implantá-los no ventre de uma mãe.[49]

Os cientistas ficaram ao mesmo tempo horrorizados e animados com o anúncio. Como em muitos outros avanços antes considerados inaceitáveis, depois de atravessar a linha vermelha, a maioria dos cientistas e das empresas de ciência da vida logo quiseram participar da empreitada, levantando apenas a questão procedural, indagando se o cientista havia seguido os apropriados protocolos seletivos antes do experimento ou ignorado os passos éticos mais profundos e as implicações ecológicas da realização de tal experimento.

A indústria de biotecnologia anunciou o desenvolvimento do CRISPR, ao mesmo tempo que alertava sobre a necessidade dos devidos procedimentos para garantir o sucesso da nova tecnologia médica melhorativa. Um estudo das perspectivas comerciais da tecnologia de edição do genoma apontou a rápida adesão ao CRISPR por parte da indústria biotecnológica, observando que só no período de 2015-2016, o CRISPR resultou em um "aumento quíntuplo de investimento em bioempresas de edição de genoma", um claro indício de que a nova ferramenta de edição genética "iniciou uma revolução biotecnológica global". Os autores do relatório expressaram a confiança de que "o desvio global no bioempreendimento continuará a crescer, à medida que aumentar a demanda por medicina personalizada, culturas geneticamente modificadas e biocombustíveis ambientalmente sustentáveis".[50]

Apesar da pronta satisfação de interesses comerciais, devemos reconhecer que muitos cientistas têm motivações humanitárias, além de comerciais, quando se trata da saúde de seres humanos, e compreendem os perigos impostos às futuras gerações pela eliminação de traços genéticos. No entanto, em longo prazo, eles veem a habilidade do CRISPR para aumentar as eficiências da edição genética como uma ferramenta sedutora demais para ser ignorada e, apesar do temor de futuras externalidades negativas, querem usar essa tecnologia com o propósito de melhorar, se não aperfeiçoar, o genoma humano para maior benefício da espécie.

Em artigos especializados que descrevem os efeitos potencialmente negativos em longo prazo do CRISPR na edição genética, os pesquisadores não param de enfatizar até que ponto essa nova ferramenta facilita o processo de reengenharia do genoma humano, como se a eficiência fosse um imperativo moral dominante em si e por si.

Vejamos, por exemplo, um artigo publicado no *Journal of Molecular Biology*, escrito por Carolyn Brokowski, do Departamento de Medicina Emergencial da Universidade de Yale, e Mazhar Adli, professor no Departamento de Biologia e Genética Molecular da Universidade de Virginia, intitulado: "Ética CRISPR: Considerações morais para a aplicação de uma ferramenta poderosa". Como muitos outros artigos escritos por cientistas e médicos na área, os autores seguiram o mesmo hábito de igualar moralidade e eficiência. Eles explicam que, dadas as "limitações técnicas e as complexidades dos sistemas biológicos, as previsões minuciosas sobre o futuro de um organismo editado e a avaliação dos potenciais riscos e benefícios podem ser difíceis, se não impossíveis". Apelam para a realidade de que "a tecnologia está evoluindo em um ritmo sem precedentes", e concluem que "à medida que mais ferramentas com CRISPR são desenvolvidas, muitas dessas preocupações se tornam obsoletas". Ostensivamente, os dois assumem a posição evasiva de que a eficiência supera futuros possíveis perigos – sinal claro de que eficiência ainda é a maior base moral de uma Era do Progresso moribunda.[51]

PERCORRENDO O ESPECTRO ELETROMAGNÉTICO:
GPS, o cérebro global e o sistema nervoso da Terra

A racionalização de tempo e espaço com a finalidade de isolar, expropriar, privatizar e consumir a abundância da terra com pacotes cada vez maiores de eficiências tecnológicas atingiu um ápice em 14 de fevereiro de 1989. Naquele dia, o governo norte-americano lançou e pôs em órbita o primeiro satélite do Sistema de Posicionamento Global (GPS – Global Positioning System).

O sistema GPS, que alcançou capacidade operacional plena em 17 de julho de 1995, é composto de 33 satélites em órbita ao redor da Terra, 20 mil quilômetros acima do planeta. Cada satélite transmite um sinal de GPS carregado por ondas de rádio na parte de micro-ondas do espectro eletromagnético. O sistema, cuja sede fica na Base da Força Aérea de Schriever em Colorado Springs, Colorado, emprega oito mil funcionários militares e civis espalhados pelas 16 estações de monitoramento ao redor do mundo.[52] O GPS é o maior sistema de reconhecimento já criado, monitorando e coordenando quase todos os aspectos da vida cotidiana dos quais depende a raça humana para mediar sua própria existência.

Cada satélite é equipado com um relógio atômico, sincronizado em nanossegundos com o relógio atômico dos outros satélites GPS, e todos esses relógios são acompanhados pelo relógio-mestre no Observatório Naval da Marinha dos Estados Unidos em Washington D.C. Greg Milner, autor do livro *Pinpoint: How GPS Is Changing Tecnhnology, Culture, and Our Minds*, explica em termos leigos como o sistema GPS funciona, por exemplo, quando alguém usa um telefone celular ou qualquer outro dispositivo digital, em qualquer lugar do mundo:

> Os satélites transmitem um sinal de rádio contínuo que carrega informação de onde o satélite estava e onde estará, além do horário exato em que o sinal partiu dele. O sinal faz um percurso de 20 mil quilômetros, sofrendo impacto enquanto atravessa a ionosfera da terra.

Quando chega a nós, dali a 67 milissegundos, está ainda mais fraco. Quase todos os locais na Terra têm uma linha de visão com pelo menos quatro satélites GPS, o tempo todo. Ao registrar a origem e hora de chegada de cada sinal, o receptor pode computar a latitude e a longitude do telefone e expressá-lo como um ponto em um mapa. O receptor também é capaz de fornecer o horário correto. Quatro satélites, quatro dimensões. Um cálculo preciso de espaço e tempo.[53]

O sistema de posicionamento e navegação do GPS é um equivalente no mundo real do universo mecânico de Newton, ou pelo lado sombrio, o panóptico universal de Jeremy Bentham. Seus relógios atômicos e sinais que pulsam em direção à superfície da terra atuam como um cérebro global e um sistema nervoso, coordenando atividade econômica, vida social e governança no tempo e através do espaço. Milner explica a importância do GPS como organizador de relações temporais e espaciais por todo o ambiente humano:

> Usamos o GPS para acompanhar os movimentos de suspeitos de crime, criminosos sexuais, animais selvagens, pessoas que sofrem de demência e crianças perdidas. O GPS guia aviões na hora da aterrissagem e orienta os navios no mar. Usamos relógios de pulso com GPS. Compramos aplicativos esportivos com GPS para golfe e pescaria. Usamos o GPS para localizar depósitos de petróleo. O GPS ajuda a cultivar uma quantidade significativa dos alimentos que você consumirá amanhã. O GPS é, em si, um dos relógios mais exatos do mundo, além de unir outros relógios. Os componentes e nodos dos sistemas complexos do mundo requerem sincronização de tempo, geralmente ligada ao tempo do GPS. A sincronização do GPS ajuda a regular a rede elétrica em toda a sua complexidade transacional, impele nossas conversas por celular de uma torre para outra e coordena bilhões de transações entre as redes de comércio financeiro, onde as discrepâncias de milissegundos podem afetar bilhões de dólares. O GPS ajuda a prever o clima. Ele faz

reconhecimento de terras e constrói pontes e túneis. Sabe quanta água há no solo e na nuvem de cinza expelida por um vulcão e como os oceanos ajudam a redistribuir o centro de massa do planeta.[54]

Existem hoje 6,4 bilhões de dispositivos que recebem sinais de GPS e de outros sistemas navegacionais por satélite.[55] O tamanho de mercado dos sistemas globais de navegação por satélite em 2019 era de 161,27 bilhões de dólares e estima-se que essa quantia mais que dobrará até 2027, chegando em 386,78 bilhões.[56]

A União Europeia lançou o sistema de posicionamento Galileu, equivalente ao GPS, em 2011. A Rússia tem seu sistema de posicionamento por satélite GLONASS em órbita ao redor da Terra, e a China possui o Sistema de Navegação por Satélite BeiDou.

No aspecto positivo, o GPS pode conectar potencialmente toda a família humana com aqueles que conosco compartilham a litosfera, hidrosfera, atmosfera e biosfera em um organismo metaglobal, recondicionando a raça humana de volta às operações interiores íntimas de uma Terra dinâmica. De certa forma, o GPS é o supremo coreógrafo e coordenador da atividade que ocorre em nosso planeta.

No lado negativo, há cada vez mais evidências de que a coreografia GPS de relações temporais e espaciais está afastando a espécie daquela relação outrora íntima que tínhamos com as ações e os ritmos da terra, enquanto infantiliza nosso sentimento de agentes pessoais e coletivos. Para abordarmos um exemplo, um número crescente de estudos clínicos constata que a dependência forte do cérebro e do sistema nervoso do GPS para administrar nossas rotinas diárias tem reduzido nossa habilidade cognitiva para mapear relações espaciais e sincronizar o ritmo de nosso corpo com o mundo à nossa volta.

Em junho de 2019, Noam Bardin visitou meu escritório em Washington D.C. Noam é o fundador e ex-CEO da Waze, o sistema de rastreamento por GPS que tem enorme popularidade, pois orienta os motoristas aos pontos de destino. Noam e eu passamos várias horas conversando sobre os altos e baixos do sistema de orientação GPS que permite a milhões de motoristas usar a rota mais rápida aos seus destinos e, com isso, economizar gasolina e reduzir emissões de CO_2.

Durante a conversa, mencionei que minha mulher, Carol, e eu usamos o Waze e somos grandes entusiastas. No entanto, compartilhei com Noam minhas reservas. Temos amigos bem próximos – marido e mulher – que visitamos diversas vezes no ano. Vários anos atrás, eles mudaram de residência e se fixaram em outro bairro de Washington D.C. Foi mais ou menos na mesma época em que começamos a utilizar o Waze, pois o caminho até a nova casa deles era complicado, cheio de desvios e curvas. Vários meses se passaram e um dia resolvemos visitar nossos amigos. Muitos quarteirões depois, percebemos que deixáramos nosso celular com o aplicativo do Waze em casa e não tínhamos ideia de onde estávamos e nem como chegar lá. Espiamos pela janela e não conseguimos identificar os nomes das ruas, as casas, as lojas, nada que parecesse conhecido.

Percebemos que não tínhamos um mapa mental de como chegar à casa de nossos amigos, embora ela estivesse a apenas 25 minutos de distância. De repente, sentimos que o Waze facilitara o percurso, tornando-o muito mais eficiente, mas à custa de nos privar da ação pessoal na habilidade para reconhecer e mapear os arredores físicos. Tínhamos sido infantilizados. Nosso senso de direção no espaço ficara por conta do Waze e da orientação temporal e espacial do GPS.

Há uma expressão para esse fenômeno: "desorientação topográfica do desenvolvimento" (DTD). É um transtorno raro, no qual uma pessoa é "incapaz de formar representações mentais dos espaços à sua volta".[57] Indivíduos com esse transtorno têm a memória normal, mas não conseguem criar "uma representação espacial das cercanias individuais que contenha informações sobre a geografia do ambiente, dos objetos (ou seja, marcos) disponíveis e, mais importante, da relação espacial entre esses objetos".[58] São pessoas sem habilidades navegacionais. Até hoje, não existe tratamento para esse transtorno específico. Para sermos bem claros, são pessoas que às vezes, em determinado dia, não encontram o caminho do quarto até a cozinha.

Nossa experiência, que é apenas uma versão muito fraca de DTD "adquirida", parece bastante comum. Pesquisadores na área da ciência cognitiva já começam a refletir sobre a questão de uma dependência crescente do cérebro e do sistema nervoso do GPS não só para mapear direções, mas também uma série de outras atividades de mapeamento espacial comum. Os cientistas creem que as partes de nosso cérebro responsáveis por navegação espacial não têm mais sido exercitadas e, por isso, atrofiam. Mais uma vez, como em tantos outros aspectos da vida em um mundo cada vez mais mediado por tecnologia, digitalmente conectado, onde o Sistema GPS pode ajudar, facilitar e tomar decisões eficientes por nós, arriscamos o atrofiamento de nossas habilidades cognitivas.

Para que não consideremos essa perda de ação pessoal algo circunstancial e sem sérias consequências, falemos agora do novo fenômeno conhecido como "morte por GPS". Os viajantes que usam o GPS se tornam tão dependentes do dispositivo de rastreamento e tão preguiçosos de comparar as direções simplesmente com uma espiada pela janela, que seguem caminho, às vezes despencando de penhascos, caindo em rios ou lagos, ou terminando em becos sem saída. Eles entregaram todos os seus sentidos de ação pessoal ao GPS.

Embora pensemos no GPS como o relógio-mestre global, Milner ressalta que seria mais correto descrevê-lo como "o cronômetro mais poderoso do mundo, um meio perfeito de gerenciar o tempo".[59] Lembro-me dos relógios de pulso digitais, surgidos nos anos 1980, que só exibem a hora numericamente, e começaram a substituir os relógios analógicos, com ponteiros que se movem em um círculo. Em minhas apresentações, eu lembrava aos estudantes que o ponteiro se movendo em círculo seria uma analogia à rotação da terra em um ciclo diário de 24 horas, enquanto o relógio digital parece mais uma peça que informa ao portador aquele momento isolado, sem referência ao passado de onde veio ou ao futuro para onde vai. O tempo digital é congelado no espaço.

A marcação de tempo do GPS opera de maneira semelhante. É um mecanismo de medir tempo (citando Frederick Taylor). Sua aplicação mais importante é medir e sincronizar os elementos-chave de uma infraestrutura digital emergente que começa a transformar toda a sociedade, tanto no mundo físico quanto no virtual. Sua presença é recebida com o entusiasmo de algumas alas e com a ansiedade de outras. Ambas as atitudes são vitais para compreendermos os diferentes e possíveis caminhos que nos aguardam com essa mudança fundamental no modo como comunicamos, impulsionamos e movemos nossa vida econômica coletiva, sociabilidade e governança nos séculos à frente, à medida que deixarmos para trás a Era do Progresso e entrarmos na Era de Resiliência.

REPROGRAMANDO O CÉREBRO HUMANO

A perda de ação em um universo virtual tem sido o osso da discórdia há mais de duas décadas. Grande parte da controvérsia gira em torno da questão sobre se as duas primeiras gerações de nativos digitais – os *millennials* e a Geração Z – que cresceram no ciberespaço pensam de modo diferente. E não apenas nos referimos a pontos de vista diversos, mas sim, indagamos se o novo mundo imersível que eles habitam já há muito tempo e que se tornou indispensável para seu desenvolvimento cognitivo mudou de fato o modo como seus cérebros foram programados. Caso sim, quais podem ser as consequências para a navegação da espécie no futuro?

A primeira pista que prolongou a imersão no mundo virtual talvez afete a cognição humana, e é possível que o cérebro assim programado tenha vindo com uma queda vertiginosa que se registra no vocabulário e na alfabetização em uma geração digital mais jovem, vidrada em interface na tela. Como a internet é basicamente um meio visual em que "uma imagem vale mil palavras", cada geração digital sucessiva é exposta cada vez menos a palavras raras. Além disso, embora a internet contenha quase todas as palavras existentes nos principais idiomas, sua ênfase em eficiência por meio de *browsing*, da multitarefa e dos *links* rápidos a outras matérias prioriza o salto sobre palavras e até parágrafos inteiros, diminuindo a atenção ao texto.

Mensagens de texto, e-mails e os mais recentes Instagram e o X (antigo Twitter) resultam em um número ainda menor de palavras raras e comunicações mais abreviadas, gerando a dependência cada vez maior de acrônimos e *emoticons*. Por essas e outras, as comunicações virtuais de todo tipo acomodam o limite de atenção mais curto dos usuários. Ao encurtar e simplificar o texto e a escolha de palavras, principalmente se acompanhadas de material visual, os usuários são expostos a um vocabulário muito abreviado e, por isso, "perdem o caminho", com uma perda correspondente de ação em suas habilidades para se comunicar de modo eficaz com os outros e expressar pensamentos complexos, o que não é muito diferente de quem usa o Waze e, sem ele, se perde na rua. Em contraste, todas as outras revoluções em comunicação na história ampliaram o escopo e o uso de vocabulário, e aumentaram o estoque, dando aos seres humanos meios mais nuançados de se intercomunicarem.

A doutora Patricia Greenfield, professora de psicologia na Universidade da Califórnia em Los Angeles, e diretora do Centro de Mídia Digital Infantil, publicou um relatório extenso na revista *Science*, em 2009, sobre os efeitos que o uso de computadores, internet, multitarefas e videogames exerciam sobre a ação pessoal. Ela analisou cinquenta pesquisas que abordavam a interface do aprendizado e das novas tecnologias de comunicação digital. Disse que embora as habilidades visuais tivessem melhorado, havia um declínio proporcional na leitura de textos, sobretudo de natureza literária, que possivelmente contribuiu para um declínio no pensamento crítico.[60]

Greenfield observou que "por usarem mais mídia visual, os estudantes processam melhor as informações", mas apressou-se a acrescentar que a maior parte é de mídia em tempo real que não permite reflexão, análise ou uso da imaginação, tão importantes para o pensamento crítico.[61] A eficiência obtida em acesso mais rápido à mídia representada visualmente e simplificada, com menos texto, ocorre à custa de uma experiência de aprendizagem mais profunda. A doutora atacou mais especificamente a multitarefa, sugerindo que "se você tenta resolver um problema complexo, precisa de concentração contínua... Se está empenhado em uma tarefa que requer o pensamento contínuo profundo, as multitarefas são prejudiciais".[62]

Uma década depois, estudos científicos começavam a demonstrar que as numerosas eficiências desencadeadas pela "interface com a internet" estavam causando mudanças na programação neural de diversas partes do cérebro humano, com consequências desconhecidas, culminando em uma perda de ação pessoal. Um relatório gigantesco preparado por uma equipe global de pesquisadores das Universidades de Harvard, Oxford, King's College, Manchester e de Sydney Ocidental foi publicado no periódico *World Psychiatry* em maio de 2019. As descobertas mostram que o cérebro humano é um órgão extremamente plástico e sujeito a reprogramação de acordo com o uso que se faz dele.[63] Tem sensibilidade especial a transformações radicais nos meios tecnológicos pelos quais os seres humanos se comunicam. Isso sugere que as grandes mudanças históricas da comunicação oral para a comunicação escrita, impressa, eletrônica e digital não só alteram a maneira como nos comunicamos, mas também o modo como o cérebro funciona.

Entre as descobertas, os pesquisadores relatam que em um aleatório teste controlado de seis semanas com interação em um jogo de *role-play on-line* ocorreram reduções significativas na matéria cinzenta do córtex orbitofrontal – a região específica do cérebro envolvida no controle de impulso e nas tomadas de decisão.[64] Eles também informam que o uso prolongado da internet, acompanhado por multitarefas de mídia, tem relação com "a matéria cinzenta reduzida nas regiões pré-frontais associadas com o contínuo foco em metas mesmo quando há distrações".

Outra meta-análise de 41 estudos determinou que as multitarefas se correlacionam com um "desempenho cognitivo geral significativamente mais fraco".[65] Em um estudo sobre a busca de informações na internet *versus* pesquisa na enciclopédia, a ressonância magnética mostrou que "a memorização mais fraca de informações encontradas na internet comparada com o aprendizado baseado em enciclopédia, estava associada com a ativação reduzida no fluxo ventral [no cérebro] durante a coleta de informação *on-line*", sustentando a possibilidade de que "a coleta de informações *on-line*, apesar de mais rápida, pode não ser suficiente para recrutar regiões do cérebro que armazenariam informação em longo prazo".[66] Outros estudos de pensadores analíticos altamente ativos, com capacidade cognitiva elevada, documentam que eles recorrem cada vez menos à coleta de informação pela internet, e mais à memória pessoal dos dados.[67]

Esses e outros relatórios sobre a relação entre maior eficiência e perda de ação cognitiva no uso da internet são perturbadores e sugerem a necessidade de repensarmos o modo como as gerações presentes e futuras usam o novo meio de comunicação.

Essas hipereficiências que chegam com o hábito de trabalhar, brincar e viver mais de nossas vidas nos mundos virtuais do ciberespaço não só começam a infantilizar o sentido de ação pessoal de uma geração digital, e até mudar a programação de seus cérebros, mas também a roubar a humanidade de seu próprio futuro. Lembremo-nos de que a eficiência é uma força incansável, cujo *modus operandi* é otimizar cada resultado futuro, gastando menos tempo, energia, mão de obra e capital. O sangue vital da eficiência é a aniquilação da passagem do tempo e a otimização de todos os futuros em um, agora, sempre presente, eliminando de vez a seta do tempo. Claro que não é nisso que os seres humanos pensam quando se esforçam todos os dias para serem mais eficientes. Na verdade, o subtexto que vem com o ímpeto inflexível de mais e mais eficiência é o medo de que cada momento usado seja um momento perdido, levando-nos todos à nossa inevitável dizimação. Eficiência é o plano substitutivo para comprar mais tempo e garantir um pouco de imortalidade aqui na Terra.

Agora parece que a cruzada da eficiência entrou em uma fase final. Chama-se "governança do algoritmo". O mundo corporativo e o governo têm, de forma progressiva, fixado suas fortunas comerciais e políticas na coletânea de todos os tipos de dados históricos no ciberespaço, e no exame de informações com o uso de analítica. O objetivo é criar algoritmos que possam ajudá-los a descrever, prever, prescrever e até impedir futuros, com o intuito de controlar ou ao menos afetar eventos em mercados, movimentos sociais e governança em futuros que ainda não chegaram.

GOVERNANÇA DO ALGORITMO:
conhecidos que são conhecidos, desconhecidos conhecidos e desconhecidos que são desconhecidos

No dia 6 de junho de 2002, no quartel-general da Organização do Tratado do Atlântico Norte em Bruxelas, Bélgica, o secretário de Defesa dos Estados Unidos, Donald Rumsfeld, realizou uma coletiva de imprensa para discutir os esforços da Otan no apoio da guerra global contra o terrorismo. Após expor aos presentes o que foi discutido na conferência, Rumsfeld abriu o espaço para perguntas.

A primeira pergunta da imprensa foi: "Quanto ao terrorismo e às armas de destruição em massa, o senhor mencionou que a situação real é pior do que mostram os fatos. Pode nos explicar o que é pior do que o senso comum entende?"

Rumsfeld respondeu:

> Eu... trabalhei muito e analisei as informações da inteligência e... sondei cada vez mais fundo, e continuei a sondar até apurar o que sabemos, quando soubemos e quando aconteceu de verdade. E percebi, sem surpresa... que só nos tornamos cientes de algum evento significativo dois anos após sua ocorrência, ou quatro anos, ou seis anos e, em alguns casos, onze, doze ou treze anos depois da ocorrência. Bem, qual é a mensagem aí? A mensagem é que existem "conhecidos" conhecidos. Sabemos que conhecemos certas coisas. Há também desconhecidos conhecidos. São coisas que hoje sabemos que não conhecemos. Mas há ainda os desconhecidos que são desconhecidos. Coisas que nem sabemos que não conhecemos. Enfim, quando

damos o melhor de nós mesmos e juntamos todas essas informações, e quando admitimos que isso é basicamente o que vemos na situação, na verdade essas informações são apenas os "conhecidos" conhecidos e "desconhecidos" conhecidos. E a cada ano, descobrimos mais alguns desses desconhecidos. Parece um quebra-cabeça. Mas não é. É uma questão muito séria e importante. Outro modo de dizer a mesma coisa é dizer que a falta de evidência não é falta de evidência. [...] O simples fato de você não ter evidência de que algo existe não significa que não exista mesmo. Entretanto, quase sempre, quando fazemos nossas avaliações de ameaças... acabamos baseando-as nas das duas primeiras peças do quebra-cabeça, e não nas três.[68]

A imprensa reunida, em geral inabalável em coletivas formais com o governo, vivenciou uma espécie de "onda de choque" ao ouvir aquilo. O secretário de Defesa dos Estados Unidos enlouquecera? Ou apenas dizia algo tão profundo que só seria compreendido nos seminários de algum curso de filosofia na universidade? O trava-língua de Rumsfeld se espalhou pelo mundo, tornando-se alvo de comentários cômicos e piadas intelectuais infinitas quanto ao seu significado. Para sermos justos, Rumsfeld não foi o primeiro a vocalizar um truísmo. Os desconhecidos conhecidos e os desconhecidos desconhecidos eram presença comum na sede da Administração Nacional da Aeronáutica e Espaço (Nasa) durante anos, enquanto se discutia o que dera errado nos voos espaciais. Os psicólogos norte-americanos Joseph Luft e Harrington Ingham usaram a expressão "os desconhecidos que são desconhecidos" nos anos 1950, como técnica terapêutica. Esses conjuntos de truísmos têm um rastro longo na história. Entretanto, na sequência dos ataques terroristas de 11 de setembro que derrubaram o World Trade Center e ceifaram 2.977 vidas, os desconhecidos subitamente ganharam uma realidade assustadora na mente de todo americano e das pessoas no mundo inteiro.

O grande prêmio em inteligência artificial é a quantidade de dados e o uso da analítica para desmascarar os desconhecidos conhecidos e os desconhecidos desconhecidos: ou seja, conhecer o futuro antes que ele conheça a si próprio... ser clarividente. Um dos impactos menos considerados de uma sociedade hipereficiente e movida pela técnica é o modo como a velocidade de ocorrências aumenta o risco de que tudo saia errado, com impactos potencialmente catastróficos. É compreensível que estudiosos das mais diversas áreas acadêmicas, líderes empresariais e agentes do governo estejam ocupadíssimos em mitigar riscos futuros.

Entram em cena, então, a IA e a analítica. Boa parte do trabalho primário nesse campo tem focado a previsão, particularmente no ramo do comércio. O objetivo é prever carências potenciais antes que um consumidor as perceba, baseando-se em necessidades e predisposições passadas. Há quase duas décadas, as indústrias da música e do cinema têm minerado dados para analisar e prever o sucesso comercial de qualquer canção ou filme antes de serem lançados. Empresas como a Platinum Blue Music Intelligence e Epagogix cresceram. Outras empresas ao longo do espectro comercial vêm fazendo a mesma coisa com os lançamentos de bens de consumo e serviços, usando a analítica e os algoritmos na publicidade e no marketing para alcançar segmentos demográficos específicos, compostos de prováveis fregueses cujos interesses passados e compras combinem melhor com o objeto ou serviço oferecido no mercado.

Tem havido um debate acalorado entre os estudiosos sobre como as práticas de analítica preditiva estreitam a janela para o futuro, impedindo que novos gêneros de arte, entretenimento, ofertas de produtos e serviços entrem no jogo e quebrem as convenções do que é desejável. A analítica preditiva geralmente encolhe a ação pessoal de possíveis entrantes, trancafiando-os em um ecossistema baseado em preferências e tendências passadas.

John Cheney-Lippold, professor de Estudos Digitais na Universidade de Michigan, descreve a analítica preditiva cujo propósito é direcionar, gerenciar e usurpar a ação pessoal do público. Ele escreve: "A classificação cibernética [...] nos diz quem somos, o que queremos e quem deveríamos ser [...] e, no fim, exige que concebamos a liberdade [...] de um modo muito diferente do que se pensava. Estamos, sem dúvida, perdendo o controle de definir quem somos *on-line*, ou mais especificamente, perdendo a titularidade do significado das categorias que constituem nossas identidades".[69]

O Centro de Pesquisas Pew recorreu a especialistas na sociedade a respeito da questão dos "prós e contras dos algoritmos", em busca de aconselhamento e de opiniões em uma pesquisa feita em 2017. Apesar do reconhecimento dos diversos benefícios da quantidade de dados e do uso de analítica para criar algoritmos com o intuito de compreender melhor como milhões de pessoas definem a vida, três qualificações dominantes se embrenham no diálogo em cada ponto da conversa.

Em primeiro lugar, os algoritmos refletem a parcialidade dos programadores e dos conjuntos de dados; em segundo lugar, a classificação algorítmica aprofunda as divisões; e, por fim, os algoritmos criam bolhas de dados e silos moldados por coletores corporativos de dados – eles não permitem a exposição das pessoas a um espectro mais amplo de ideias e informações confiáveis, e eliminam o acaso.[70]

Particularmente interessante é o número de vezes que a eficiência, os lucros e a perda de ação pessoal apareceram na conversa entre os especialistas. O Pew encontrou o argumento muito disseminado de que "os algoritmos são escritos basicamente para otimizar eficiência e lucratividade, sem muita consideração pelos possíveis impactos sociais da modelagem e análise dos dados".[71] Muitos dos entrevistados concordavam que "as pessoas são consideradas um *'input'* no processo e não vistas como seres reais, pensantes, sencientes e mutáveis".[72] Uma entrevistada foi ao fundo do problema, comentando que "os algoritmos valorizam eficiência acima de precisão ou justiça, e com o tempo sua evolução prosseguirá com as mesmas prioridades que os formulou no início".[73]

A analítica preditiva, embora estreite a futura ação de bilhões de seres humanos, é bastante pacífica se comparada com a analítica preventiva. Essa é a arena em que a hipereficiência se torna um perigo para a passagem do tempo em uma escala nunca antes vista.

PREVENÇÃO:
eliminando os futuros antes que aconteçam

No dia 1º de junho de 2002, na cerimônia de formatura da Academia Militar de West Point, o presidente George W. Bush dirigiu-se à classe de formandos citando o ataque terrorista de 11 de setembro. O presidente alertou os cadetes nestes termos: "Se esperarmos as ameaças se materializarem de fato, teremos esperado tempo demais... Precisamos levar a batalha até o inimigo, frustrar seus planos e controlar as vastas ameaças antes que venham à tona... Nossa segurança exigirá que todos os americanos olhem para o futuro com determinação e estejam prontos para uma ação preventiva, quando ela for necessária".[74]

Naquele momento, poucos jornalistas, e ainda menos gente do público americano, prestaram muita atenção ao discurso do presidente Bush. Entretanto, essa introdução formal da "ação preventiva" marcou uma mudança fundamental não apenas em estratégia militar e política externa, mas também na governança, rapidamente se estendendo para as questões de comércio e até os mecânicos da sociedade civil, afetando o bem-estar público e as doutrinas sociais.

Naquele dia, o presidente conduziu os Estados Unidos, e logo outros países e povos, ao reino obscuro dos Desconhecidos que são Desconhecidos, em que o único meio de confrontar futuros riscos incognoscíveis é a prevenção de possíveis "eventos imaginados" que possam ocorrer em um futuro próximo ou distante e intervir no presente para frustrar a ocorrência.

Primeiro, há uma lacuna na lógica da prevenção. Analistas de IA vasculham calhamaços de dados passados atrás de pistas que possam ajudá-los a desmascarar um desconhecido desconhecido em um evento prejudicial imaginado que poderia ocorrer em algum ponto na linha do horizonte do futuro e, a partir daí, iniciar uma resposta presente antes da ocorrência real. No entanto, os dados passados dificilmente detectariam futuros que nunca aconteceram e, portanto, não fornecem um rastro

suficiente de informações que sejam úteis para desvelar um desconhecido desconhecido. Segundo, como a prevenção é em forma de ações contra uma ocorrência imaginária, "ela" se torna o único evento. Porém, com
isso, a prevenção cria as condições para uma resposta retaliatória real, em
vez de ser a resposta. Ironicamente, na tentativa de prevenir riscos futuros, a prevenção cria o próprio risco que espera impedir, semeando caos
no aqui e agora.

Desde os ataques terroristas de 11 de setembro, o uso de grande
coleta de dados e analítica para criar algoritmos que possam ser usados
com o objetivo de descobrir desconhecidos desconhecidos e desencadear
prevenções tem crescido muito. As cidades, em particular, contam cada
vez mais com "cálculos de segurança antecipatórios" para identificar riscos futuros desconhecidos. O protocolo estabelece vigilância por algoritmo 24 horas por dia, fornecendo dados atualizados até aquele momento
sobre tendências, atividades e a ida e vinda dos cidadãos. Eles usam esses
dados e a subsequente analítica para intervir e evitar riscos antes de ocor-
rerem, sob o raciocínio de que a prevenção é o meio mais eficiente para
frustrar a atividade criminosa e antissocial.

A vigilância e a prevenção direcionadas pelo governo têm como alvo
principalmente as possíveis atividades criminosas e protestos sociais considerados perigosos e um risco para a segurança pública. Entretanto, os
sociólogos ressaltam que a determinação de quem é um risco e que tipo
de atividade representa uma ameaça costuma ser tendenciosa por parte
dos analistas que coletam os dados e programam os algoritmos. A este-
reotipagem se concentra basicamente em vigiar minorias raciais e étni-
cas, bem como comunidades carentes, movimentos de protesto social de
esquerdistas e até organizações de direitos dos animais.

A governança preventiva carrega a bandeira do que os analistas chamam de "futurar" – um novo tipo de "governança antecipatória", organi-
zada em geral em torno de intervenções urbanas preventivas. Uma gama
de aplicativos comerciais vem sendo introduzidos esporadicamente nos
últimos anos para recrutar o público na vigilância em tempo real de

condições que poderiam ser arriscadas e, portanto, exigir intervenção preventiva. Os aplicativos alertam os usuários quando estão andando ou dirigindo em regiões com alto índice de criminalidade, ou mal iluminadas, ou estão cheias de prédios abandonados ou foram invadidas por grandes números de moradores de rua; e o alerta usa expressões como "arredores perigosos". Os usuários desses aplicativos são incentivados a enviar mensagem à plataforma e contar suas impressões e observações enquanto percorrem tais lugares, para que sejam acrescentadas ao banco de dados.

Vários anos atrás, a Microsoft patenteou o sistema de Produção de Rota Pedestre, um aplicativo centrado em navegação que redireciona os pedestres para longe dos lugares "perigosos".[75] Muitos dos aplicativos despertaram a ira do público, principalmente as comunidades minoritárias nas regiões mais carentes, forçando a retirada voluntária da plataforma ou seu redesenho para eliminar, ou ao menos mascarar, quaisquer sinais abertamente discriminatórios.

A prevenção concentra-se em particular nos desconhecidos desconhecidos que ofereçam ameaças potenciais de contágio, tais como protestos, arruaças e saques. Essas coortes e os espaços que elas ocupam são visados para uma vigilância maior, controle policial mais ostensivo e outras medidas como toque de recolher e interdição de ruas específicas para impedir possíveis atividades adversas.

O fato de os governos e o público terem demonstrado mais confiança emocional na prevenção de riscos futuros que em promover oportunidades presentes assinala uma mudança fundamental nas posturas emocionais e sociais. Mas as consequências políticas desse desvio em governança levantam questões perturbadoras que atingem o cerne da jurisprudência democrática. Em um texto publicado na *Stanford University Law Review*, Ian Kerr, chefe de pesquisas de ética e tecnologia na Faculdade de Direito da Universidade de Ottawa, afirma:

> Uma estratégia de prevenção universalizada poderia desafiar alguns de nossos compromissos jurisprudentes mais fundamentais, entre

eles, a presunção de inocência. [...] Coletas grandes de dados permitem uma estratégia universalizável de tomadas de decisões sociais preventivas. Tal estratégia deixa as pessoas incapazes de observar, compreender, participar ou reagir à informação coletada ou às pressuposições acerca delas. Quando consideramos que a grande coleta de dados pode ser usada para a tomada de decisões importantes que nos implicam sem que ao menos saibamos, as decisões preventivas se tornam antiéticas à privacidade e aos devidos valores de processo.[76]

A prevenção representa a usurpação final de poder, retendo os futuros de outros em um confinamento estendido, impedindo que alguns segmentos da população exerçam ação em seu próprio horizonte temporal.

O alcance prometeico do taylorismo no século passado é inquestionável. Quase toda ação operativa que compõe os complexos sistemas da terra foi expropriada, convertida em *commodity* e colocada no apoio à vida em nome da eficiência e dos lucros. Hoje, o Evangelho da Eficiência conduz, inclusive, à implosão do sistema capitalista como o conhecemos... um olhar final inevitável.

6

O Ardil-22 do capitalismo:
mais eficiência, menos trabalhadores e mais dívidas do consumidor

Os proselitistas da eficiência, apesar de todo seu tino profissional, não enxergaram uma contradição desse processo de aplicar os princípios da administração científica à produção industrial. A tal força de trabalho estúpida que Taylor considerava incapaz de compreender até o funcionamento mais simples de uma máquina ou os fatores elementais do comércio, ao menos conhecia as consequências de acelerar a produção de bens cada vez mais baratos e, ao mesmo tempo, reduzir custos de mão de obra. Operários em todos os lugares perceberam que produzir mais em menos tempo, apesar da maior eficiência, significava que menos trabalhadores eram necessários, o que acarretaria forças de trabalho menores e longas filas de desempregados.

Em meados dos anos 1920, a indústria americana já se tornara hipereficiente, produzindo mais produtos a custos de fabricação mais baixos e economizando em custos de mão de obra por causa da demissão de empregados supérfluos; além disso, mantinham a tampa bem fechada sobre a compensação dos que ainda trabalhavam.

A CRISE DE CONSUMO

As preocupações dos trabalhadores não eram infundadas. A euforia da administração científica e a doutrina da eficiência culminaram em uma crise de consumo, à medida que menos operários com salários menores deixavam os fabricantes com o estoque intocado e as lojas com caixas registradoras fechadas. Henry Ford foi o primeiro a despertar para o "déficit de consumo" gerado pela eficiência da moderna linha de montagem, e sugeriu a seus colegas capitalistas a noção inédita de que as empresas norte-americanas deveriam oferecer um aumento generoso de salário e uma redução nas planilhas; do contrário, perguntava: "Quem comprará meus carros?".[1]

Ford teve o crédito de colocar em prática esse apelo, instituindo o dia de trabalho com oito horas; outros pesos-pesados corporativos seguiram seu exemplo, ainda que com má vontade. Ele também aumentou os ordenados dos funcionários, o que era um anátema para outros líderes corporativos obcecados por eficiência acelerada, com ênfase em introduzir tecnologias mais baratas e mais eficientes para reduzir custos de mão de obra e produzir renda maior para a empresa.

A Associação Nacional de Fabricantes apelou ao público para "acabar com a greve dos compradores" enquanto seus membros continuavam a substituir trabalhadores "menos produtivos" e "dispensáveis" por máquinas menos custosas e mais eficientes. O Congresso dos Estados Unidos interviu em 1925, realizando audiências diante do Comitê do Senado para Educação e Trabalho em torno da questão do desemprego endêmico, e concluiu que as "melhorias em tecnologia" eram a causa primária. Além disso, segundo o relatório do Comitê do Senado, aqueles que eram demitidos permaneciam mais tempo desempregados e quando achavam emprego novamente recebiam uma remuneração menor.[2]

Ao mesmo tempo, enquanto a comunidade empresarial aceitava a contragosto o dia de oito horas para aplacar a crescente militância do movimento trabalhista, ela queria evitar a compensação salarial maior e continuava a substituir a mão de obra humana por máquinas mais eficientes, enfraquecendo ainda mais a demanda por consumidores. Eles tentavam pensar em novos meios de atrair os trabalhadores às compras.

Foi nessa época que a moderna indústria da publicidade surgiu com plena força, tomando de empréstimo visões do novo campo da psicologia para afastar os trabalhadores do valor cristão tão acalentado de frugalidade – viver dentro de suas posses – e oferecendo-lhes visões da "boa vida" aqui e agora, e o futuro que se danasse. Revistas populares pintavam um quadro de um novo homem e uma nova mulher vivendo o Sonho Americano no presente. A publicidade assumiu a tarefa de redefinir a identidade mais pelas posses materiais e o ambiente da pessoa que por suas responsabilidades e relacionamentos tradicionais. O "caráter" de um indivíduo se tornou menos importante que sua "personalidade", e esta recebia uma vestimenta cada vez mais sofisticada, além de se cercar de quantidades maiores de posses, celebrando um estilo de vida só disponível para os super-ricos.

A indústria da publicidade percebeu que precisava criar "o consumidor insatisfeito", que por sua vez faria as pessoas desejarem mais coisas, novas e melhores. Foi então que a fabricante de automóveis General Motors, há muito tempo ocupando o segundo lugar do ramo depois da Ford Motor Company, deu um salto à frente, sendo a primeira a adotar a nova estratégia publicitária. Quando Henry Ford apresentou seu Model T ao público, comentou: "Qualquer cliente pode ter um carro pintado de qualquer cor que quiser, desde que seja a cor preta".[3] Em contraste, a GM notou que era capaz de aumentar as vendas e superar a Ford se oferecesse tipos diferentes de veículo, em cores diversas, e mudasse os modelos a cada ano, deixando os fregueses insatisfeitos com seu carro ultrapassado e sedentos pela versão mais nova recém-saída da linha de montagem. Charles Kettering, da General Motors, afirmava que o segredo da prosperidade econômica era "manter o consumidor insatisfeito".[4]

A comunidade empresarial compreendeu que o melhor meio de incrementar as vendas era com a apresentação de novos modelos e versões, mesmo que as mudanças fossem apenas cosméticas e marginais. A iniciativa publicitária transformou as compras dos consumidores de tarefa banal em experiência sedutora. As empresas ofereciam seus produtos como "novos e aperfeiçoados", fazendo do consumo um jogo de "maria vai com as outras", em que todos querem ser os mais modernos e atualizados no dia a dia.

Ainda assim, a publicidade precisava de uma segunda força para selar o acordo do consumo maior. Encontraram a vítima voluntária nas novas famílias de imigrantes que entravam na América naquela época. A primeira geração de crianças nascidas nos Estados Unidos de pais imigrantes estava ávida por experimentar o Sonho Americano. A indústria da publicidade brincava com suas aspirações e, ao mesmo tempo, com o embaraço pelo estilo de vida frugal dos pais e dos costumes do velho mundo, atraindo o interesse da geração nativa mais jovem por roupas de loja e os mais recentes aparelhos que facilitavam o trabalho. A publicidade usava a nova mídia do cinema e do rádio para exibir uma cultura mais sensual e materialista, preparando a mais recente prole norte-americana para fazer parte do que seria chamado "evangelho do consumo".

Em 1929, a publicidade já havia mudado completamente a própria noção de consumo: de uma necessidade básica para um anseio hedonista. Naquele ano, o Comitê de Mudanças Econômicas Recentes do presidente Herbert Hoover publicou um relatório sobre a mudança na psicologia humana que ocorrera em poucas décadas nas mãos de uma indústria publicitária astuta. Estas são as constatações:

> O levantamento comprovou de modo conclusivo a verdade há muito teorizada: que as necessidades são insaciáveis. Uma necessidade satisfeita abre o caminho para outra. A conclusão é que temos um campo economicamente infinito à nossa frente; há algumas necessidades novas que abrirão espaços infinitos para outras mais novas, tão logo as anteriores sejam satisfeitas. [...] Por meio da publicidade e outros mecanismos promocionais... um incentivo mensurável à produção foi

criado... Parece que podemos prosseguir com uma atividade crescente. [...] Nossa situação é afortunada, nosso ímpeto notável.[5]

O único obstáculo no caminho era como pagar pela entrada no Sonho Americano. O sistema capitalista possibilitava isso, na forma de compra a crédito. Chamava-se parcelamento. No século XIX, os móveis – objetos caros – eram cada vez mais comprados a crédito, por meio das parcelas. A máquina de costura Singer foi um dos primeiros utensílios compráveis em parcelas. A empresa introduziu o novo mecanismo de financiamento em 1850. Na década de 1920, o sistema de parcelamento decolou. No último degrau da escada de pagamentos estava a compra de automóveis, a posse mais cara e valorizada na época e que, mais que qualquer outra coisa, começou a ser vista como o símbolo do Sonho Americano. Já em 1924, 75% de todos os automóveis comprados eram pagos em parcelas.[6]

A publicidade em massa exibindo o glamour e a boa vida trouxe o que o crítico social Christopher Lasch chamou de "cultura do narcisismo".[7] A nova era compensaria os salários menores e o desemprego, dando crédito para compras parceladas e abrindo o caminho para o consumo em massa, o que permitiu à indústria dar um novo sopro de vida ao culto da eficiência e acelerar a produção para manter a máquina industrial em funcionamento e acrescentar renda.

Essa febre de consumo caiu com a bolsa de valores em 1929. Enquanto os pagamentos a crédito mancavam durante toda a Grande Depressão nos anos 1930, o desemprego era altíssimo, e mesmo os que estavam contratados tinham salários muito baixos. Assim voltou a frugalidade, dessa vez não apenas na forma de guardar os ovos no cesto para o futuro, mas sim para ninguém ser jogado à rua.

Apesar da queda vertiginosa na demanda de consumo, a indústria americana continuou substituindo trabalhadores por tecnologia mais barata e eficiente durante toda a Grande Depressão. Um estudo realizado em 1938 apurou que embora 51% do declínio em horas de trabalho humano se devesse a uma queda na produção, a surpreendente cifra de 41% era atribuível ao aumento de produtividade e deslocamento de trabalho.[8]

Como a tecnologia mais eficiente e o aumento de produtividade necessitavam de menos trabalhadores, a sociedade tinha duas escolhas: reduzir a força de trabalho ou a semana de trabalho. A maioria das empresas ainda preferia a primeira opção, embora ela representasse um tiro no próprio pé, uma vez que uma quantidade menor de trabalhadores significava menos dinheiro e muito menor poder aquisitivo, mesmo com parcelamentos. Algumas empresas resolveram diminuir a jornada de trabalho diária para 6 horas e a semana para trinta horas, na tentativa de compartilhar o trabalho e manter as pessoas nos empregos, esperando com isso recuperar o consumo e incrementar a economia.

Algumas das empresas líderes da América, entre elas, Kellogg's, Sears, Roebuck, Standard Oil e Hudson Motors, mudaram sua jornada de trabalho para 34 horas semanais. A Kellogg's deu um passo à frente, aumentando o salário mínimo dos empregados do sexo masculino em 4 dólares por semana, que compensava a perda de duas horas de trabalho por dia.[9] A legislação federal que determinava uma semana de 34 horas de trabalho passou no Senado e garantiu potenciais votos suficientes para ser aprovada na Câmara, mas foi vetada pelo presidente Franklin Delano Roosevelt.

Enquanto os empregadores continuavam a substituir operários por tecnologias mais avançadas, a nova administração Roosevelt lançou uma série de programas importantes patrocinados e financiados pelo governo para levar as pessoas de volta ao trabalho, incentivar o consumo e estimular a economia. Embora cada um desses esforços do New Deal proporcionasse certo alívio, nenhum foi suficiente para reacender o consumo ao nível da capacidade produtiva da indústria americana. O resultado foi que muitas empresas sucumbiram e declararam falência.

No decorrer desse período, as tecnologias continuavam a refazer o ambiente de trabalho, aumentando a capacidade produtiva, mas as indústrias não encontravam demanda suficiente para esvaziar os estoques.

Apesar de todas as iniciativas ousadas do New Deal, a América permaneceu na depressão até entrar na Segunda Guerra Mundial, com a remobilização da economia americana para produção de equipamento bélico. Milhões de norte-americanos se alistaram nas forças armadas e milhões de outros, principalmente mulheres, arrumaram empregos bem remunerados na indústria da defesa.

Enquanto a renda dos trabalhadores em indústrias ligadas à guerra voltava a crescer, os controles de preço e o racionamento impediam as famílias de comprar e consumir com o mesmo furor de antes da Grande Depressão. Centenas de mercadorias básicas, equivalentes a um sétimo de todo o consumo, eram submetidas ao racionamento, inibindo os gastos em consumo.[10] Com o racionamento geral deixando a vida em suspensão durante os esforços de guerra, as economias das famílias cresceram. As economias forçadas das famílias norte-americanas logo seriam úteis, depois da guerra.

De volta para casa e ansiosos por compensar os anos perdidos, os soldados se apressavam a comprar casas com hipotecas da Administração Federal de Habitação (FHA) nos novos bairros ao longo das saídas do novo Sistema de Rodovias Interestaduais, estabelecido no fim dos anos 1950. Esse sistema rodoviário se tornaria o projeto de obras públicos mais caro de toda a história. Os bairros traziam consigo um renascimento do Sonho Americano, dessa vez ao estilo do que seria chamado de "domesticidade suburbana".

O CAMELOT SUBURBANO

A indústria americana impulsionou a economia suburbana com o mesmo vigor com que se havia mobilizado para a guerra. Devemos observar que as famílias que moravam nos bairros tinham o dobro de possibilidade de possuir um ou mais automóveis que as outras ainda morando no centro.[11] Os bairros também ofereciam uma nova vida pública, com o surgimento de redes de *fast-food*, shopping centers e parques temáticos. As rodovias interestaduais abriam para a América um novo estilo de locomoção: o autoturismo, que aqueceu as vendas de carros. Pousadas e atrações turísticas começaram a surgir em todos os lugares, à medida que os americanos pegavam a estrada para desfrutar as vastas áreas abertas e a diversidade cultural do país.

Com a vida suburbana, o evangelho do consumo se tornou um maremoto. Por algum tempo, em paralelo aos trinta anos de construção da infraestrutura das rodovias interestaduais no país, houve abundância de empregos e salários generosos. Trabalhadores de todas as áreas eram contratados para a construção da América suburbana. Mas mesmo a nova prosperidade apreciada por milhões de norte-americanos não foi suficiente para satisfazer um apetite suburbano insaciável, alimentado pela publicidade de consumo massiva pelo novo meio de comunicação do televisor. Só 9% dos americanos possuíam televisões em 1950, mas em 1978, 91% dos lares já tinham TVs.[12] Para a maioria dos norte-americanos, a televisão se tornara um vício. De acordo com o Relatório Nielsen, em 2009, o norte-americano comum de 65 anos tinha assistido a programas de TV por nove anos inteiros, com uma média de quatro horas por dia e 28 horas por semana. E o mais extraordinário: esse mesmo cidadão de 65 anos assistira a mais de dois milhões de comerciais de TV na vida.[13]

A grande vantagem da televisão era o fato de os programas serem gratuitos. O ardil era que as estações de TV locais e as redes obtinham sua renda da publicidade. Em um sentido muito real, a televisão era, acima de tudo, um veículo publicitário que levava "um vendedor para cada sala de estar" e só em segundo lugar um meio de entretenimento que servia de isca para atrair possíveis consumidores. Deu certo. Se milhões de americanos se viciaram na televisão, o veículo os condicionava a se tornar igualmente viciados em comprar mais coisas e experiências. O evangelho do consumo ganhava uma segunda vida.

Nem mesmo a quantia maior de dinheiro que sobrava após o pagamento de impostos durante o curto período do sonho suburbano conseguia acompanhar o vício das compras. A comunidade financeira salvou a pátria com o crédito rotativo e os cartões de crédito. As lojas de departamentos foram as primeiras a introduzir o sistema de crédito rotativo. Um freguês aceitava saldar as compras, pagando juros por qualquer quantia ainda não paga. As lojas de departamentos gigantes, na verdade, se transformavam em bancos e em geral obtinham tanto lucro dos juros cobrados no crédito rotativo dos clientes quanto nas vendas.[14]

Bancos e grandes empresas financeiras começaram a ficar de olho no esquema de crédito rotativo usado pelas lojas de departamentos nos anos 1960. Embora a experiência na década anterior da emissão de cartões de crédito se revelasse um grande fracasso, os bancos arriscaram uma segunda tentativa, pressentindo a possibilidade de um enorme mercado de crédito. Apesar dos riscos potenciais, os banqueiros refletiam que, embora as famílias suburbanas de classe média incorressem em dívidas de consumo para bancar seus novos estilos de vida, costumavam pagar o valor creditado, com o passar o tempo.

O Bank of America foi o primeiro a lançar seu BankAmericard em 1958. Dali a uma década, o cartão foi rebatizado de Visa. Em 1966, um consórcio de bancos da Califórnia introduziu o cartão MasterCharge. Os cartões de crédito proliferaram nos anos 1970. Substituíram rapidamente o dinheiro vivo e os cheques para muitos produtos e serviços. Ao contrário das lojas de departamento, os bancos e as instituições financeiras tinham o bolso cheio para financiar crédito ao consumidor em uma escala macro. O cartão de crédito mudou o jogo no mercado de dívidas.

O crédito rotativo sem limites dava ao consumidor comando e controle de quanto queria tomar emprestado, em vez de se submeter aos limites do banco, fundamentalmente mudando a relação entre emprestadores e mutuários. Os bancos apreciavam fazer o acordo, pois sabiam que quanto mais consumidores estendessem suas linhas de crédito rotativo, maior seria a renda das operadoras de cartão de crédito. E, enquanto os bancos mantivessem um controle rígido da solvência que tornava seus clientes de classe média potenciais usuários de cartão de crédito, o risco parecia administrável.

Foi nesse período, contudo, que a comunidade financeira apostou em estender o crédito a milhões de consumidores americanos que antes não tinham direito a empréstimos ou cartões de crédito. O novo departamento se chamava "empréstimo *subprime*". Ansiosos por aumentar a lucratividade, os bancos e as operadoras de cartão de crédito disponibilizaram cartões para os 26% de americanos que antes eram excluídos por serem pobres, geralmente em condição de subemprego, de comunidades carentes e com pouco ou nenhum histórico de crédito para que se pudesse julgar o risco. Os novos portadores de cartões de crédito recebiam o rótulo de fregueses de "arquivo fino".[15] Apesar do risco inerente do cartão de crédito *subprime*, a comunidade financeira e a indústria americana estavam decididas a estimular um gasto cada vez maior em consumo.

O FIM DO TRABALHO

Por fim, as três décadas que completaram a infraestrutura da Segunda Revolução Industrial e os empregos bem remunerados mascararam um fenômeno muito diferente, que vinha se desenrolando nas indústrias e afetava tanto os operários quanto os colarinhos-brancos, cujas fileiras afinavam. Categorias inteiras de empregos desapareciam, ameaçando o pão de cada dia de milhões de americanos, com implicações perturbadoras para o futuro da economia e da sociedade.

A nova ruga na empregabilidade remontava a 1943, quando um matemático do Instituto de Tecnologia de Massachusetts, Norbert Wiener, publicou um artigo acadêmico no periódico *Philosophy of Science* sobre a nova teoria da cibernética, que fornecia a descrição técnica de como as máquinas podem pensar, aprender e ajustar seu comportamento por meio de retroalimentação. A descrição de Wiener da cibernética deu a estrutura científica e técnica para a era da computadorização e, depois, da inteligência artificial. Ele afirmava que "o funcionamento físico de um ser vivo e a operação de algumas máquinas novas de comunicação são exatamente paralelas".[16]

Wiener tinha conhecimento das consequências profundas do uso de máquinas inteligentes e mais eficientes na indústria e no comércio, e alertou que "a máquina automática... é o equivalente econômico exato da mão de obra escrava. Qualquer mão de obra que concorra com o trabalho escravo deve aceitar as condições econômicos da escravidão".[17]

Sua presciente profecia logo se realizou. A primeira geração de tecnologias de controle numérico foi introduzida nas fábricas no fim dos anos 1950, assinalando o início da automação da produção industrial. A computadorização e automação de toda faceta da vida econômica logo se estendeu para as décadas posteriores, eliminando a princípio a mão de obra não qualificada, depois a qualificada, o colarinho-branco e, por fim, o profissional e especialista. Nos anos 1990, ficou óbvio que uma revolução na natureza do trabalho começava a eliminar empregos em diversos setores da economia (ver meu livro O *fim dos empregos*, de 1995).

Desde então, a substituição de milhões de trabalhadores pela robótica, pelos computadores e pela IA vem acelerando de modo dramático as eficiências, ao mesmo tempo em que devasta as forças de trabalho em todos os países, criando uma crise de consumo de proporções tão grandes que os paliativos oferecidos para estender mais a dívida dos consumidores, incentivando-os a comprar, se tornaram uma bomba-relógio social. O índice de economias familiares, que no começo dos anos 1990 era por volta de 8%, sofreu uma queda nos anos seguintes, encolhendo para 1% em 2000.[18]

HIPOTECANDO O FUTURO

Exatamente no momento em que a revolucionária automação mudava para a marcha rápida, outra força descomunal se manifestava: a introdução das hipotecas *subprime* no mercado imobiliário em 1997. Esse novo uso de empréstimo *subprime* arrastou a economia e a sociedade americana por uma jornada aventurosa e logo se espalhou para outros países, até se tornar uma bolha histórica, que acabou estourando no fim do verão de 2008. Embora a Wall Street e os banqueiros soubessem, ao menos em nível subliminar, que a hipoteca *subprime* tinha todos os sinais de um gigantesco esquema Ponzi de pirâmide, seus "espíritos animais" vieram à tona, como sugere o economista John Maynard Keynes, farejando quaisquer preocupações ou estimativas à frente. Quase todos os membros da comunidade financeira, da Wall Street e da indústria imobiliária subiram no barco.

As hipotecas *subprime* exigiam um pagamento de entrada, com taxas de juro crescentes com o tempo, um incentivo para milhões de novos compradores cuja renda e o poder de crédito não os qualificavam antes para morder a isca e comprar casas além de suas posses. A corrida pela casa própria começou. Entre os anos 2000 e 2006, a porcentagem de hipotecas *subprime* subiu, de uma base histórica de mais ou menos 8% do mercado, para aproximadamente 20%.[19] A especulação disparou como um rojão. A quantidade de investidores – aqueles indivíduos que compravam casas como investimentos, não domicílios – aumentou de 20% para 35% no período breve de 2006-2007.[20] Os novos compradores de casas também viraram especuladores, geralmente comprando uma casa à medida que o valor da propriedade aumentava, com mais compradores entrando no mercado, passando a casa adiante e adquirindo outra, de preço mais alto, para depois passá-la adiante também quando o valor da casa nova aumentava, e por aí afora. O valor dos imóveis duplicou e triplicou em algumas regiões dos Estados Unidos.

A bolha imobiliária estourou em 2008.[21] Os preços das casas despencaram. Milhões de americanos, que ganhavam as alturas na bolha do mercado imobiliário e mergulhavam cada vez mais em dívidas, nunca suspeitaram que chegasse o dia do julgamento, quando se veriam incapazes de pagar os juros de sua hipoteca, que já ficava atrasada. As execuções se espalharam pela América. Bancos e outras instituições financeiras enfrentavam a falência. Alguns dos grandes jogadores de Wall Street caíram, a começar pelos Lehman Brothers. A AIG, empresa que mantinha títulos de hipoteca *subprime* e empréstimos nos bilhões de dólares, corria o risco de fechar. Os bancos congelaram os empréstimos e a economia americana desacelerou até estagnar, no colapso financeiro mais extraordinário desde a Grande Depressão. O colapso seria para sempre estigmatizado como a "Grande Recessão".

O governo federal salvou Wall Street com uma injeção de liquidez de 700 bilhões de dólares, alegando que os gigantes da finança americana eram "grandes demais para falir". Enquanto as empresas de Wall Street que criaram a bolha escaparam praticamente ilesas, milhões de famílias e trabalhadores americanos foram abandonados. O desemprego aumentou para 10% da força de trabalho até o fim de 2009; 17% de toda a força de trabalho, se contarmos os trabalhadores desanimados que largaram tudo e aqueles que ficaram no trabalho informal ou apenas em meio período, embora desejosos de empregos em tempo integral. Na conta geral, a bolha imobiliária deixou 27 milhões de americanos desempregados ou em condição de subemprego e endividados até o pescoço, além de 2,9 milhões de proprietários de casas que tiveram e hipoteca executada, isso apenas em 2010.[22] Para termos uma ideia clara do impacto profundo sobre os trabalhadores americanos e suas famílias, em 2008 a dívida imobiliária acumulada chegava perto da estonteante cifra de 12,7 trilhões de dólares.[23] Para colocarmos a situação na perspectiva correta, o PIB americano em 2008 foi apenas ligeiramente mais alto: 14,7 trilhões.[24] Sem dúvida, o sistema capitalista estava quebrado.

Mais frustrante ainda era que aparentemente nenhuma lição foi aprendida com a carnificina da Grande Recessão. É verdade que a América teve uma recuperação econômica entre 2010 e 2020. Mas essa recuperação é, até certo ponto, uma miragem criada pela formação de outra bolha de dívida dos consumidores. No primeiro trimestre de 2020 – antes da queda econômica provocada pelo coronavírus – a dívida imobiliária total subiu mais que na década anterior, chegando a 14,3 trilhões de dólares, o que eclipsou o ápice anterior de dívida em 2008 de 1,6 trilhão.[25]

Por que as empresas simplesmente não aumentam os salários na proporção dos ganhos com produtividade e reduzem a semana de trabalho de acordo com o aumento da eficiência proveniente do uso da robótica, da automação e da IA, o que pareceria muito mais sensato? A resposta é que isso seria uma bofetada no rosto de procedimentos contábeis e dos subsequentes balanços trimestrais emitidos pelas empresas aos acionistas. As empresas de capital aberto andam em uma corda bamba chamada pelos críticos de "curto-prazismo" (também conhecido como capitalismo trimestral), tendo de mostrar aos acionistas rendas cada vez maiores a cada trimestre; do contrário, arriscam uma queda no valor das ações, ou pior, a substituição do CEO.

Maior eficiência e produtividade com a introdução de tecnologia mais barata e da IA permite às empresas dispensar funcionários e manter os salários baixos para a força de trabalho existente. O corte de custos é visto com bons olhos nos livros contábeis e lhes possibilita mostrar ganhos em renda, o que deixa os acionistas felizes. Em longo prazo, a comunidade financeira e a indústria americana ficariam em melhor situação se compartilhassem os ganhos gerados por tecnologias novas e mais eficientes com a mão de obra americana, mas infelizmente isso contradiz o modo como o sistema funciona. A eficiência, mensurada em termos de análise de custo-benefício, é a propulsora do sistema.

O JOGO DA EFICIÊNCIA ENLOUQUECE

Enquanto o evangelho do consumo se manteve vivo, com meios mais intrincados de convencer os consumidores a comprar e incorrer em dívida, o paradigma da eficiência também se metamorfoseou em direções mais refinadas desde o nascimento do taylorismo. A abordagem mais direta de Taylor de aplicar os princípios da administração científica, adotados nos primeiros anos pela Ford Motor Company, e logo por outras empresas e indústrias na América e economias em outros países, começou a experimentar retornos menores nos anos 1950. Foi mais ou menos nessa época que a empresa japonesa Toyota passou a adotar sua versão modificada do taylorismo, batizada de *lean production*, que se baseava na redução de desperdícios. Essa versão nova e mais racional parecia, à primeira vista, tão diferente da visão original de Taylor em termos de aplicabilidade, que seria um modelo administrativo inteiramente novo. Colocada em prática no último meio século, a nova abordagem da administração da força de trabalho se revelou mais semelhante ao taylorismo do que se possa imaginar.

Semelhante ao fordismo, a Toyota tinha como meta produzir mais resultados com menos recursos e trabalhadores. Diferenciava-se, porém, na natureza do processo de produção e no "manuseio" da força de trabalho. Os executivos da Toyota acreditavam que o fordismo, baseado em produção em massa de produtos padronizados em alto volume, era inflexível demais e não possuía agilidade para responder em tempo real às mudanças nas preferências do mercado e na demanda dos consumidores.

Empresas dependentes da produção em massa de linhas de produtos padronizados também tendem a executar suas operações com aceleração total, a fim de reduzir custos. Por causa da enorme despesa do maquinário, as interrupções são evitadas o tempo todo para, assim, as empresas poderem otimizar a amortização. Com o intuito de garantir operações contínuas, a administração tem "amortecedores" na forma de estoque e operários extras, pois com isso evita o risco de ficar sem *inputs* ou de desacelerar o fluxo de produção. Por fim, o alto custo de investimento no maquinário impedia a troca do ferramental para novas linhas de produtos. O resultado consistia, portanto, em benefícios aos consumidores por conta de preços baixos à custa de menos novidades e menor variedade.

O conceito de *lean production*, geralmente chamada de administração de produção *just-in-time*, foca em agilidade e flexibilidade. O objetivo é produzir apenas o que o mercado exige no momento e disponibilizar uma ampla variedade de produtos que satisfaçam as preferências individuais, e ao mesmo tempo aumentar eficiências entre as cadeias de valor. Em seu livro publicado em 1991, *A máquina que mudou o mundo*, os professores de administração James Womack, Daniel Jones e Daniel Roos afirmavam que a *lean production* era eficiente (*lean*) porque:

> Usa menos de tudo, se comparada com produção em massa: metade do esforço humano na fábrica, metade do espaço de manufatura,

metade do investimento em ferramentas, metade das horas de engenharia para desenvolver um novo produto em metade do tempo. Também requer apenas metade do estoque guardado no local e, portanto, resulta em muito menos defeitos, além de produzir uma variedade maior e sempre crescente de produtos.[26]

A abordagem japonesa de produção eficiente diverge do método taylorista de comandar e controlar, de cima para baixo, a força de trabalho com uma divisão rígida de mão de obra e tarefas e encargos cada vez mais limitados, organizando a força de trabalho em equipes colaborativas. Engenheiros de projetos, programadores de computador e operários de fábrica interagem face a face no compartilhamento de ideais, resolução de problemas e implementação de decisões conjuntas no chão de fábrica. A ideia fundamental é que a discussão de problemas em equipes multidisciplinares que operam no local e em tempo real resulta em menos tempo ocioso.

Os funcionários são convidados a expor suas ideias sobre o desenvolvimento de carros novos, entre elas, questões de projeto, produção, distribuição, marketing e vendas, em um processo chamado "engenharia concorrente", que proporciona uma abordagem sistêmica unificada da fabricação e da venda do veículo. Esse processo em equipe diz menos respeito a dar aos empregados um senso de importância, levando mais em conta o resultado final. Um atraso de apenas seis meses no lançamento de um produto novo no mercado pode reduzir os lucros em até 33%.[27] Convidar todos para participarem da fase de projeto diminui custos e evita atrasos.

O sistema de *lean production* é desenvolvido em torno do que se denomina a Estratégia de Cinco Zeros: zero defeito, zero falha, zero atraso, zero papelada (redução de burocracia) e zero estoque. Daí o uso do termo *lean*, ou seja, eficiente. [...] Utilizar apenas o necessário, só na hora, para produzir somente o que o consumidor pede.

A teoria da *lean production* parece boa demais para ser verdadeira, além de muito distante do taylorismo. Na prática, o exercício da autoridade sempre vem de cima para baixo, embora mais sutil e até mais exigente de sua força de trabalho, e menos democrático do que aparenta à primeira vista. Isso não significa que não seja mais eficiente. Pelo contrário. Ao exigir mais de cada trabalhador, empregando tanto sua mente quanto seu corpo, as empresas que usam *lean production* têm, na verdade, aumentado sua eficiência, aperfeiçoado o uso de recursos e otimizado o processo de produção, além de apresentar linhas de produto com economia nos custos operacionais.

Um estudo de três décadas de *lean production* realizado pelo sociólogo Christopher Huxley, da Universidade Trent, no Canadá, baseado em pesquisas sobre as práticas dessa abordagem nos Estados Unidos, Canadá e México é revelador. O estudo constatou que, no Japão, a *lean production* "enfatizava a intensificação do trabalho [...] e a aceleração para operários de produção por hora" e "era exacerbada por uma técnica deliberada de controle gerencial descrita como 'administração por estresse'".[28] Além disso, o "princípio de Kaizen [termo japonês para aperfeiçoamento contínuo] e a tentativa de reduzir tempo de mão de obra não agregado sugerem uma campanha inexorável para reduzir recuperação, ou tempo ocioso, para o trabalhador no ambiente de trabalho".[29]

Huxley conclui que "trinta anos de *lean production* na América do Norte não oferecem evidências suficientes que endossem as alegações iniciais entusiasmadas de que o novo sistema mudaria fundamentalmente para melhor a qualidade de vida no emprego para quem estivesse ocupado nos novos ambientes de trabalho".[30]

No fim das contas, a *lean production* é apenas uma forma mais velada de taylorismo, elaborada para melhorar o desempenho dos trabalhadores por meio de manipulação psicológica capaz de condicionar e extrair cada vez mais eficiência, tudo a serviço da otimização dos resultados a custos mínimos.

O JOGO FINAL

No decorrer do século XX e nas primeiras décadas do XXI, a abordagem industrial da administração da força de trabalho ficou ainda mais velada. Quer ela adote uma abordagem comportamental estrita de recompensas e punições, quer recorra à participação e envolvimento ou ainda ao desenvolvimento da inteligência emocional, o objetivo era e ainda é ajustar os trabalhadores para se tornarem apêndices eficientes das máquinas que eles operam.

Hoje a revolução digital levou a vida comercial a um novo patamar de atividade econômica acelerada, com ênfase em grande coleta de dados, analítica, algoritmos e vigilância, fazendo com que o taylorismo do começo do século XX pareça brincadeira de criança. O estresse mental de acompanhar uma economia digital veloz tem forçado trabalhadores de todas as categorias aos limites da resistência humana. O imperativo da eficiência evolui atualmente em tamanha velocidade que é improvável que massas de seres humanos sejam capazes de acompanhá-lo física, emocional e mentalmente e talvez fiquem para trás quando os robôs, a automação e a IA substituírem o emprego geral e inclusive grande parte da mão de obra especializada no desenrolar das próximas décadas.

Toda indústria tem seu princípio orientador favorito. Por exemplo, no setor imobiliário é "localização, localização, localização". No ramo administrativo, "o que se mede, se administra". Esse é o legado taylorista passado nas últimas seis gerações, reprocessado várias vezes para se adequar à narrativa social dominante.

Se o fordismo e a *lean production* dominaram o século XX, os *Amazonians* trouxeram a visão taylorista ao século XXI. A Amazon, a maior empresa de logística no mundo, tem tudo a ver com medida, gestão e hiperreficiência. Ele entregou 3,5 bilhões de pacotes por todo o globo em 2019 e saltou para o primeiro lugar na Global Fortune 500 no fim de 2020.[31] Seu fundador, Jeff Bezos, é hoje o segundo homem mais rico do mundo, com seus 170 bilhões de dólares.[32] Seu vasto império logístico é, sem dúvida, a mais eficiente máquina industrial *on-line*. Se Frederick Taylor estivesse vivo, certamente se surpreenderia com o incrível alcance e escopo das realizações de Bezos usando os princípios da administração científica.

Entretanto, o sonho utópico de uma pessoa geralmente é o pesadelo distópico de outra. Os gigantescos depósitos de Bezos, com seus sistemas de controle automatizados, vigilância onipresente e milhares de robôs móveis, todos sincronizados por redes de direcionamento de logística algorítmica, são uma conquista tecnológica imensa. Mas um olhar mais apurado revela a verdade suja de que, com toda a parafernália *high-tech*, o sistema inteiro funciona ou falha sobre os ombros de 1,2 milhão de funcionários, a maioria dos quais recebe baixos salários e trabalha suando o rosto, apesar de as modernas instalações das Centrais de Atendimento serem à prova de fogo e possuírem ar condicionado.[33]

A Amazon se orgulha de suas medidas de gestão e também da prática de forçar os funcionários a saírem de sua zona de conforto, tanto mental quanto física. Quando eles "dão de cabeça contra a parede" por causa do ritmo inumano e da carga de trabalho, recebem advertência em vez de incentivo dos supervisores e são aconselhados a "escalar a parede". Os gerentes e a força de trabalho de colarinho-branco devem estar de plantão 24 horas por dia e sete dias por semana, literalmente trabalhando até depois da meia-noite e enviando mensagens de texto no meio da noite. Empregados novos logo aprendem que só os mais fortes sobrevivem.[34]

Em sessões administrativas, os gerentes devem apontar as falhas, os erros e a inaptidão dos colegas, e ser gratos porque isso os energiza a ponto de superar os próprios limites. Enquanto alguns sobrevivem e até prosperam, muitos outros caem fora, incapazes de suportar a pressão constante para melhorar o desempenho e a eficiência. Um ex-executivo deu um depoimento sobre a imagem inesquecível de ver colegas chorarem no escritório quando ele passava por perto. "Você sai de uma sala de conferência e vê um homem adulto com as mãos no rosto. Quase todas as pessoas com quem trabalhei, já vi chorar em suas estações de trabalho".[35]

Frugalidade é a palavra-chave nas instalações da Amazon. Nada de divertimento, nada extra, seja um almoço de bonificação ou um escritório mais espaçoso. A aparência é de um vazio. Em todo o quadro de funcionários, desde o recrutamento inicial até as promoções na escada corporativa, cada empregado é continuamente avaliado de acordo com seu "algoritmo de aperfeiçoamento de desempenho". De alto a baixo, as atividades dos funcionários, por mais triviais que sejam, estão sujeitas à medida de desempenho, com os dados devidamente registrados em algoritmos que mantêm um relatório momento a momento de toda eficiência obtida ou perdida. Nesse sentido, as eficiências dos mais de um milhão de funcionários da Amazon são medidas, avaliadas e ajustadas, como uma espécie de vigilância em todos os aspectos de seu trabalho, exatamente o critério que a empresa aplica às suas operações de varejo e aos clientes.

A jornalista autônoma Emily Guendelsberger foi trabalhar disfarçada em um depósito da Amazon em Indiana, e dá testemunho de sua experiência pessoal na empresa em seu livro *On the Clock: What Low-Wage Work Did to Me and How It Drives America Insane*. Sua função no depósito era apanhar objetos das prateleiras e despachá-los até os robôs automatizados. Ela classifica o trabalho no fundo da pirâmide da Amazon nas Centrais de Atendimento como "trabalho de ciborgue". Usava uma pistola de escaneamento na cintura que monitora sua localização o tempo todo e a orienta até o objeto que deve pegar na prateleira. O scanner também informa quanto tempo ela tem para a tarefa. Uma barra de rolagem conta os segundos que restam para pegar e escanear o item e despachá-lo.

Depois que cada objeto for apanhado no depósito da Central de Atendimento, a tarefa seguinte já aparece no scanner. O limite de tempo é tão apertado que praticamente não há descanso. Muitos dos itens que Emily e os colegas têm de pegar do depósito em Indiana são enormes e pesados, provocando problemas nas costas. Em 2020, foi constatado que o alto índice de ferimentos em uma das instalações da Amazon era quase o dobro dos depósitos de outras empresas nos Estados Unidos.[36]

Com poucos banheiros, geralmente em locais remotos nos depósitos, Guendelsberger e os colegas levavam até dez minutos nos intervalos para usar o banheiro. Diz ela: "A cada turno de onze horas, você só pode ter dezoito minutos de intervalo, no *máximo*. E eles percebem. Um gerente se aproxima e lhe dá aquela bronca se seu scanner indicar que ficou muito tempo sem fazer suas tarefas".[37] Muitos empregados afirmam que se abstêm de beber água ou qualquer líquido antes ou durante o turno, pois é seu único recurso.

Embora a Amazon seja o padrão na nova era do neotaylorismo digital, seria injusto dizer que é a única. No entanto, ela é a empresa mais bem-sucedida na era neotaylorista. Sensores eletrônicos, *browser* de retenção de histórico, aplicativos de celular, registros em rede e sistemas de reconhecimento facial são só o começo da cultura de vigilância digital.

Será que toda essa vigilância gera resultados eficientes? Com certeza! Em 2009, a United Parcel Service instalou em seus caminhões de entrega duzentos sensores capazes de rastrear tudo no caminho, desde a velocidade do veículo até as paradas, para avaliar a quantidade ideal de entregas que podem ser feitas por dia. A empresa apurou que em quatro anos depois da introdução do monitoramento de sua força de trabalho, 1,4 milhão de pacotes foram entregues por transporte a cada 24 horas, e com mil motoristas a menos. A vigilância eletrônica foi um estímulo para alguns melhorarem o desempenho e uma intimidação para outros que temiam ser rebaixados ou até demitidos.[38]

GAMIFICAÇÃO:
A servidão divertida

O uso de plataformas digitais para coleta de grandes quantidades de dados e a utilização de analítica para minerar esses dados e criar algoritmos e aplicativos que imponham exigências cada vez maiores aos trabalhadores, com o objetivo de aperfeiçoar a eficiência, alcançou proporções estonteantes, amortecendo o sentimento pessoal de ação dos funcionários. Essa é uma servidão mentalmente forçada e única na história. Mas há outro lance que leva a agenda do taylorismo e da eficiência a alturas inimagináveis. Chama-se gamificação, e é a forma mais sofisticada de comando e controle já criada para aliciar melhor desempenho e a maior eficiência de todo funcionário.

O historiador holandês Johan Huizinga cunhou a expressão *Homo Ludens* em seu livro de mesmo título, publicado em 1938. Huizinga sugeria que conquanto o *Homo faber* e o *Homo economicus* nos ensinem muito acerca da orientação social de nossa espécie, em um nível mais profundo a sociedade surge do divertimento: "É por meio do divertimento que a sociedade expressa sua interpretação da vida e do mundo".[39] Os diversos aspectos da atividade humana – língua, mito e folclore, arte, dança, filosofia, as leis e, mais que tudo, as histórias que contamos uns aos outros e compõem nossas narrativas e a visão de mundo coletiva – emergem do profundo divertimento.

Os elementos básicos da diversão são muito diferentes dos do trabalho. O divertimento é agradável. As pessoas não podem ser coagidas ou forçadas a se divertir. É uma atividade que precisa ser adotada pela livre vontade. Embora exista certa dose de profundo divertimento em empregos altamente qualificados, a maioria dos empregos na sociedade é entediante, repetitiva e, se eles não fossem necessários para a sobrevivência, seriam abandonados sem hesitação. E, por fim, o divertimento costuma ocorrer em um estado atemporal, sem começo nem fim rígidos. Por ser espontâneo, o ato de se divertir é aberto; e, absortos na pura alegria, os participantes da diversão perdem a noção do tempo. Em vez de funcionar como restrição para alimentar uma meta utilitária da maneira mais eficiente possível, o tempo fica suspenso durante o divertimento.

Em comparação, os atributos do trabalho costumam ser descritos como entediantes e abusivos. Porém, agora até o divertimento tem sido canalizado pela indústria, adotado por consultores administrativos e valorizado por cursos de administração de empresa, em nome da inflexível eficiência. Hoje em dia, referem-se aos trabalhadores como "talentos". O desempenho se tornou o substituto para a realização, e o divertimento sofreu um golpe do terrível suplente chamado gamificação.

O propósito tácito da gamificação é usar o divertimento para incutir na força de trabalho as regras racionalizadas e os procedimentos exigidos pela gerência para atrelar as pessoas à tarefa de tornar seus pensamentos e ações cada vez mais eficientes, com o objetivo de seguir o ritmo das máquinas e os processos tecnológicos por elas operados. A gamificação se estabeleceu como o último e mais eficaz rito de passagem na longa caminhada das forças de produção.

Em seus artigos no *Journal of Gaming and Virtual Worlds*, Jennifer deWinter, Carly A. Kocurek e Randall Nichols argumentam que a gamificação serve como "recondicionador" de uma força de trabalho emergente na economia baseada em redes e se tornou um fator essencial na próxima fase do capitalismo. Os autores afirmam que:

> Os *games* de computador parecem e funcionam como um tipo de administração científica defendida por Frederick Winslow Taylor; porém, por causa do próprio meio computadorizado, o treinamento gamificado serve como uma expansão da administração científica a novos espaços. [...] Esse envolvimento cai perigosamente nos domínios da mão de obra e do lazer, misturando os campos do espaço para diversão e do mundo real... O problema da institucionalização das realidades alternativas na arte ou nos jogos é que elas se tornam cooptadas pelo sistema, subordinadas à visão de mundo que impera no momento. [...] Os jogadores se submetem à lógica do jogo, e enquanto participam dos processos algorítmicos do jogo, esses mesmos jogadores são treinados.[40]

Um estudo realizado por Tracey Sitzmann, professora de Administração na Universidade do Colorado, que analisou 65 diferentes amostras acadêmicas para determinar a eficácia dos *games* de simulação em ensinar os funcionários a melhorar o desempenho e a eficiência, constatou que o conhecimento declarado "era 11% mais alto para *trainees* ensinados com esses jogos que para o grupo de comparação; o conhecimento procedural era 14% mais alto; a retenção era 9% mais alta; e a autoeficácia, 20%".[41]

DeWinter e os demais citam o exemplo de um jogo para treinamento usado pela Coldstone Creamery, uma rede norte-americana de sorveterias com a proposta de ser divertida, ao mesmo tempo que ensina os funcionários a servir bem os clientes em cenários diversos e mutáveis. O *game* apresenta uma simulação de uma sorveteria muito sofisticada, o que torna a prática mais divertida. Os *trainees* competem entre si na simulação de atendimento ao freguês, precisão do tamanho das bolas e reconhecimento correto das receitas, tudo contribuindo para determinar os pontos totais. Terminada a simulação, o próprio jogo diz ao jogador "quanto custam seus erros para a loja".[42]

O *game* é tão divertido que os *trainees* passam mais tempo livre na "tarefa" que no "estudo" de um manual tradicional de treinamento. Os jogos de simulação são um meio eficiente de treinar trabalhadores para seus encargos e tarefas; e como são divertidos, os funcionários são mais propensos a sentir que o trabalho real também é. Em outras palavras, compensa em termos de maior eficiência e equipes de trabalho motivadas, ou melhor, "equipes de divertimento".

O que aproxima o taylorismo tradicional da gamificação é que ambos utilizam processos racionalizados para treinar seus trabalhadores. A diferença é que com o taylorismo tradicional, os funcionários podem resistir, ou ao menos aplicar apenas um esforço mínimo para a subsistência, enquanto a gamificação mascara a manipulação racionalizada, fazendo com que o jogador sinta que usou suas ações pessoais para dominar o jogo e, depois, o processo de trabalho em si.

Os dados coletados na gamificação durante a contratação do funcionário têm uma segunda vida, oferecendo informações ricas que podem ser analisadas para revisar, aprimorar e adaptar os trabalhadores ao ambiente mutável do mercado. Os dados também são um meio de avaliar o desempenho do trabalhador, instituindo a vigilância contínua como parte integrante da experiência de gamificação.

É quase certo que, no futuro, a gamificação corporativa generalizada encolherá o campo do lazer. Talvez o aspecto mais insidioso da gamificação seja a captura do divertimento por parte de forças comerciais, que o usam para recondicionar milhões de pessoas a aceitar uma vida de trabalho incessante, atrelada à maior eficiência e aos retornos do investimento.

⋏ ⋏ ⋏

Conquanto o impacto de Frederick Taylor nos procedimentos do comércio tenha sido singular, sua influência se estendeu de maneira muito mais profunda a quase todos os aspectos da sociedade, no decorrer do século XX e até hoje. Sua obsessão com eficiência permeou as profundezas da ação pessoal, mudando o modo como a humanidade vê a si própria, com efeitos deletérios não só sobre a psique humana, mas também sobre o mundo natural.

A avaliação contundente feita pelo professor Gary Hamel, do curso de Administração da Universidade Harvard, sobre as realizações e o impacto do taylorismo, é compartilhada por muitos e execrada por tantos outros. Ele escreve: "Com sua ênfase em pesquisa, planejamento, comunicações, padrões, incentivos e retroalimentação, é possível detectar a influência de Taylor em todos os setores. Empresa, governo, saúde e educação incorporaram os princípios na malha de suas operações. Cem anos após a publicação de sua obra mais famosa, a influência sutil de Frederick Winslow Taylor é tão persistente quanto o tique-taque desse cronômetro sempre presente".[43]

Peter Drucker, há muito considerado o pai da moderna administração de empresas, é ainda mais efusivo em sua adoração, sugerindo que o trabalho de Taylor foi "a contribuição mais poderosa e mais duradoura que a América fez para o pensamento ocidental desde os Artigos Federalistas".[44]

Mas não para por aí. O taylorismo pode estar no ápice de seu supremo sucesso graças aos avanços da eficiência em robótica e IA que começam a eclipsar a habilidade até das melhores e mais brilhantes forças de trabalho para acompanhar o ritmo e permanecer relevantes. Nos escritórios executivos de empresas de alta tecnologia fala-se cada vez mais do que chamamos de aproximar-se da singularidade: o ponto em que a tecnologia inteligente se torna mais inteligente e eficiente que a raça humana, forçando uma mudança fundamental de paradigma no papel da espécie humana para cuidar do próprio destino.

O sinal de alerta do público soou em 1997, quando o computador Deep Blue da IBM derrotou o campeão de xadrez internacional Garry Kasparov em uma partida, o que gerou um debate global em torno da possiblidade de a IA um dia superar a inteligência humana e se tornar a espécie dominante. Diversos estudos realizados por universidades importantes e empresas de gestão, tais como Oxford Economics, McKinsey e o Fórum Econômico Mundial, preveem que milhões de empregos serão perdidos para a nova tecnologia inteligente.[45]

O apetite insaciável por tecnologia mais eficiente e sempre mais barata é o que move todos os setores industriais. Terry Gou, presidente da Foxconn da China, a maior fabricante de contrato do mundo, cujos clientes incluem a Apple e outros gigantes corporativos, fez uma afirmação ácida a respeito da força de trabalho humana do mundo, que outros executivos preferem manter em segredo, por trás de portas fechadas em suas salas de reunião. Ele diz que "Hon Hai (Foxconn) tem mais de um milhão de funcionários, e, como os seres humanos também são animais, administrar um milhão de animais me dá dor de cabeça".[46] Gou investe profundamente em sua ambição. A Foxconn havia substituído sessenta mil trabalhadores por robôs até 2016, e mais ainda depois, com o objetivo de alcançar cem por cento de automação em "fábricas sem presença humana" em um futuro muito próximo. Um estudo econômico da Oxford detectou que 8,5% da força de trabalho global provavelmente será substituída por robôs até 2030.[47]

O que esses prognósticos não enxergam é que a Era da Resiliência colocará milhões de indivíduos nas novas categorias de "emprego resiliente", envolvidos em trabalho significativo como ecoguardiões, atividade complexa demais até para a tecnologia mais inteligente. A nova época mudará nossa própria noção de ação, afastando as gerações futuras da "ética do trabalho" centrada em produção e consumo de coisas e conduzindo-as a uma "ética de proteção", para cuidarem do mundo natural. Abordaremos as mudanças na natureza e nas funções da força de trabalho na Parte 4, em que nos aprofundaremos na estrutura econômica da Revolução Resiliente.

Se a família humana tiver um futuro, ele dependerá em grande parte de conseguirmos nos unir como espécie e enfrentar uma ameaça comum à nossa sobrevivência e à sobrevivência das outras criaturas que compartilham nossa jornada e com as quais temos ligações que só agora começamos a compreender e valorizar. Como, afinal, mudaremos o conceito de nossa existência, tanto temporal quanto espacial, de um modo que nos possibilite reajustarmo-nos a um planeta que fica cada vez mais quente por causa do aquecimento global? Estarrecidos e amedrontados, testemunhamos à nossa volta a luta das esferas do planeta para se readaptarem à mudança que nossa espécie provocou durante a era industrial movida por combustível fóssil. Começamos a perceber como erramos ao acreditar que a ação da espécie humana bastava para dominar as forças planetárias que governam a vida na Terra.

Pensar e agir como uma civilização planetária poderia parecer um exagero e até uma tolice uma geração atrás. Hoje, não. Embora o futuro pareça tétrico, temos uma última carta na manga que talvez permita à nossa espécie e às muitas espécies semelhantes enfrentar as tempestades e os incêndios iminentes. Se quisermos compreender como funciona essa carta, precisaremos repensar o significado da vida na Terra e como a espécie humana se encaixa nele.

Quando Charles Darwin publicou *A origem das espécies* em 1859, o livro alterou nossas ideias de como a vida evoluiu no decorrer da história. Embora muitas de suas premissas continuem válidas até hoje, o cenário que ele descreveu está longe de ser completo. Desenvolvimentos dramáticos nos campos da química, física e biologia em anos recentes começam a apresentar uma narrativa muito mais expansiva de como a vida surgiu, evoluiu e pôde se sustentar. Embora não esteja tão disponível no domínio público, a nova e ampla descrição da evolução derruba as pressuposições mais básicas a respeito das forças que moldaram a vida.

O que as novas descobertas nos revelam mudará fundamentalmente o significado de ser humano em uma Terra viva e fervilhante de ações interativas que, juntas, determinam os termos de nossa existência e desenvolvimento. Essa nova compreensão, se devidamente absorvida, nos dará o discernimento que permitirá à nossa espécie mudar o curso neste momento da história e redirecionar a jornada, com a esperança de podermos salvar nossa espécie e nossa família evolucionária mais extensa.

Parte III

COMO CHEGAMOS AQUI

Repensando a evolução na Terra

7

O Eu ecológico: cada um de nós é um padrão dissipativo

Q uando pensamos em identidade, quase todos nós a consideramos um tema incontroverso. Cada pessoa nasce com um perfil genético que parcialmente condiciona o que ela se torna, e o resto é preenchido por seus impulsos, paixões, experiências e relacionamentos, fazendo dela um ser único. Gostamos de nos ver como agentes autônomos, embora estejamos sujeitos aos acasos da vida, à boa fortuna e à má sorte que aparecem no caminho. Estamos dispostos a aceitar a noção de que nem todos pensam e agem da mesma maneira e reconhecemos que algumas pessoas vivem em variadas realidades alternativas, chegando às vezes aos limites da psicose. Mas de um modo geral, temos a mesma visão do que é um ser humano consciente. E sempre foi assim.

TORNANDO-SE HUMANO

Nem tanto. No curto meio milênio da história que assinala a passagem da era medieval para a pós-moderna, 25 gerações da espécie acalentaram uma variedade enorme de crenças quanto à natureza do eu consciente. Nossos antepassados cristãos acreditavam que todo bebê nasce com o pecado original e vive uma vida desesperada e cheia de um medo debilitante, sem a certeza se será agraciado com a salvação eterna no céu ou o fogo no inferno por toda a eternidade depois da morte. Na era moderna, Charles Darwin contestou o pecado original, argumentando que a consciência humana é, na verdade, um jogo de dados e que a seleção aleatória de traços passados pelos pais aos filhos determina em grande parte não só o ser físico do indivíduo, mas, até certo ponto, também sua consciência. Sigmund Freud se convencera de que os bebês nascem neste mundo com um apetite insaciável de extinguir a libido, e que cada momento da vida é dedicado à satisfação dos desejos sexuais. Entretanto, o que une todas as ideias mais contemporâneas acerca da constituição humana, pelo menos desde o Iluminismo no século XVIII, é a noção do caráter único de um indivíduo como um agente relativamente "livre", em contínuo choque com uma multiplicidade de forças, mas sempre de volta a um equilíbrio – como previra Newton –, mantendo assim um senso muito claro de pessoalidade autônoma.

Immanuel Kant, filósofo do século XVIII, afirmava que a autonomia é a mais nobre vocação da humanidade, mas exige os esforços de uma vida inteira para garantir que as ações de uma pessoa sejam puramente racionais, livres de emoções ou qualquer consideração externa que macule a tendência natural de empregar a genuína razão na experiência mundana do indivíduo.

No passado, a noção de uma pessoa como agente autônomo seria incompreensível. Nossos ancestrais coletores e caçadores do Paleolítico nada sabiam do tipo de individualidade que hoje em dia é ponto pacífico. Seu estilo de vida migratório era organizado em torno de pouquíssima diferenciação de habilidades e parcos meios de armazenar e dividir o excedente – o que distingue um *status* individual de outro. O antropólogo Lucien Lévy-Bruhl explica que a própria ideia de um "eu" não existe entre os povos primitivos, mas apenas de "nós".[1] A vida era vida na coletividade, e a única diferenciação existente era na forma de grupos de coortes organizados por idade e gênero, com a identidade inserida em ritos temporais de passagem pelos diferentes estágios do ciclo de vida, da infância à idade avançada.

Havia uma ordem social primitiva em todo grupo de coletores e caçadores. Os anciãos da comunidade, que retinham a memória armazenada e a sabedoria coletiva dos ancestrais, eram consultados para orientação, mas a vida era muito mais igualitária que em qualquer outro período subsequente da história. Pouco havia para distinguir qualquer coisa semelhante à pessoalidade individual, e os indivíduos tinham uma percepção menor ainda de sua unicidade como espécie. Os coletores-caçadores viviam em um mundo indiferenciado de formas e forças em constante interação, no cenário que Lévy-Bruhl descrevia como "uma névoa de unidade" em que outros animais não se distinguiam como "o outro", mas sim como seres animados com aparências diferentes. Até as montanhas, as cataratas e as florestas eram vistas como vivas e repletas de ação.

Darwin notou em suas viagens que os coletores-caçadores viviam observando outros animais e imitavam seu comportamento, em certo sentido incorporando o espírito desses animais no deles. O historiador Lewis Mumford observou que, ao incorporar a ação de outras criaturas vivas, nosso primitivo ancestral tinha uma ideia de como poderiam sobreviver melhor: "Imitador, além de curioso, ele deve ter aprendido com a aranha a fazer armadilhas, e tecer cestos por observar os ninhos dos pássaros, represar a água como os castores, fazer tocas como os coelhos e a arte de usar o veneno das cobras. Diferente da maioria das espécies, o homem não hesitou em aprender de outras criaturas e copiar seus hábitos; imitando suas dietas alimentares e os métodos de obter comida, ele multiplicou suas chances de sobrevivência".[2]

Em seus rituais, nossos antepassados paleolíticos usavam galhadas, vestiam-se com peles de animais e enfeitavam o corpo com penas, enquanto imitavam o comportamento de outros espíritos animais. Esse entrelaçamento do mundo vivo com o mundo do espírito é a essência do animismo. Essa cosmologia antiga sustenta a crença de que todos os fenômenos, sejam materiais ou imateriais, da carne ou do espírito, têm ação e interagem temporalmente em uma dimensão espacial que é interligada e ilimitada. O sentido de que tudo ao redor – não só outras criaturas, mas até coisas inanimadas – consiste em espíritos animados não muito diferente de nós é o que vemos em quase todos os bebês aprendendo a andar e até na criança de 5 ou 6 anos, que também habita um mundo mágico cercado por um campo de forças vitais, muitas delas inanimadas.

Os povos paleolíticos viviam em um mundo temporal de estações e ciclos que o historiador Mircea Eliade descreve como um "eterno retorno".[3] Assim como a vida migratória era assinalada por nascimento, vida, morte e renascimento dos ciclos sazonais, também essa era a compreensão que tinham de suas passagens pela vida. Depois da morte, o espírito permanecia no limbo até encontrar o caminho para assumir outras formas de vida, humana ou de outras criaturas, ou mesmo reencarnar no mundo inanimado. No século XIX, o antropólogo *sir* Edward Tylor foi o primeiro a classificar essas sociedades como culturas animistas.

A reorientação social surgida com o advento das grandes civilizações agrícolas hidráulicas no Oriente Médio, na África do Norte, na Índia, na China, e o posterior aparecimento de impérios saqueadores, até, por fim, a chegada da era industrial foram acontecimentos marcados por uma acentuada dissolução do olhar animista do mundo. A expropriação, o isolamento e apropriação do que nossos primeiros ancestrais consideravam uma Terra viva foi o tema central do que chamamos de civilização. Só em tempos recentes, porém, a comunidade acadêmica apreendeu essa dinâmica subjacente da civilização.

Hoje em dia, há um debate acalorado entre os geólogos e outros acadêmicos quanto à nova época geológica ser denominada Período Antropoceno. O novo período proposto assinala um tempo em que a atividade humana de apropriar-se, consumir e transformar a geologia da terra tem consequências graves, que deixarão uma marca histórica inigualável nos registros geológicos, e, segundo muitos geólogos, será discernível daqui a centenas de milhões de anos. Um número cada vez maior deles crê que o Antropoceno começa com a extração de combustíveis fósseis das profundezas da terra há duzentos e poucos anos. Outros sugerem que o Antropoceno remonta a um período anterior, com a ascensão das civilizações hidráulicas e o impacto cumulativo exercido pela humanidade ao isolar e explorar as esferas da terra e diminuir o ambiente.

Se quisermos apontar o culpado, a teologia ocidental esteve à frente, apregoando o domínio e a exploração da terra por parte da "humanidade", com o argumento de que tudo é uma dádiva de um Deus onisciente que concedeu a Adão e Eva e seus herdeiros domínio geral. As religiões e filosofias orientais são mais nuançadas e pregam a inclusão, ensinando que a humanidade não é dona da natureza, mas sim parte inseparável dela, e deve continuamente harmonizar os caminhos da civilização com numerosas outras ações presentes na Terra e às quais toda espécie se relaciona. Na prática, porém, as grandes civilizações asiáticas desviam-se com frequência dessa premissa, e, embora seu impacto sobre as ações da terra seja mais ameno, a usurpação e exploração das esferas do planeta aumentaram com a segunda ascensão da Ásia no decorrer do último meio século.

Independentemente de onde marquemos na linha do tempo o início do Antropoceno, a realidade é que o isolamento cada vez maior das ações da terra nas mãos de nossa espécie determinou o modo como nos definimos em relação ao resto da natureza. À medida que a expropriação e apropriação humana das esferas da terra evoluíram e se intensificaram na longa passagem da era agrícola e, em tempos mais recentes, na curta duração da era industrial, a vida comunal cedeu espaço para a vida pública, e esta, por sua vez, abriu caminho para a vida privada; a cada passagem a pessoalidade fechava-se em si.

Conforme a Era do Progresso amadurecia, a autonomia individual se endurecia, com vastos bolsões de humanidade recolhidos atrás de portas fechadas, cercados por posses pessoais em uma "Terra possuída". A raça humana passou a se encaixotar, e cada indivíduo se tornava mais autônomo e isolado, ao mesmo tempo em que todos se aglutinavam em cidades densamente povoadas e bairros abarrotados com milhões e até dezenas de milhões de seres humanos, todos isolados de um ambiente externo que aos poucos se tornava mais abandonado. Foi quando a maioria dos 6,6 bilhões de pessoas naquela época se enclausurou em densos espaços urbanos, assinalando assim a ascensão final do *Homo urbanus*.[4]

Entretanto, há um sentimento de esperança que emerge das difíceis lições aprendidas com a mudança climática e das lições fáceis das novas descobertas de nossa futura constituição biológica; esse sentimento pode conduzir a espécie humana a um novo começo e uma nova chance de reescrever o futuro. Essa nova inspiração começa com um repensar fundamental do que significa ser humano no mais profundo sentido biológico. Grande parte do que víamos em nós mesmos como entidade biológica está profundamente errada e, por isso mesmo, trouxe-nos a este momento desesperador da história da espécie.

A descoberta de quem somos realmente, como espécie, no mais estrito sentido fisiológico, é o alívio libertador que pode nos guiar por um novo caminho de volta ao seio de uma Terra animada e evolutiva. Dessa vez, reentramos na comunidade planetária com um sentido de ação muito diferente do que pregava o Deus de Abraão a Adão e Eva e seus descendentes.

REPENSANDO A EXISTÊNCIA:
de objetos e estruturas a processos e padrões

Se os arquitetos da revolução industrial e da teoria da informação merecem algum crédito, Norbert Wiener, o pai de cibernética, e seu contemporâneo, Ludwig von Bertalanffy, o pai da teoria geral dos sistemas, são os primeiros da lista. Foram a inspiração para seus respectivos campos, com teorias que levaram a humanidade à Era da Informação, inteligência artificial e aos mundos virtuais do ciberespaço e além. Cada um dos dois, por meio de seu trabalho, compreendeu que as antigas pressuposições da humanidade acerca do tempo, do espaço e da natureza da existência eram tragicamente errôneas e ameaçavam a capacidade de sobreviver de nossa espécie.

Em 1952, von Bertalaffy escreveu: "O que chamamos de estruturas são processos lentos de longa duração, e funções são processos rápidos de curta duração".[5] Dois anos depois, em 1954, Wiener adotou uma maneira mais íntima de observar a espécie humana, embora seus comentários fossem aplicáveis a toda a vida e ao mundo material inteiro. Sobre a vida humana, ele escreveu que:

> O padrão mantido por essa homeostase é a pedra de toque de nossa identidade pessoal. Nossos tecidos mudam enquanto vivemos: a comida que comemos e o ar que respiramos se tornam carne de nossa carne, e osso de nossos ossos, e os elementos momentâneos de nossa carne e ossos saem de nosso corpo todos os dias, com as excreções. Somos as trombas d'água em um rio que não para de correr. Não somos a matéria permanente, mas os padrões que se perpetuam.[6]

Bertalanffy, Wiener e outros, como o químico Ilya Prigogine, com sua teoria de estruturas dissipativas e termodinâmica de não equilíbrio, e Nicholas Georgescu-Roegen, com seu recondicionamento termodinâmico complementar de teoria e prática econômicas, começavam a reconceitualizar o próprio significado da existência em suas respectivas áreas de estudo, remodelando o conhecimento que nossa espécie tem de temporalidade e espacialidade e, assim, dando à raça humana um novo modo de compreender a natureza da vida.

A jornada ontológica desbravadora desses cientistas deve muito ao pensamento do filósofo iconoclasta Alfred North Whitehead. O primeiro trabalho de Whitehead foi na matemática, em coautoria com Bertrand Russell, da obra *Os princípios matemáticos*, uma série em três volumes sobre os fundamentos da matemática, trabalho de lógica formal que se tornou a bíblia inconteste da disciplina no século XX. Seu interesse passou para a física e a filosofia na segunda parte de sua carreira. A obra principal de Whitehead, *Processo e realidade*, foi publicada em 1929 e influenciou muitas das grandes autoridades em ciência e filosofia no decorrer do século. Whitehead mirava a descrição de Isaac Newton de matéria e movimento destituídos da passagem do tempo:

> que pressupõe o fato supremo de um material ou matéria bruta irredutível, espalhada pelo espaço em um fluxo de configurações. Esse material em si não sente, não tem valor nem propósito. Ele simplesmente faz o que faz, seguindo uma rotina fixa imposta por relações externas que não brotam da natureza de seu ser.[7]

Whitehead opunha-se com veemência à descrição newtoniana da existência, composta de instantes "sem duração" e "sem referência a qualquer outro instante", e argumentava que "velocidade em um instante" e *momentum em um instante*" eram, em termos simples, algo absurdo.[8] Para ele, a ideia de matéria isolada com "a propriedade de simples localização no espaço e no tempo" deixava "a Natureza estática sem sentido ou valor".[9]

O que irritava Whitehead era que a visão da natureza na comunidade científica "omite qualquer discriminação das atividades fundamentais na Natureza".[10] O historiador e filósofo Robin G. Collingwood, da Universidade de Oxford, explica que as relações e os ritmos só existem em "um período longo o suficiente para que o ritmo do movimento se estabeleça".[11] Por exemplo, uma nota musical não é nada sem as notas que a precedem e a seguem.

Para sermos justos, Whitehead não teve essa epifania sem um bom alicerce. Outras rupturas já ocorriam ao longo do caminho inexato da física clássica. Nas primeiras décadas do século XX, os físicos começaram a perceber que suas suposições anteriores sobre a fisicalidade dos átomos como matéria sólida ocupando espaço fixo estavam "equivocadas". Compreenderam que um átomo não era uma coisa no sentido material, mas sim um conjunto de relacionamentos operantes em determinado ritmo e, por causa disso, "em dado instante do tempo, o átomo não possui nenhuma dessas qualidades".[12]

Nas palavras do físico Fritjof Capra:

> No nível subatômico, os objetos materiais sólidos da física clássica se dissolvem em padrões de [...] probabilidade de interconexões. A teoria quântica nos força a ver o universo não como uma coletânea de objetos físicos, mas sim como uma complicada teia de relações entre as variadas partes de um todo unificado.[13]

A noção convencional de separar estrutura e função caiu por terra com o advento da era da nova física. É literalmente impossível separar o que uma coisa é daquilo que ela faz. Tudo é pura atividade e nada é estático. As coisas não existem em isolamento, mas somente através do tempo. Whitehead resumiu a nova visão da física nestes termos:

> O ponto de vista mais antigo nos permite abstrair da mudança e conceber a realidade plena da Natureza *em um instante*, abstraída de qualquer duração temporal e caracterizada, quanto às suas inter--relações, apenas pela distribuição instantânea de matéria no espaço. [...] Para o processo da visão moderna, atividade e mudança são questões reais. Nada existe em um instante. Cada instante é somente um meio de agrupar matérias reais. Portanto, como não existem instantes, concebidos como simples entidades primárias, não há Natureza no instante.[14]

Não era apenas a nova física que desconstruía a velha. Uma nova abordagem da biologia, que também reescreveria a história do tempo e do espaço, vinha surgindo no fim do século XIX. Charles Darwin introduziu a temporalidade na biologia, colocando-se contra a proposição ortodoxa de que as espécies apareceram completas e eram partes de uma grandiosa criação, além de existirem sem mudança por todo o tempo. A tese revolucionária de Darwin, ao contrário, afirmava que espécies pouco a pouco mais complexas evoluíam com o passar do tempo por meio da seleção natural. Embora novos traços fossem aleatórios, aqueles que conferiam vantagens a uma espécie, permitindo-lhe se adaptar a um ambiente mutável, eram mais propensos a sobreviver.

Apesar de a teoria da evolução darwinista ter trazido a temporalidade à equação da biologia, transformando nossa compreensão da natureza, os biólogos continuavam mais interessados em sondar a "estrutura" de cada organismo para avaliar sua adaptabilidade ao ambiente, mantendo ao menos uma parte da nova profissão da biologia ainda focada na taxonomia.

Essa visão limitada da temporalidade da evolução biológica começou a mudar quando o naturalista alemão Ernst Haeckel introduziu o novo campo da ecologia, em 1866. Uma geração emergente de biólogos estava mais interessada na "ciência das relações dos organismos vivos com o mundo externo, seu *habitat*, costumes, inimigos, parasitas, etc.".[15] A ecologia marcou uma separação parcial do campo da biologia, com foco na ciência de como as comunidades de seres vivos se desenvolviam e se adaptavam às circunstâncias mutáveis na passagem do tempo.

O novo campo da física e a emergente ecologia reinventavam tempo e espaço, e Whitehead se tornou seu porta-voz. Nestas poucas palavras, ele sintetizou a nova percepção da natureza: "Não existe Natureza sem transição, e não existe transição sem duração temporal".[16]

Embora o novo modo de pensar a relação entre tempo e espaço, e entre o ser e o tornar-se, pudesse ser um estímulo intelectual para cientistas e filósofos, que importância teria para nós, cidadãos, que nos consideramos seres físicos únicos e relativamente autônomos, em contínuo aperfeiçoamento e proteção de nossa pessoalidade neste mundo de ações concorrentes? É difícil sequer imaginar cada indivíduo como um veículo e um meio, enquanto os elementos girantes do mundo – suas forças, campos, átomos e moléculas – fluem de modo contínuo para dentro e fora de nós, desafiando nosso sentido de autonomia a cada momento. Vejamos agora a realidade.

CADA UM DE NÓS É UM ECOSSISTEMA

Comecemos com a água. Embora a comunidade científica ainda não compreenda a profunda ligação entre a água e o surgimento e a evolução da vida na Terra, o fato é que toda espécie é composta principalmente de água da hidrosfera. Em alguns organismos, mais de 90% do peso corporal vem da água, e, nos humanos, ela constitui cerca de 60% de um corpo adulto.[17] O coração é composto de 73% de água, os pulmões, de 83%, a pele, 64%, os músculos e rins são compostos de 79% de água, e os ossos, de 31%.[19] O plasma, aquele fluido amarelo-pálido que transporta células sanguíneas, enzimas, nutrientes e hormônios por todo o corpo, é 90% água.[19]

A água tem uma função essencial no controle dos aspectos mais íntimos dos sistemas vivos. A lista de detalhes é impressionante. A água é:

> Um nutriente vital na vida de toda célula e age primeiramente como um material de construção. Regula a temperatura interna de nosso corpo por meio do suor e da respiração. Os carboidratos e as proteínas que nosso corpo usa como alimentos são metabolizados e transportados pela água na corrente sanguínea. A água auxilia na eliminação de excessos, principalmente pela urina. Também funciona como um amortecedor para o cérebro, a coluna vertebral e o feto. Ela forma saliva e lubrifica as articulações.[20]

Fluídica, a água entra e sai de nosso corpo a cada 24 horas. Nesse sentido, os sistemas abertos semipermeáveis trazem água limpa da hidrosfera da Terra para o nosso ser, executando funções básicas, quando por fim ela retorna à hidrosfera. Se quisermos defender a noção de que o corpo humano – e de todos os seres vivos – é mais parecido com um padrão de atividade que uma estrutura fixa, e funciona como um sistema dissipativo, alimentando-se de energia e excretando detritos entrópicos, em vez de um mecanismo fechado que importa energia para manter-se autônomo, o ciclo e a reciclagem de H_2O seriam um bom ponto de partida.

O corpo masculino comum é composto de cerca de 30 trilhões de células.[21] Embora toda célula contenha a impressão genética hereditária do organismo, há células específicas que executam funções especializadas no corpo. Em 2005, uma equipe de pesquisadores chefiada pela doutora Kirsty Spalding, pesquisadora do Instituto Karolinska, em Estocolmo, na Suécia, publicou um estudo no periódico *Cell*, intitulado "Datação de nascimento retrospectivo de células nos seres humanos".[22] O escritor de ciência para o *The New York Times*, Nicholas Wade, escreveu um artigo intitulado "Seu corpo é mais jovem do que você pensa", que provocou comoção.[23] É possível que a "idade média de todas as células no corpo de um adulto não seja mais que 7 a 10 anos". Embora algumas células com as quais nascemos permaneçam até a morte – em particular, as do córtex cerebral –, a maioria é substituída diversas vezes, sugerindo que, sob uma perspectiva física, vivemos em vários corpos diferentes em uma única vida.[24]

Sabemos que as células da pele, das unhas e dos cabelos vêm e vão. No entanto, presumíamos que os órgãos vitais fossem os mesmos a vida toda, dando-nos a garantia de que cada um de nós é um ser único e duradouro. Ledo engano. Os glóbulos vermelhos do sangue têm uma vida média de quatro meses; as células dos músculos das costelas em adultos com quase 40 anos duram em média 15,1 anos; as células que revestem o estômago são renovadas a cada três ou quatro dias; os osteoclastos do tecido ósseo são substituídos a cada duas semanas; as células de Paneth do intestino, a cada vinte dias; as células da traqueia duram de um a dois meses; as células de gordura, 8 anos; as células do esqueleto têm 10% de renovação a cada ano; e os hepatócitos duram entre seis meses e um ano. O fígado humano adulto médio é renovado entre trezentos e quinhentos dias. O sistema nervoso central permanece o mesmo a vida toda, assim como as células do cristalino do olho.[25]

Cerca de 3% das camadas superficiais dos ossos do esqueleto e até um quarto dos ossos porosos nas juntas são substituídas a cada doze meses, e quase o esqueleto inteiro de uma pessoa é trocado no decorrer de uma década ou um pouco mais. O esmalte dos dentes, porém, dura a vida inteira.[26]

Quando descemos das células para as moléculas e os átomos que compõem o corpo, a renovação é ainda mais rápida. Um ser humano adulto é composto de aproximadamente sete octilhões de átomos.[27] Portanto, enquanto os órgãos são compostos de células, e estas de moléculas, e as moléculas de átomos, quando chegamos ao nível mais básico dos átomos, o que compõe um ser humano começa a parecer mais "um padrão de atividade" existente no tempo que uma estrutura autônoma presente no espaço. Vejamos por quê.

Quando respiramos ar, bebemos água e consumimos alimentos, quantidades gigantescas de átomos são ingeridas no corpo a partir da biosfera da terra. No caminho inverso, quando exalamos, suamos, urinamos e evacuamos, os átomos retornam à biosfera, onde muitos acabam ingressando em outros seres humanos e/ou outras criaturas, nossos semelhantes na terra.

Por peso, o corpo humano consiste em 65% de oxigênio, 18,5% carbono, 9,5% hidrogênio e 3,2% nitrogênio, sendo o resto do peso cálcio, fósforo, sódio, potássio, enxofre, cloro e magnésio. Se somarmos todos os átomos que compõem as diferentes moléculas, talvez existam mais átomos em um único ser humano que estrelas em nosso universo.[28] Igualmente incrível é que, no decorrer de um ano, mais de 90% dos átomos de um corpo humano já não existem mais, tendo sido substituídos por novos.[29]

A maior parte do oxigênio e do hidrogênio absorvidos pelo corpo vem da atmosfera, da hidrosfera e da litosfera, que juntas compõem a biosfera, onde habita toda a vida. Quando essas moléculas retornam à biosfera, espalham-se com facilidade pelas correntes de ar e de água ao redor da terra. Com cada corpo humano possuindo mais que 4×10^{27} átomos de hidrogênio e 2×10^{27} átomos de oxigênio, é certo que alguns desses átomos estiveram, em algum momento, nos corpos de outros humanos e outras criaturas que nos precederam na história. Do mesmo modo, alguns desses átomos de hidrogênio e oxigênio que passaram pelo nosso corpo provavelmente entrarão em outros humanos e outras criaturas que existirão depois de nós.[30]

Sob o ponto de vista científico, nossos corpos não são agentes autônomos relativamente isolados, e sim sistemas dissipativos abertos. Todo corpo humano é envolto por uma membrana semipermeável que permite, de forma seletiva, a passagem de elementos químicos oriundos da biosfera – oxigênio, hidrogênio, nitrogênio, carbono, cálcio, fósforo, potássio, enxofre, sódio, cloro e outros – pelo seu interior.[31] Portanto, nosso corpo é apenas um dentre os múltiplos meios que abrigam os elementos da terra.

Mas os elementos químicos não são os únicos agentes ativos em células, órgãos e na miríade de sistemas da terra. Consideremos as bactérias, a forma de vida mais minúscula neste planeta. Em 2018, pesquisadores do Instituto Weizman de Ciência e do Instituto de Tecnologia da Califórnia publicaram um estudo no periódico *Proceedings of the National Academy of Sciences* intitulado "A distribuição da biomassa na Terra". O estudo relata que a soma da biomassa geral se aproxima de 550 gigatons de carbono, dos quais as plantas correspondem a 450 gigatons, enquanto, de modo surpreendente, as bactérias vêm em seguida: 70 gigatons. Outros grupos em ordem decrescente são os fungos em 12 gigatons, arqueas em sete gigatons, protistas em quatro gigatons, animais em dois gigatons e vírus em 0,2 gigaton. Nessa vasta categoria de espécies, os seres humanos representam menos de .06 gigaton da biomassa da Terra.[32]

Quando consideramos o corpo humano, compartilhamos boa parte de nosso ser físico com as variadas espécies de bactérias. De acordo com outro relatório do Instituto Weizman, "o número de bactérias no corpo é, na verdade, da mesma ordem que o número de células humanas, e sua massa total equivale a aproximadamente 0,2 kg".[33] Enquanto a maior parte das bactérias vive no cólon, muitas também fixam residência no estômago, na pele, na saliva, na mucosa oral e por todo o corpo. Não estamos sozinhos em nosso corpo, mas o compartilhamos com nossos parentes mais antigos, as bactérias. No sistema digestivo, as bactérias ajudam a decompor os alimentos, sobretudo as fibras vegetais. Também fornecem ao sistema digestivo vitaminas importantes, entre elas o complexo B e a vitamina K.[34] As bactérias ainda fortalecem o sistema imunológico para impedir a entrada de invasores patogênicos.[35]

A maioria das pessoas sabe que o corpo humano é coabitado por bactérias. Entretanto, há outras espécies de micro-organismos que também vivem em nosso corpo, tais como fungos, arqueas e protistas. Os pesquisadores ainda não calcularam o número de células fúngicas no corpo humano, mas é de uma magnitude menor que o de bactérias.[36] Alguns organismos fúngicos, como o *Candida albicans*, podem ser mortais em indivíduos imunocomprometidos. Esse organismo específico também tem um peso significativo em doenças do estômago, do canal vaginal e da boca. *Cryptococcus neoformans* nos pulmões podem crescer e florescer, constituindo-se em doenças que ameaçam a vida. *Pneumocystis* pode causar pneumonia em indivíduos imunocomprometidos. Outras espécies de fungos também têm importância na manutenção da saúde física geral. *Saccharomyces cerevisiae var.boularddi*, um probiótico, ajuda a aliviar a gastroenterite em algumas pessoas.[37] Um estudo recente detectou 101 espécies diferentes de fungos em uma amostra de seres humanos, cada indivíduo sendo hospedeiro de algo entre 9 e 23 espécies, entre elas, a *Cladosporium*, que desencadeia a asma, e a *Aureobasidium*, que pode causar infecções fúngicas em pacientes com órgãos transplantados.[38]

Talvez a arquea seja o micro-organismo menos conhecido e estudado do corpo. Arqueas são organismos unicelulares sem núcleo e classificados como procariontes. Estudos recentes encontraram arqueas presentes no trato gastrointestinal humano, bem como na pele, nos pulmões e no nariz. Até agora, quatro espécies de arqueas metanogênicas foram cultivadas fora do corpo humano. Mais de 96% das pessoas carregam *Methanobrevibacter smithii* no abdômen. Outro tipo delas, a *Methanosphaera stadtmanae*, aparece em cerca de 30% dos indivíduos testados. A *Methanomassiliicoccus luminyensis* é menos comum e ocorre em cerca de 4% das pessoas.[39]

As arqueas existem no cólon humano e são suspeitas de contribuírem para a obesidade. Outros estudos sugerem que estão relacionadas com constipação crônica. Também podem indicar doença cardiovascular e ter relação com doenças periodontais.[40] A presença de arqueas por todo o corpo humano sugere que elas têm um papel importante nos processos regulatórios de nossa fisiologia.

Protistas também são abundantes em nosso corpo. Esses organismos eucariontes contêm um núcleo unicelular, mas não são como animais, plantas ou fungos e formam uma categoria separada de vida. Entre os protistas encontram-se *Plasmodium*, amebas, ciliados e *Giardia*. Protistas livres na natureza ocupam ambientes que contenham água e constituem uma porção significativa da biomassa marinha e terrestre. A alga marinha, importante componente da dieta humana, é um protista. Protistas do tipo vegetal – fitoplâncton – produzem metade do oxigênio no planeta por meio da fotossíntese.[41] Os protistas são usados na pesquisa médica e biomédica. Entre 70 e 75 espécies vivem dentro de diversas partes da anatomia humana, incluindo pele, dentes, olhos, narinas, aparelho digestivo, sistema circulatório, órgãos sexuais e tecido cerebral. Alguns protistas são virulentos e outros relativamente inofensivos.[42] Eles são responsáveis por numerosas doenças humanas fatais, como malária, disenteria amébica, tricomoníase e doença do sono.

E, por fim, os vírus. Pensamos que os vírus são invasores que penetram nosso corpo, causam doença e espalham contágio e morte, como no caso do vírus da Covid-19. Karin Mölling, do Instituto Max Plant de Genética Molecular, explica em um artigo intitulado "Vírus são mais amigos que inimigos" que eles são "as espécies mais bem-sucedidas na Terra [...] habitam o solo, os oceanos, o ar, o corpo humano e até nosso genoma". Embora os vírus pertençam a uma categoria geral de patógenos, e sejam logo identificados como doenças mortais como ebola, SARS, HIV, Aids, zika e MERS, Mölling nos alerta que "os vírus, na maioria dos casos, não são inimigos ou matadores, mas sim importantes na origem, no desenvolvimento e na manutenção da vida de todas as espécies do planeta".

Ela esclarece também que "os vírus construíram nossa imunidade: eles nos protegem contra vírus [...] são os que nos impulsionam à evolução e adaptação às mudanças ambientais".[43]

Apesar dos 38 trilhões de bactérias que vivem dentro de nós, esse número é baixo se comparado com os 380 trilhões de vírus que habitam nosso corpo, uma comunidade dinâmica tão onipresente e diversificada que recebe o nome formal de "viroma humano".[44] Felizmente, embora muitos desses vírus não sejam prejudiciais, o fato é que, apesar de os cientistas saberem muito a respeito das variadas espécies de bactérias e suas funções no corpo humano, há pouca informação sobre a influência deles na regulação ou desestabilização da saúde humana.

Os vírus habitam todos os espaços do corpo humano. Estão no sangue, nos pulmões, pele, urina e em quase todo o resto. Eles vivem para matar as bactérias. Essa é sua única missão na vida. Os cientistas já voltaram a atenção para os vírus no viroma humano em busca de pistas sobre como alguns deles protegem os seres humanos de bactérias causadoras de doenças, em especial as que desencadeiam infecções sérias e mortais e se tornam cada vez mais resilientes à maioria dos antibióticos.[45] Uma empreitada dificílima hoje em dia é desvendar todas as numerosas relações que afetam a coexistência com trilhões de bactérias e um número muito maior de vírus no corpo humano, com o objetivo de descobrir novos meios de evitar doenças de origem bacteriana.

Se somarmos todas essas espécies coabitantes de nosso corpo, veremos que as células humanas compõem apenas 43% de toda a contagem celular do corpo. Os outros 57% das células vêm dos micro-organismos que vivem dentro de nós. Se quiséssemos ser mais específicos e avaliar a constituição do ser humano no nível genômico, descobriríamos que cada um de nós é composto de vinte mil genes fornecedores das instruções que compõem nossa estrutura fisiológica, enquanto os genes correspondentes à totalidade de micro-organismos que habitam o mesmo espaço humano são da ordem de dois a vinte milhões.[46]

O microbiologista Sarkis Mazmanian, da Caltech, nos informa de algo que nunca consideramos antes: biologicamente falando, "não temos só um genoma [...] os genes de nosso microbioma apresentam, na verdade, um segundo genoma que suplementa a atividade do primeiro", e acrescenta que "o que nos faz humanos, em minha opinião, é a mistura de nosso DNA e o DNA dos micróbios de nossas entranhas".[47]

Com base em uma perspectiva biológica, a parte humana do que consideramos um ser humano corresponde a menos que metade de nosso corpo, o que nos leva a refletir sobre se deveríamos considerar nossa espécie uma quimera, pois de certo modo é isso que ela é. Por mais perturbadora que pareça essa ideia perante a crença enraizada de que os seres humanos são espécimes únicos na família das espécies, a realidade científica é muito mais complicada. O doutor Prabarna Ganguly, do Instituto Nacional de Pesquisa de Genoma dos Institutos Nacionais de Saúde (NIH), oferece um novo paradigma do que constitui um ser humano:

> Existe um reino colossal, porém invisível, de micróbios presentes em nosso corpo. Pequeno, apesar de incrivelmente poderoso, esses milhares de espécies e trilhões de habitantes vivem em todas as partes de nosso corpo e compõem o diversificado microbioma humano. Esses microbiomas apoiam e mantêm nossa saúde, mas, se perturbados de alguma maneira, eles também se tornam responsáveis por centenas de moléstias como câncer e doenças cardiovasculares. [...] Os pesquisadores ainda não sabem se uma mudança em uma comunidade microbial provoca doença ou se a comunidade microbial muda em resposta ao desenvolvimento de uma doença.[48]

Em 2014, o Projeto Microbioma Humano (HMP) dos Institutos Nacionais de Saúde foi lançado com o propósito de caracterizar os tipos de micróbios que vivem no corpo humano e descrever a participação deles na coreografia da vida humana. Até aquele momento, pouco se sabia da onipresença de outras formas de vida que coabitavam o corpo humano, e muitos dos micróbios vivendo dentro de nós ainda não tinham sido identificados e caracterizados.

O Projeto Microbioma Humano foi a primeira vez que uma instituição científica de renome mundial, a divisão-chefe de pesquisa médica do governo dos Estados Unidos, reconheceu o corpo humano como um bioma (bioma significa "comunidade grande e natural de flora e fauna ocupando um *habitat* significativo").[49] Ao reconhecer que o corpo humano – e, por extensão, os corpos de outras espécies – é um microbioma, o NIH afirmou formalmente que a espécie humana e cada ser humano individual são ecossistemas. Um ecossistema é "uma comunidade biológica de organismos interagentes e seu ambiente físico".[50] A redefinição da fisiologia humana como microbioma é um evento histórico ainda não plenamente compreendido. Os líderes do projeto descrevem a iniciativa:

> O HMP tratará de algumas das questões científicas mais inspiradoras, intrigantes e fundamentais da atualidade. Importante também é o fato de ele ter o potencial de derrubar as barreiras artificiais entre microbiologia médica e microbiologia ambiental. [...] As questões em torno do microbioma humano são novas somente em termos do sistema a que se aplicam. Há décadas, questões semelhantes inspiram e intrigam os ecologistas que trabalham com ecossistemas em macroescala.[51]

A revelação científica de que todo ser humano é um bioma e, por inferência, os ecossistemas do planeta não param nos limites físicos da espécie humana, mas descem até o microbioma de todo indivíduo, assinala o surgimento do Eu ecológico. Somos todos biomas que se estendem até os confins de nosso ser e se espalham às bordas da biosfera e até além dela. A nova mudança de paradigma na natureza do que constitui um ser humano já começa a mudar o modo como os pesquisadores lidam com as doenças e cuidam da saúde dos pacientes.

O professor Rob Knight, da Universidade da Califórnia em San Diego, esclarece que "essas minúsculas criaturas transformam nossa saúde de uma maneira que nunca imaginávamos até recentemente".[52] Os pesquisadores têm explorado o papel dos micróbios na digestão do microbioma humano, que regulam o sistema imunológico, protegem contra doenças e fabricam vitaminas vitais. O doutor Knight e outros creem que o monitoramento do microbioma se tornará uma prática médica padronizada, e passaremos a ver as fezes humanas como "depósito de lixo de dados" com informações de DNA microbial, que podem ser minerados para avaliarmos o estado de saúde ou doença do paciente.

O doutor Trevor Lawley do Instituto Wellcome Sanger diz que não é exagero pensarmos que, no futuro, as curas para doenças e os meios de promover saúde dependerão de prescrições de dez a quinze criaturas que devem ser injetadas no microbioma do paciente.[53]

O que salta aos olhos hoje, embora tenha sido ignorado por tanto tempo, é que o interior do ser humano e de todas as criaturas que compartilham nosso mundo é simplesmente uma extensão dos biomas, ecossistemas e esferas que possibilitam a existência de um planeta repleto de vida. Cada criatura e cada célula nele são sistemas abertos envoltos em membranas semipermeáveis, permitindo que os elementos dos sistemas da terra sejam filtrados e sustentem os padrões de vida. A mera ideia de uma Terra repleta de estruturas fixas é uma incoerência. Ilya Prigogine sintetiza isso muito bem ao explicar que na biologia, assim como na química, o que identificamos como coisas são, na verdade, processos. Todo ser vivo é um sistema dissipativo cuja transformação depende de ele se alimentar da energia disponível na Terra com a consequência de sempre aumentar o desperdício entrópico.

Mas certamente, nem tudo é um padrão de atividade. E quanto às rochas sólidas que compõem grande parte da fisicalidade da terra? Claro que elas não se enquadram na ideia de que tudo é um padrão evolutivo, em vez de uma coisa fixa. Engano, pois se enquadram, sim. Lembremonos da observação de Bertalanffy: "O que chamamos de estruturas são processos lentos de longa duração, [enquanto] as funções são processos rápidos de curta duração".[54] À primeira vista, deslumbramo-nos com as grandes cordilheiras como os Alpes, Himalaias, Montanhas Rochosas e Andes. A magnificência delas desperta um sentimento de estupefação e o isolamento evoca o sublime. Conforta-nos a presença eterna das montanhas. Infelizmente, nossa experiência é uma ilusão. Essas estruturas aparentemente inertes estão sempre em movimento. Elas também são padrões de atividade que se metamorfoseiam com o tempo.

Se pudéssemos assistir a um filme em câmara rápida e focar no monte Everest na passagem de milhões de anos, testemunharíamos seus padrões evoluindo a cada momento. Qualquer pessoa que tenha estudado geologia aprendeu a respeito das grandes mudanças na crosta da terra com o passar do tempo. Por exemplo, 320 milhões de anos atrás, existia um único supercontinente, chamado Pangeia, cercado pelos grandes oceanos. E começou a se fragmentar cem milhões de anos atrás, até se tornar as massas continentais que conhecemos hoje.[55] Mas não precisamos voltar tanto no tempo para observarmos as rochas como processos em desenvolvimento a cada instante e em tempo real.

O leitor deve se lembrar da menção no Capítulo 3 de como as rochas se desintegram em partículas cada vez menores pela ação do clima e de raízes, plantas, insetos e animais, que reduzem rocha em solo. Os minerais na rocha degradada se tornam os ingredientes essenciais do solo. As plantas absorvem os minerais, e quando comemos essas plantas, eles se transferem para nosso corpo. Dois desses minerais, fósforo e cálcio, são elementos que compõem o esqueleto e os dentes. De igual importância, as membranas semipermeáveis que envolvem cada célula e funcionam como porteiros, eliminando a entrada de nutrientes e expulsando lixo entrópico, também são feitas de fósforo.[56]

Na verdade, somos compostos parcialmente de minerais de rochas com funções vitais na manutenção de processos que sustentam nosso padrão de transformação. Essas lascas de pedra fizeram uma jornada lenta, ao longo de eras distantes, até entrarem no ecossistema humano e, de lá, prosseguirão viagem a outros lugares.

Cada um de nós é um padrão no qual agentes múltiplos que funcionam em diversas épocas e escalas se tornam participantes de nosso processo transformativo, mas continuam a viajar e participar de outros padrões. Contudo, a história não para aí. Há dois outros agentes principais que ajudam a orquestrar todos os padrões de todas as espécies no planeta: relógios biológicos e campos eletromagnéticos, que, juntos, mostram os elos perdidos cruciais de como a vida evoluiu em meio a vários outros agentes na Terra – um assunto que estudaremos agora.

8

Uma nova história da origem:

Os relógios biológicos e campos eletromagnéticos que ajudam a sincronizar e moldar a vida

Diz a lenda que no dia 28 de fevereiro de 1953, o Eagle Pub, um barzinho frequentado pelo corpo docente e pelos alunos da Universidade de Cambridge, Inglaterra, recebeu a visita súbita de dois cientistas pesquisadores. O senhor mais velho era Francis Crick, físico britânico de 37 anos, e seu colega mais jovem era James Watson, um biólogo molecular americano de 25 anos de idade. Aos clientes do *pub*, Crick dirigiu as palavras, hoje imortalizadas: "Descobrimos o segredo da vida". Posteriormente, os dois cientistas ganhariam o Prêmio Nobel de Fisiologia ou Medicina pela descoberta da estrutura da hélice dupla do ácido desoxirribonucleico, ou DNA.[1] Mas vamos com calma. Há mais para ser contado.

RELÓGIOS BIOLÓGICOS:
os coreógrafos dos organismos

Flashback para 1729. Sabia-se que as plantas estendem as folhas durante as horas diurnas e as dobram de volta à noite. O astrônomo francês Jean-Jacques d'Ortous de Mairan, porém, estava curioso para saber se elas abririam e fechariam as folhas se colocadas em uma sala escurecida. Ele guardou uma mimosa em um armário escuro e observou que a planta continuava estendendo e recolhendo as folhas em um período de 24 horas, apesar de trancada em total escuridão, sugerindo a existência de alguma força atuante, que independia de luz para a atividade da planta.

Em 1832, o biólogo franco-suíço Augustin Pyramus de Candolle confirmou as descobertas de Mairan, mas acrescentou uma camada intrigante. Embora as experiências de Mairan eliminassem a possibilidade de a mimosa abrir e fechar as folhas apenas por causa de sua exposição à luz, Candolle achava que talvez o processo estivesse ligado à reação da planta à temperatura. Ele expôs as plantas à luz contínua e descobriu que, mesmo fora do ciclo de luz e escuridão, elas se estendiam e recolhiam a cada 22-23 horas, como "um relógio", sugerindo a existência de um relógio interno.[2]

Nos anos 1960, Curt Richter, da Universidade John Hopkins, tentou romper o ciclo circadiano de ratos em uma série de experimentos cruéis, submetendo-os a congelamento, dando-lhes choques com correntes elétricas, cegando-os, detendo seus batimentos cardíacos e até removendo partes do cérebro deles. Eles continuaram a exibir o ciclo de atividade circadiana de 24 horas.[3]

Ueli Schibler, cronobiologista na Universidade de Genebra, Suíça, descreve como os relógios biológicos supervisionam o padrão temporal das espécies mamíferas:

> Na maioria dos mamíferos, os processos fisiológicos sofrem oscilações diárias que são controladas pelo sistema circadiano de contar o tempo. Esse sistema consiste em um marca-passo mestre localizado no núcleo supraquiasmático (NSQ) e osciladores periféricos em quase todas as células do corpo. O NSQ, cuja fase é marcada por ciclos diários de claro e escuro, impõe ritmos explícitos ao comportamento e à fisiologia, por meio de uma variedade de resultados neuronais, humorais e físicos. Enquanto alguns desses resultados de NSQ têm consequências diretas para o comportamento circadiano, outros

servem como entradas para sincronizar os incontáveis osciladores circadianos nos tipos de células periféricas. Ciclos diários de alimentação e jejum são os principais *Zeitgebers* (determinadores de tempo) para a sincronização de osciladores em muitos órgãos periféricos.[4]

Embora já se saiba dos códigos do DNA para os relógios biológicos circadianos, eles não são a única fonte. Em janeiro de 2011, a revista *Nature* publicou um estudo conduzido por John S. O'Neill e Akhilesh B. Reddy, do Departamento de Neurociências Clínicas dos Laboratórios de Pesquisa Metabólica da Universidade de Cambridge, intitulado "Relógios circadianos nos glóbulos vermelhos humanos". O estudo utilizou especificamente glóbulos vermelhos humanos por não possuírem núcleo e, portanto, não terem a presença de DNA. Entretanto, os pesquisadores detectaram um forte ritmo circadiano de cerca de 24 horas em ação nas células.

Isso significa que o ritmo circadiano devia ser gerado pelo citoplasma. Esse estudo e outros semelhantes não sugerem a inexistência de relógios de DNA. Eles existem e já foram meticulosamente identificados e catalogados nos reinos animal e vegetal. O que o estudo indica é que os genes não são a única fonte de relógios do corpo, como pensavam os defensores da síntese neodarwiniana.[5]

Os relógios internos do corpo se ajustam de modo contínuo aos estímulos circadianos, em particular os ciclos de luz e escuridão e as mudanças de frio e quente. A capacidade de prever mudanças no ambiente externo e reagir a elas é vital para a manutenção de um organismo saudável. Durante uma fase ativa, sobretudo na coleta e caça por comida, um organismo requer prontidão temporal para desencadear reações de luta ou fuga. Programar e organizar a digestão, as funções do sistema imunológico e a regeneração são processos que ocorrem durante o repouso, e os ciclos de sono exigem uma organização e prática temporais totalmente diversas. Além disso, há todas as outras atividades internas em constante ajuste a mudanças do ambiente externo no decorrer de um dia circadiano que precisam de contínua administração e sincronização temporal, entre elas ritmo cardíaco, níveis de hormônio e outros semelhantes.

Um espectro acumulado de evidências também associa as doenças humanas com a dessincronização dos relógios biológicos. Consideremos, por exemplo, a luz artificial. Por duzentos mil anos ou mais, a espécie humana e outras criaturas viveram basicamente com luz natural direta do sol ou indireta, por meio de seu reflexo sobre a lua. Hoje, a iluminação elétrica criou a luz do dia nas horas noturnas, submetendo milhões de pessoas a um sono interrompido e afetando milhões de outras que trabalham à noite.

Gerações inteiras vivendo em densos ambientes urbanos parcialmente iluminados 24 horas por dia jamais observaram o universo estrelado e as nove galáxias visíveis a olho nu em um céu escuro.[6] É triste saber que a mais nova atração na indústria de viagem e turismo é levar os turistas em um avião até os poucos "parques com céu escuro" nos escassos locais da Terra que ainda oferecem a experiência da maravilha do universo.

Novos estudos em anos recentes mostram que a luz artificial à noite desregula nossos relógios biológicos por suprimir a produção de melatonina pineal, o que pode aumentar o risco de câncer de próstata e de mama.[7] Outras pesquisas sobre o transtorno de déficit de atenção e hiperatividade nos adultos constatam que o problema está associado com a dificuldade para dormir, que pode exacerbar a doença.[8] Uma avalanche de relatórios de pesquisa documentou que trabalhadores em turnos têm índices mais altos de doença cardíaca, diabetes, infecções e câncer. Fato igualmente alarmante é que numerosos estudos sugerem que um sistema circadiano prejudicado contribui para desencadear transtornos psiquiátricos sérios, entre eles, esquizofrenia e transtorno afetivo bipolar.[9]

Essas e outras descobertas indicam a origem de um número maior de doenças humanas no relógio mestre circadiano, localizado no núcleo supraquiasmático do cérebro. Russell Foster, professor de Neurociência Circadiana na Universidade de Oxford, sugere que a profunda relação entre uma série de doenças graves e o ciclo de vigília circadiano "representa uma oportunidade verdadeiramente extraordinária para o desenvolvimento de novos tratamentos e intervenções com base em evidências que transformarão a saúde e a qualidade de vida de milhões de indivíduos afetados por um vasto escopo de doenças".[10] Infelizmente, distúrbios relacionados ao tempo quase não são abordados em cursos de Medicina.

Os cientistas descobriram, além disso, que as espécies também possuem relógios internos sincronizados com os ciclos lunares e das marés, e os ciclos circanuais. Por exemplo, o verme palola se reproduz somente em marés mortas no último quarto da Lua, em outubro e novembro.[11] Kenneth C. Fisher e Eric T. Pengelley colocaram um esquilo em uma sala sem janela e o deixaram no ponto de congelamento. O esquilo manteve a temperatura corporal em 37 graus Celsius e, na hora certa, quando chegou outubro, parou de comer e beber e começou a hibernar, como teria feito ao ar livre, para depois retomar sua atividade normal, como faria na primavera.[12]

Além dos ritmos circadianos, lunares, de maré e circanuais, os cientistas descobriram ritmos ultradianos. Eles ocorrem em um ciclo de 24 horas e variam de duração; por exemplo, um ritmo de batimento cardíaco que dure menos de um segundo. O que sabemos hoje é que centenas de processos na espécie animal – não tantos na vegetal – capazes de manter os padrões dissipativos de seus corpos dependem por completo de relógios biológicos endógenos que operam em cada célula, todos sincronizados em uma sinfonia sofisticada que chamamos de "ser", ou, para sermos mais exatos, de "vir a ser", isto é, uma transformação.

O microbiologista David Lloyd, da Faculdade de Biociências de Cardiff, no Reino Unido, sintetiza o atual estado de nosso conhecimento científico sobre a função primária dos relógios endógenos dizendo que "a contagem estrita de tempo é intrínseca ao controle coordenado de nossa função bioquímica, fisiológica e comportamental, bem como ao nosso estado de espírito e à vitalidade".[13]

Os relógios ultradianos mais comuns são denominados circa-horalianos. Nossa espécie tem um ritmo básico de atividade/repouso bem documentado de aproximadamente 90 minutos.[14] Meio século atrás,

Nathaniel Kleitman, psicólogo norte-americano da Universidade de Chicago, descobriu que os seres humanos se ajustam temporariamente a uma atividade que exija concentração por 90 minutos, quando então vem o repouso.

Ritmos ultradianos programam as rotinas diárias do padrão de atividades de cada espécie, tais como "sincronizar os processos compatíveis e impedir a ativação simultânea de processos incompatíveis; preparar sistemas biológicos para reagir a estímulos como a comunicação entre as células e a manutenção da integridade e do alerta neuronal; interagir com ritmos circadianos".[15]

Os ritmos ultradianos, por exemplo, coordenam a contagem de tempo do ciclo ovariano e sincronizam a atividade reprodutiva que muda tanto no ambiente interno quanto no externo.[16] Ritmos ultradianos alertam um organismo de ameaças de um ataque de um predador, aumentando a temperatura do corpo e organizando as fases de reação e resposta.

Um dos papéis mais importantes dos relógios biológicos é sincronizar as funções em andamento durante um período de 24 horas. Por exemplo, o espaço na célula, e até em um órgão, é muito limitado e, portanto, precisa de compartimentalização temporal para garantir que cada atividade tenha o tempo devido na ordem certa.[17] Maximilian Moser, do Instituto de Fisiologia da Universidade Médica de Graz, enfatiza o papel central da programação de tempo na manutenção dos padrões de atividade de um organismo: "A compartimentalização temporal permite que eventos polares ocorram na mesma unidade de espaço: há polaridades no universo de nosso corpo que não podem acontecer simultaneamente. Sístole e diástole, inspiração e expiração, trabalho e descanso, vigília e sono, estados redutivos e oxidativos não podem ser executados [...] ao mesmo tempo e no mesmo espaço".[18]

Os relógios biológicos nos ensinam que uma célula saudável permanece em sincronia com seus relógios biológicos e os processos metabólicos destes. Ou seja, a célula segue o tempo designado pelos relógios ultradianos e circadianos para executar cada função metabólica. Em suma, quanto à dinâmica interna de cada organismo, a contagem de tempo é determinada para cada função em um ciclo circadiano de 24 horas e assegura o funcionamento apropriado do organismo como um todo.

Embora a descoberta do maior distanciamento e isolamento do ciclo circadiano de dia e noite, pelo qual nossa espécie foi capaz de assegurar seu padrão de existência, seja preocupante, uma calamidade muito maior está se formando no reino vivo, da qual não haverá escapatória se não agirmos logo.

Eis o problema. Existem outros relógios biológicos pré-programados específicos embutidos em cada célula de todo organismo que permite o florescimento de espécies, possibilitando-lhes prever iminentes mudanças sazonais e preparar a resposta apropriada. Esses outros ritmos que ajustam cada espécie às mudanças sazonais são chamados de fotoperiodismo, e medem a duração da luz diurna como estímulo para marcar o tempo de eventos sazonais, entre eles os melhores momentos para migrar, coletar e caçar comida, reproduzir, dormir e acordar.

Se, por exemplo, um animal estiver no local errado à hora errada, corre risco de predação por parte dos concorrentes. Ou, se uma espécie chegar muito cedo ou muito tarde a um novo *habitat*, pode perder oportunidades de coleta e caça, ou o momento ideal de reproduzir ou migrar, ou hibernar, reduzindo assim suas chances de sobrevivência. Todas essas atividades devem ocorrer na hora certa; do contrário, limitam outras opções futuras que viriam na sequência, como armazenar para o período de hibernação ou trocar de penas na preparação para voos migratórios. O dilema é que as esferas da Terra estão se restaurando radicalmente em meio à mudança climática, o que força uma interrupção nos ritmos biológicos internos que orientam toda a espécie para as mudanças de estação.

Assim como o NSQ regula os relógios circadianos, permitindo ao organismo seguir o ciclo de 24 horas de sono/vigília, ele também controla o alinhamento das mudanças sazonais no organismo quando produz um sinal neural da duração do dia. O psiquiatra Thomas A. Wehr, cientista pesquisador emérito do Instituto Nacional de Saúde Mental, explica que "o sinal das horas do dia é codificado reciprocamente na duração da secreção noturna de melatonina, mais longa no inverno e mais curta no verão. Locais que respondem ao sinal de melatonina induzem mudanças de comportamento e fisiologia, programados para ocorrer na estação indicada pela duração do sinal".[19]

Para quem afirma sentir uma mudança em sua fisiologia e humor durante a mudança das estações, por exemplo, o transtorno afetivo sazonal (TAS), um sentimento de tristeza, depressão e cansaço nos meses de inverno por conta das horas de luz mais curtas, essa experiência não é pura imaginação, mas ocorre de fato.

Wehr observa que "quase todos os elementos dos substratos anatômicos e moleculares das respostas sazonais fotoperiódicas em macacos e outros mamíferos foram encontrados em humanos".[20] Pesquisadores da área sugerem que as respostas humanas às mudanças de estação provavelmente foram inibidas nos tempos da era industrial, à medida que a espécie humana se recolhia em ambientes mais artificiais.

O medo crescente dos cientistas do clima, biólogos e ecologistas é que os padrões sazonais relativamente confiáveis que caracterizaram o clima da Terra nos últimos 11.700 anos do Holoceno estejam mudando de maneira dramática por causa do aquecimento global. Por causa do caos criado em ecossistemas locais pelas alterações no ciclo hidrológico provocadas por mudança climática, com eventos climáticos mais imprevisíveis, o fotoperiodismo herdado das espécies e condicionado a um regime de clima mutável e imprevisível já põe em risco todas as espécies.

Em suma, nossa espécie e as outras criaturas do planeta são fisiologicamente equipadas com um labirinto de relógios biológicos que a cada momento ajustam toda célula, tecido e órgão aos ritmos circadianos, lunares, sazonais e circanuais atrelados à rotação da Terra a cada 24 horas e sua passagem ao redor do Sol a cada 365 dias. Relógios ultradianos coreografam em um organismo os processos internos diários que lhe permitem sobreviver. Outros relógios biológicos que medem a duração do dia permitem a uma espécie ajustar-se às mudanças sazonais para fins de sobrevivência e florescimento. Todos esses relógios biológicos são prova de que a espécie humana e todas as espécies que compartilham conosco o planeta são, em essência, padrões temporais que lhes possibilitam o ajuste contínuo aos ritmos de múltiplos agentes em um planeta vivo e dinâmico.

O comunicado do comitê do Nobel foi feito às 5h10 em um dia de outubro de 2017. Quando ouviu o telefone tocar antes do nascer do sol, o doutor Michael Rosbash, professor de Biologia na Universidade Brandeis, disse que seu primeiro pensamento foi que alguém morrera. Ao atender e ouvir que ele era o vencedor do Prêmio Nobel de Fisiologia ou Medicina, em parceria com o doutor Jeffrey Hall, outro professor de Biologia na mesma universidade, e Michael Young, professor de Genética na Universidade Rockefeller, a primeira coisa que disse foi: "Estão brincando comigo".[21]

Se a descoberta da estrutura do DNA que contém o código e as instruções para fazer um organismo significou um marco na história da ciência, não menos importante foi o reconhecimento, por parte do comitê do Nobel, do trabalho desses três biólogos. Um mistério sem solução intrigava os biólogos por quase três séculos, desde que Jean-Jacques d'Ortous de Mairan descobriu que uma mimosa abria e fechava suas folhas, mesmo em uma sala fechada, em um período de 24 horas.

Muito depois, em 1971, o neurocientista americano Seymor Benzer e seu aluno Ronald Konopka observaram acidentalmente que um grupo de moscas-de-fruta mutantes parecia ter relógios internos defeituosos. Eles conseguiram apurar que isso se devia a um gene específico que os dois denominaram gene de "período", ou PER.[22] Em 1984, Hall e Rosbash começaram a estudar o gene de período. Tinham um interesse particular pela proteína que o corpo produz a partir do gene PER. Descobriram que a proteína cresce na célula durante as horas noturnas e se decompõe nas horas diurnas. A proteína do gene PER subia e descia como um relógio a cada 24 horas. Eureca! Os dois descobriram o primeiro relógio biológico, mas muitos apareceriam depois.

Em 1994, Young descobriu um segundo relógio no corpo, chamado de TIM. Quando as proteínas do TIM se juntam às do PER nas células, grudam-se e entram no núcleo, onde anulam o gene de período. No fim dos anos 1990, outros cientistas descobriram mais relógios biológicos, e isso continua até hoje.

Ao entregar o prêmio, o comitê do Nobel comentou que "com belíssima precisão, nossos relógios interiores adaptam nossa fisiologia às fases dramaticamente diferentes do dia", e com isso, "o relógio regula funções cruciais como comportamento, níveis de hormônios, sono, temperatura do corpo e metabolismo".[23] Como se esperava, o comitê do Nobel enfatizou as implicações práticas de saúde na descoberta dos relógios biológicos. Deixou de mencionar a importância mais fundamental da descoberta: que todo ser vivo é um padrão dissipativo, com um vaivém perpétuo de átomos, moléculas, células e órgãos, e esse padrão é mantido por meio de uma rede de relógios biológicos interconectados de forma intricada, algo que mal começamos a entender.

Suponho que, quando as futuras gerações de estudantes aprenderem biologia, igual importância será dada às descobertas científicas da natureza temporal da vida, bem como às instruções gerais carregadas pelos genes. Quando as crianças crescerem pensando na vida como padrões temporais que interagem com as esferas da Terra e sua rotação diária, a mudança das estações e a passagem anual do planeta em torno do Sol, serão confortadas pela noção de que nossa espécie não é autônoma nem única, mas sim um padrão dentro de padrões, todos interconectados e mutualmente dependentes em uma Terra indivisível.

Embora os relógios biológicos orquestrem o padrão interno de atividade de cada criatura e sincronizem sua relação com os ritmos circadianos, lunares, sazonais e circanuais da terra, existe ainda outra força que, só agora descobrimos, desempenha papel crucial no estabelecimento do padrão temporal e espacial de cada espécie: os campos eletromagnéticos.

OS ARQUITETOS DA VIDA:
campos eletromagnéticos e padrões biológicos

Rütger Wever era um físico obscuro que trabalhava no famoso Instituto Max Planck em Munique, Alemanha. Em 1964, ele instalou um *bunker* subterrâneo com duas salas experimentais isoladas de todos os estímulos ambientais externos – luz do sol, correntes de vento, chuva, som etc. Abasteceu as salas com comida, água e instalações confortáveis que permitissem aos voluntários ficar em isolamento por até dois meses, um grupo por vez. Uma das salas experimentais tinha um escudo elétrico por cima que reduzia os ritmos eletromagnéticos do mundo exterior em 99%.[24]

Todos os ritmos cotidianos dos voluntários eram monitorados 24 horas por dia: temperatura, ciclos de vigília/sono, excreção urinária e outras atividades fisiológicas. A cada dia, de 1964 a 1989, Wever monitorou voluntários em mais de 450 experimentos, sob todo tipo de condição concebível, e sintetizou seus dados finais em 1992 em um estudo intitulado "Princípios básicos de ritmos circadianos humanos".[25]

Foi isto o que ele constatou: no *bunker* sem escudo isolado da luz do Sol, mas ainda exposto a campos eletromagnéticos exógenos, o sono circadiano e os padrões de vigília caíram apenas um pouco, em uma média de 24,6 horas. Entretanto, na sala com escudo que a isolava do campo eletromagnético exterior, o ciclo circadiano diminuiu de modo considerável, com mais dessincronização fisiológica irregular. Na verdade, os indivíduos completamente isolados do campo eletromagnético não só perdiam de uma vez por todas seu ritmo circadiano, mas também começavam a cambalear em direção à perda do acompanhamento temporal em diversas funções metabólicas.

Em alguns experimentos, Weber pulsava ritmos elétricos e magnéticos artificiais na sala com o campo eletromagnético ainda em volta. E, então, aconteceu. Em determinado momento, um campo eletromagnético muito fraco de 10 hertz foi introduzido na sala isolada do eletromagnetismo, e logo restaurou o ritmo circadiano dos voluntários, mostrando, pela primeira vez, que um campo eletromagnético exógeno influencia a regulação dos relógios circadianos dos seres humanos.[26]

James Clerk Maxwell foi o primeiro a propor uma teoria formal do funcionamento dos campos eletromagnéticos que cobrem a terra. Ele estabeleceu a base para a física moderna no século XX e definiu as diretrizes para uma nova explicação sobre a natureza da existência que eclipsaria a física de Newton como paradigma científico dominante e também filosófico.

Na década de 1860, Maxwell redigiu seus dois textos mais influentes, teorizando que a Terra era animada pelo que ele denominou um "campo eletromagnético". A contribuição de Maxwell consistiu em demonstrar, por meio de uma série de equações, que a velocidade de um campo eletromagnético é aproximadamente a mesma que a da luz e, portanto: "Não podemos deixar de concluir que a luz consiste nas ondulações transversas do mesmo meio que é a causa dos fenômenos elétricos e magnéticos... A concordância dos resultados parece mostrar que a luz e o magnetismo são inclinações da mesma substância, e que a luz é uma perturbação eletromagnética propagada através do campo de acordo com leis eletromagnéticas".[27]

Sua obra-prima, *Tratado sobre eletricidade e magnetismo*, foi publicada em 1873 e abriu o caminho que levaria à teoria da relatividade especial de Albert Einstein no século XX.

Os campos eletromagnéticos são cruciais para o funcionamento do universo e para a vida na Terra. O núcleo da Terra é feito de uma mistura de níquel e ferro derretidos que constituem um ímã. Seu campo magnético é carregado por eletricidade que flui dentro do núcleo derretido. Essas correntes poderosas se estendem por centenas de milhas a velocidades de milhares de milhas por hora, no compasso da rotação do planeta. Os campos magnéticos saem do núcleo, atravessam a crosta terrestre e entram na atmosfera.[28]

A parte do campo magnético da Terra que entra no espaço exterior é chamada de magnetosfera, e sua função vital é criar camadas de plasma magnético que servem de escudo para nos proteger da radiação de partículas solares e cósmicas e impedir os ventos solares de varrer a atmosfera, que é indispensável para manter a vida na Terra.[29]

A teoria dos campos eletromagnéticos de Maxwell iniciou um novo modo de ver a física e inspirou todas as descobertas nessa área desde então. Entretanto, foram implicações cosmológicas mais profundas que tocaram uma parte nevrálgica, com Alfred North Whitehead, no século XX. Como citamos no Capítulo 7, Whitehead se incomodava com a insistência de Newton de que a natureza é composta apenas de partes autônomas e isoladas de matéria presentes em uma localização atemporal, e ele encontrou uma alma gêmea intelectual em Maxwell e sua teoria dos campos eletromagnéticos.

Whitehead percebeu que essa teoria "envolve o abandono completo da noção de que a simples localização é o modo primário como as coisas são envolvidas no espaço-tempo", pois sugere que, "em certo sentido, tudo se encontra em todo lugar o tempo todo".[30] Whitehead escreveu essas palavras em 1926 em seu livro *A ciência e o mundo moderno*. Em 1934, os pensamentos de Whitehead em torno da importância ontológica da teoria dos campos eletromagnéticos de Maxwell já tinha amadurecido e se tornado uma filosofia plenamente desenvolvida que hoje dá nova forma à compreensão da vida como padrões temporais. Em *Natureza e vida*, ele considera a relevância que os campos eletromagnéticos podem ter para repensarmos a natureza da existência. Escreveu que o eletromagnetismo nos mostra o seguinte:

> Os conceitos fundamentais são atividade e processo. [...] A noção de isolamento autossuficiente não é exemplificada na física moderna. Não há atividades essencialmente autocontidas em regiões limitadas. [...] A Natureza é um teatro para as inter-relações de atividades. Todas as coisas mudam, as atividades e suas inter-relações. [...] No lugar da procissão de formas [espaciais] (de partes de matéria externamente relacionadas), a física moderna colocou a noção das formas de

processo. Com isso, ela substituiu espaço e matéria pelo estudo das relações internas dentro de um estado complexo de atividade.[31]

Whitehead estava convencido da proximidade da natureza ou do que ele chamava de "intimidade das coisas". No mundo de Whitehead, "cada acontecimento é um fato na natureza de todos os outros acontecimentos".[32] Ele estava na pista certa, mas era incapaz de traduzir a física fria da teoria do campo eletromagnético para o mundo quente da biologia e da vida, e, assim, *não* deu uma solução à própria intuição sobre o significado da vida.

Nas mesmas décadas em que Whitehead especulava sobre os campos físicos, um cientista russo, Alexander Gurwitsch, repensava a natureza da morfogênese, o processo biológico que causa "a formação de um organismo por processos embriológicos de diferenciação de células, tecidos e órgãos".[33] Em 1922, Gurwitsch apresentou pela primeira vez o conceito de um campo biológico para descrever o processo pelo qual um organismo desenvolve configuração e forma. Mas foi só nos anos 1940 que ele desenvolveu uma teoria de campo biológico plenamente articulada. Gurwitsch afirmava que:

> Uma célula cria um campo ao seu redor: ou seja, o campo se estende para fora da célula até o espaço extracelular. [...] Portanto, a qualquer momento... em um grupo de células existe um único campo constituído de todos os campos celulares individuais. [...] O campo utiliza a energia liberada durante as reações químicas exotérmicas nos sistemas vivos para dotar as moléculas (proteínas, peptídeos, etc.) de movimento ordeiro e direcionado. [...] Uma fonte pontual do campo de uma célula coincide com o centro do núcleo; portanto, o campo é radial.[34]

A teoria do campo biológico de Gurwitsch ainda se baseava na crença convencional de que o campo era atrelado a componentes elementais, e que, quando um embrião se configurava, cada estágio era derivado do estágio anterior menos complexo, direcionado para fora a partir do centro do núcleo. Em outras palavras, não havia campo de força separado do embrião que contribuísse para estabelecer o padrão de desenvolvimento e forma final do embrião. A teoria de campo de Gurwitsch ainda encontrava-se emperrada na ideia ortodoxa do embrião que evoluía como uma coletânea de componentes – uma clássica metáfora da máquina, apenas com uma leve pitada da teoria dos campos.

Outros biólogos estavam mais ansiosos por explorar melhor as implicações da teoria dos campos na física, como um modo de repensar a biologia. Paul Weiss, biólogo austríaco com conhecimentos de física e engenharia médica, que lecionava na Universidade Rockefeller, tinha também a compreensão da teoria do campo eletromagnético, o conhecimento vital que possibilitaria o passo seguinte na postulação de uma teoria de campo da biologia plenamente desenvolvida. Após anos de pesquisa sobre os caminhos da biologia e a evolução das espécies, ele concluiu que "a estrutura em padrão da dinâmica do sistema como um todo coordena as atividades dos constituintes", ao contrário da noção ortodoxa de que o organismo é um aglomerado de partes separadas que, de alguma maneira, se unem em um todo funcional: a clássica metáfora da máquina.[35]

Weiss usou a face humana como ponto de partida para seu argumento. Sua pergunta era: como o rosto poderia ser montado por todos os pequenos genes que o compõem? Em vez disso, sugeria que o rosto era um padrão invisível que, de algum modo, coordenava as partes. Assim como filamentos de ferro são atraídos pela força imaterial e invisível do ímã, as células apropriadas se alinham no local correto do rosto por um campo invisível que coreografa a atividade. Em seu livro *A ciência da vida*, de 1973, Weiss descreve experimentos em que os pesquisadores apanham o broto de um membro em um embrião em desenvolvimento e o transplantam a diferentes locais dentro da bolsa. Descobriram que se o broto se desenvolvia em um membro direito ou esquerdo dependia "essencialmente de sua orientação relativa aos eixos principais do corpo, ou em termos mais corretos, do padrão axial de suas cercanias imediatas".[36]

De modo semelhante, a antena cortada de um louva-deus pode se desenvolver em outra antena ou em uma perna, dependendo da região do organismo em que for transplantada. Weiss deixa claro que "a alternativa predominante dependerá de onde o grupo de células se enquadra dentro do complexo maior".[37]

Esta pergunta, porém, ainda não tem resposta: qual é a natureza do campo biológico, e ela pode revelar o mistério maior de como surge um organismo? Uma primeira resposta especulativa apareceu após décadas de pesquisa de campo conduzida por Harold Saxton Burr, professor de anatomia que lecionou na Universidade Yale entre 1914 e 1958. Burr estudou a relação entre o desenvolvimento de organismos vivos e os campos eletromagnéticos. Publicou suas descobertas em 1972, em um livro intitulado *Blueprint for Immortality*. Ele foi o primeiro a propor, com base em pesquisa de campo, uma teoria de campo eletromagnético para a evolução da vida. Assim escreveu: "O padrão ou a organização de qualquer sistema biológico é estabelecido por um complexo campo eletrodinâmico [...]. Esse campo é elétrico no sentido físico e, por suas propriedades, associa as entidades do sistema biológico em um padrão característico".[38]

Diferentemente das especulações anteriores puramente teóricas, Burr sustentou suas afirmações após décadas de estudo de campo. Por exemplo, em um estudo conjunto com a Estação de Experimentos Agrícolas de Connecticut, ele examinou o padrão elétrico em sete espécimes de milho – quatro das sementes eram premiadas, três eram híbridas. A pesquisa mostrou "uma correlação direta entre a atividade eletrométrica das sementes e seu potencial de crescimento". Esses e outros experimentos com árvores e outros organismos que ele realizou no decorrer dos anos o levaram a sugerir que "a conclusão inevitável é que parece haver uma relação íntima entre a constituição genética e o padrão elétrico".[39]

Quanto à antiga questão em torno do que constitui determinado organismo ou espécie, Burr sugere que "a química fornece a energia, mas os fenômenos elétricos do campo eletromagnético determinam a direção em que a energia flui dentro do sistema vivo".[40]

Nas décadas subsequentes, desde que Weiss e Burr sugeriram uma redefinição parcial da teoria de Darwin e abriram espaço para a integração do código genético de um organismo e seus campos eletromagnéticos, estudos de campo e em laboratórios começaram a responder ao menos a algumas perguntas acerca da dinâmica que compõe a vida. No processo, uma nova geração de biólogos e fisiólogos começaram a unir os campos da física, química e biologia em uma nova síntese que já parece uma mudança histórica de paradigma na nossa compreensão do significado da vida e, em particular, do modo como percebemos nosso relacionamento com uma Terra vibrante, viva e em evolução.

O contragolpe da área da biologia por parte dos defensores da síntese neodarwiniana foi, na melhor das hipóteses, absolutamente desdenhoso. Em sua maior parte, eles se armaram em defesa da síntese neodarwiniana e rechaçaram os recém-chegados à disciplina que ousavam sugerir que a física, em particular com os campos eletromagnéticos endógenos e exógenos, contribuía para estabelecer padrões pelos quais células, órgãos, tecidos e corpos inteiros se organizam. Se eles reconhecessem o papel dos campos bioeletromagnéticos no desenvolvimento de um organismo, isso significaria que, embora o código genético fosse a "instrução" para criar células, órgãos, tecidos e corpos, um código eletromagnético endógeno e exógeno poderia ser o agente indispensável na orquestração de "padrões" que determinariam como os genes seriam dispostos para formar as partes do corpo e o organismo inteiro.

A relutância em considerar a nova noção radical da importância dos campos eletromagnéticos na evolução e programação da vida sofreu uma reviravolta na primeira década do século XXI. O motivo foi o surgimento de um campo promissor de ferramentas diagnósticas eletromagnéticas e terapias para doenças, aumentando as possibilidades de avanços médicos extraordinários e, assim, desafiando a antiga noção sedimentada de que quaisquer novos meios de tratar e curar doenças caem em especial no âmbito das descobertas em terapias genéticas e da medicina genômica. O uso de campos eletromagnéticos não ionizantes para tratamento médico proliferou nas últimas duas décadas. Eis uma lista parcial de algumas aplicações de campos eletromagnéticos (CEM) em uso hoje em dia ou ainda em teste: imagens por ressonância magnética (RM); tratamento de câncer; tratamento de tumores; diatermia para tratar dores musculares; estimulação do nervo vago para o tratamento de epilepsia; CEMs pulsados na cura de fratura óssea; eletroporação para aumentar a permeabilidade das membranas celulares e, assim, enviar drogas ou genes às celulares tumorosas; tratamento de condições patológicas relacionadas ao sistema nervoso; tratamento de condições neurológicas, entre elas estimulação cerebral; tratamento do mal de Parkinson e outros tremores; tratamento de dor crônica; tratamento de depressão resistente a terapias; tratamento de regeneração de nervos, enxaqueca e transtornos neurodegenerativos; tratamento de osteoartrite; cicatrização de feridas; modulação do sistema imunológico; tratamento dermatológico de lesões cancerosas e outros problemas de pele.[41]

Será que estamos perto de repensar fundamentalmente a evolução da vida na Terra? Uma série de experimentos na última década aproximou bastante a sociedade de uma nova compreensão da natureza dos sistemas vivos. Enquanto o avanço extraordinário de Watson e Crick em 1953 – a descoberta do "código genético" com a estrutura em dupla-hélice de genes – fez nascer o que alguns creem ser uma era genômica, hoje em dia uma nova geração de biólogos, em geral com conhecimentos de física e IA, está cada vez mais perto de desvendar o que chamam de "código bioelétrico". O código bioelétrico se refere a campos eletromagnéticos que permeiam toda criatura viva, e talvez contribuam para determinar a configuração, o padrão e a forma de toda célula, órgão, tecido e organismo. Um número crescente de experimentos científicos sugere que os campos eletromagnéticos podem ser "a casa de força" que estabelece o padrão e a forma de cada organismo.

Daniel Fels, do Departamento de Ciências Ambientais da Universidade da Basileia, na Suíça, oferece uma descrição sucinta de como os campos bioelétricos funcionam nos organismos:

Os CEMs têm um papel essencial na dinâmica das células. [...] CEMs internos não só oscilam dentro das células, mas também de um tecido... causando uma formação de padrões. [...] [Por exemplo], quando um esperma encontra o óvulo, a fertilização só ocorre de fato depois do que chamamos de "faísca de zinco". Somente após a ocorrência de uma enorme mudança de voltagem de membrana, associada com essa faísca de zinco, o desenvolvimento embrionário realmente começa. Essa dependência da voltagem na membrana para os processos vitais continua no desenvolvimento dos organismos multicelulares, e constitui um desencadeador de ativação dos genes e do controle epigenético, bem como de regeneração ou diferenciação de células-tronco. [...] Os campos eletromagnéticos externos ao organismo pertencem ao ambiente de células e organismos.[42]

Descobertas científicas recentes trouxeram à tona evidências estonteantes de como os campos bioelétricos operam sobre os sistemas vivos e dentro deles. Um relatório inédito produzido por Dany Adams, professora de Biologia na Faculdade Tufts de Artes e Ciências, veio a público em julho de 2011. Adams fez uma descoberta fascinante. Ela constatou que, nas fases iniciais, quando um embrião de rã está se desenvolvendo e antes de ter uma face, "um padrão para essa face aparece na superfície do embrião": uma face elétrica. O incomum é que a descoberta ocorreu por acaso. Em uma noite de setembro de 2009, Adams deixou uma câmera ligada durante a noite. Ela filmava um embrião de rã em desenvolvimento. Na manhã seguinte, ela e sua equipe assistiram a um vídeo em câmara rápida no qual um sinal bioelétrico formava um padrão elétrico de uma face se formando, que em seguida seria preenchido com matéria viva. Ela afirma:

Era diferente de tudo o que eu já vira... A imagem revelava três fases, ou cursos, de atividade bioelétrica. Primeiro, uma onda de hiperpolarização (íons negativos) cintilava em todo o embrião, coincidindo com o surgimento de cílios que possibilitam ao embrião se mover. Em seguida, apareceram padrões que combinavam com as mudanças iminentes de configuração e os domínios de expressão genética da face em desenvolvimento. Hiperpolarização brilhante marcava a formação da superfície, enquanto tanto as regiões hiperpolarizadas quanto as despolarizadas sobrepunham domínios de genes padronizadores da cabeça. Na terceira fase, ou curso, regiões localizadas de hiperpolarização se formaram, expandiram-se e desapareceram, mas sem perturbar os padrões criados na segunda fase. Ao mesmo tempo, o embrião esférico começou a se alongar.[43]

Em experimentos subsequentes, a equipe da Faculdade Tufts descobriu que se interrompesse a sinalização bioelétrica, inibindo a ductina – uma proteína que transporta íons de hidrogênio –, os embriões desenvolveriam anormalidades craniofaciais, alguns tendo dois cérebros em vez de um, e outros mandíbulas anormais e outras distorções da face.[44]

Laura Vandenberg, bolsista pós-doutoranda da equipe, assim resumiu a importância da descoberta:

> Nossa pesquisa mostra que o estado elétrico de uma célula é fundamental para o desenvolvimento. A sinalização bioelétrica parece regular uma sequência de eventos, não apenas um. [...] Os biólogos desenvolvimentistas estão acostumados a considerar as sequências em que um gene produz uma proteína que, por sua vez, leva ao desenvolvimento de um olho ou de uma boca. Mas nosso trabalho sugere que algo mais – um sinal bioelétrico – se faz necessário antes que isso aconteça.[45]

Torna-se cada vez mais claro que o reinado de 160 anos da visão darwiniana do mundo, e todas as suas encarnações, está sendo ao menos em parte ampliado por uma narrativa expandida. Isso não significa que todas as visões de Darwin e as diversas modificações, emendas e amplificações de sua teoria, surgidas desde então, devam ser descartadas.

Algumas se mostram falsas, enquanto outras continuam atuais. O que acontece é que uma compreensão muito mais complexa da vida vem à tona a cada nova descoberta pelo caminho, possibilitando decifrar o código bioelétrico.

As iniciativas científicas que se concentram na decifração do código bioelétrico estão unindo a física, a química e a biologia em uma nova síntese que aborda uma Terra animada, não em termos de analogia ou metáfora, mas sim como um organismo verificável, talvez único no universo.

Em 2014, os defensores da síntese neodarwiniana se viram sitiados pela publicação, em periódicos científicos importantes, de uma série de experimentos realizados por físicos, fisiólogos e biólogos, que desafiavam a antiga noção de que só o código genético guardava os segredos da evolução da vida. Em junho daquele ano, o periódico *Physiology* publicou uma edição especial com o título provocativo de *The Integration of Evolutionary Biology with Physiological Science* [A Integração da Biologia Evolucionária com a Ciência Fisiológica].

No editorial da edição especial, cinco cientistas de destaque ousavam perguntar se "a síntese moderna devia ser estendida ou substituída por uma estrutura explanatória nova, [e nesse caso] qual seria o papel da fisiologia no desenvolvimento dessa estrutura". Desafiavam o tema central da teoria de Darwin ao escrever que "o mecanismo de mudança aleatória seguido pela seleção tornasse apenas um dos vários mecanismos possíveis de mudança evolucionária". E foram mais longe, corajosamente desafiando a ideia da supremacia do código genético, afirmando:

> A fisiologia em um sentido geral, portanto, agora ganha o palco principal na biologia evolucionária, pois finalmente temos condições de pisar fora dos limites estreitos da Moderna Síntese, tanto conceitual quanto tecnologicamente, e assumir responsabilidade explanatória para um escopo muito mais amplo de fenômenos e padrões evolucionários através do tempo e do espaço.[46]

Charles Darwin apresentou uma teoria inédita da evolução da vida, a seleção natural, para explicar como as espécies surgiram, evoluíram no tempo e geraram novas espécies que compartilham os mesmos ancestrais. Ele defendia que mudanças aleatórias e incrementais em traços biológicos herdáveis, que conferem vantagem a um indivíduo em sua luta pela sobrevivência, passam para a progênie, conferindo as mesmas vantagens. Em um período, essas mudanças incrementais se acumulam e resultam no surgimento de novas espécies que compartilham os mesmos ancestrais. Darwin admitia, contudo, que se sentia perplexo em particular pelo fato de tal acúmulo de traços incrementais resultar na formação de um órgão tão complexo como um olho. Escreveu: "Supor que o olho, com todos os artifícios inimitáveis para ajustar o foco a diferentes distâncias, admitir diferentes quantidades de luz e corrigir aberração esférica e cromática, se formou só por seleção natural, parece-me, confesso, absurdo no mais alto grau".[47]

Eis que 148 anos mais tarde, no Centro Tufts para Biologia Regenerativa e Desenvolvimental, uma equipe liderada por Michael Levin, professor de Biologia e diretor do centro, realizou um experimento que abalaria o mundo da biologia, oferecendo mais uma evidência do papel dos campos eletromagnéticos na montagem de órgãos, tecidos e organismos inteiros. E usaram o olho para substanciar sua posição.

Em dezembro de 2007, a equipe de pesquisadores de Levin anunciou que, "pela primeira vez, os cientistas alteraram a comunicação bioelétrica natural entre as células para especificar diretamente o tipo de órgão novo a ser criado em um local específico de um organismo vertebrado". O bolsista pós-doutorando Vaibhav Pai, autor principal do relatório intitulado "Potencial de voltagem transmembranar controla a padronização do olho no embrião em *Xenopus laevis*", descreve o processo.[48]

A equipe mudou o gradiente de voltagem de células nas costas e no rabo do girino para combinar com o gradiente de voltagem do local onde as células do olho normalmente se desenvolvem. O resultado foi que "o gradiente específico do olho impeliu as células nas costas e no rabo – que normalmente se desenvolveriam em outros órgãos – a se desenvolverem em olhos".[49]

"A hipótese", segundo o doutor Pai, é que para cada estrutura do corpo há um espectro específico de voltagem da membrana que estimula a organogênese. "Usando uma voltagem específica da membrana, pudemos gerar olhos normais em regiões que nunca pensaríamos ser capazes de formá-los. Isso sugere que as células de qualquer lugar no corpo podem ser incitadas a formar um olho".[50]

Embora a equipe de Levin insista em ressaltar os vastos benefícios médicos potenciais do uso de um espectro específico de voltagem de membrana que impulsiona o desenvolvimento de cada órgão e membro, além de reparar defeitos de nascença, bem como no escopo das práticas médicas regenerativas, Levin não ignorou o cenário maior, concluindo que esse único experimento "é um primeiro passo para decifrarmos o código bioelétrico".[51]

9

Além do método científico: modelagem de sistemas adaptativos sociais/ecológicos complexos

O que temos descoberto acerca da natureza da natureza entra em tamanho choque com a narrativa científica convencional, por trás da Era do Progresso, que não é nenhuma surpresa o fato de nossa abordagem antiga e enraizada da investigação científica estar sob ataque. Esse paradigma científico profundamente equivocado de extrair os segredos da natureza não surgiu de uma hora para outra, nem ocorreu por acaso. Foi lançado com força à arena pública por um único indivíduo há mais de quatro séculos e se tornou a regra não só da compreensão da natureza, mas também de sua apropriação para uso quase exclusivo da família humana.

Francis Bacon, nascido em Londres em 1561, é considerado o santo padroeiro da ciência moderna. Em sua obra *Novum Organum*, Bacon criticava os antigos filósofos gregos. Estudando a história da civilização ocidental desde que o platonismo foi introduzido no espaço social, ele concluiu que os temas centrais dessa história nada fizeram para melhorar a posição da humanidade. Segundo seus argumentos, os gregos, a despeito de todas as reflexões, não tinham "apresentado um único experimento que tendesse a aliviar e beneficiar a condição do homem".[1]

Bacon foi um pioneiro na defesa do "como" das coisas, na qualidade de pedra angular da filosofia, e debateu, com poder secular, o tema da revelação divina. Ele acreditava que a ação mais básica de um ser humano era a habilidade para separar-se da natureza, observá-la de maneira imparcial e a distância, e extrair dela os segredos para acumular "conhecimento objetivo" sobre o mundo, "ampliando as fronteiras do Império Humano até efetuar todas as coisas possíveis".[2]

Para Bacon, a mente é um agente imaterial que existe para dominar o mundo material. Ele seguia a razão em sua cruzada para restaurar a promessa inicial de Deus a Adão e Eva de que eles teriam domínio sobre a natureza. Em suas palavras: "o mundo é feito para o homem, não o homem para o mundo".[3] O filósofo esboçou os rudimentos do que se tornaria o método científico, alegando que, com essa nova abordagem, os seres humanos têm "o poder de conquistar e subjugar" a natureza e "abalá-la nas próprias fundações".[4] A meta, previa ele, era "estabelecer e estender o poder de domínio da raça humana sobre o universo".[5]

A reputação de Bacon como pai da ciência moderna continuou a crescer e seu método científico se tornaria uma realidade com a fundação da Royal Society em Londres, em 1660, seguida de outras sociedades científicas semelhantes e academias na Europa e, mais tarde, por todo o mundo.

Se olharmos para trás, a abordagem linear ingenuamente simplificada, indutiva, objetiva, distanciada de Bacon em relação à investigação científica que acompanhou a Era do Progresso parece imatura como modo de abordar o mundo natural. Os padrões dissipativos sempre em evolução e os processos de entrelaçamento dos sistemas auto-organizadores, constituintes da força vital da Terra, que hoje começam a ser compreendidos, geraram um novo método científico mais sintonizado com o despertar de nossa compreensão do mundo.

UMA NOVA CIÊNCIA PARA UMA TERRA RESTAURADA

Crawford Stanley Holling foi um ecologista canadense que lecionou na Universidade da Colúmbia Britânica e depois na Universidade da Flórida. Em 1973, publicou uma nova teoria do surgimento e funcionamento do ambiente natural, intitulada "Resiliência e estabilidade dos sistemas ecológicos". Holling introduziu o conceito de "medição adaptativa" e "resiliência" na teoria dos sistemas ecológicos e, junto a outros pioneiros, construiu as bases para um método científico novo e radical que fundiria ecologia e sociedade, desafiando os princípios orientadores da teoria e da prática econômica convencional.[6] A teoria é denominada como sistemas adaptativos sociais/ecológicos complexos (Cases – *complex adaptive social/ecological systems*).

Usamos a abreviação Cases ("casos") porque é uma descrição apropriada do tipo de investigação e/ou uma questão a ser definida, além de explicar melhor a nova abordagem do estudo científico, muito mais adaptativo à era que está por vir que os "experimentos".[7] Apesar de ser um prato difícil de digerir, a nova teoria e prática começa a reconfigurar o modo de a sociedade refletir sobre tempo e espaço e também o relacionamento de nossa espécie com o mundo natural.

Holling propôs que "o comportamento de sistemas ecológicos poderia ser definido por duas propriedades distintas: resiliência e estabilidade".[8] Sua tese era simples e elegante e não se esquivava de explorar a complexidade das relações que animam o mundo natural e a interação da espécie humana com ele. Desde então, a teoria de Holling da resiliência se alastrou para quase todas as disciplinas: psicologia, sociologia, ciência política, antropologia, física, química, biologia e as ciências da engenharia. Os setores comerciais e as indústrias também começaram a segui-la, particularmente nos campos de finança e seguros; manufatura; tecnologia de informação e comunicação e telecomunicação; utilidades elétricas; transporte e logística; construção; planejamento urbano; e agricultura.

O mais importante, porém, é que o marco zero da "Nova" Grande Comoção está na intersecção da economia com a ecologia. Holling explica que:

> A resiliência determina a persistência de relações dentro de um sistema e é uma medida da habilidade que esses sistemas têm para

absorver mudanças de variáveis de estado, variáveis impulsionadoras e parâmetros e, com tudo isso, ainda persistir. Nessa definição, a resiliência é a propriedade do sistema, enquanto persistência ou probabilidade de extinção é o resultado. [...] Portanto, uma estratégia importante selecionada não é aquela que aperfeiçoa a eficiência ou uma recompensa em particular, mas a que permite a persistência, mantendo a flexibilidade acima de tudo. Uma população responde a qualquer mudança ambiental com a iniciação de uma série de alterações fisiológicas, comportamentais, ecológicas e genéticas que restaurem sua habilidade para reagir a quaisquer mudanças ambientais posteriores e imprevisíveis. [...] Quanto mais homogêneo o ambiente no espaço e no tempo, mais propenso será o sistema a experimentar baixas flutuações e baixa resiliência. [...] Uma abordagem administrativa baseada em resiliência... enfatizaria a necessidade de manter abertas as opções, a necessidade de ver os eventos em um contexto regional em vez de local, e a necessidade de enfatizar heterogeneidade. Daí derivaria não a suposição de conhecimento suficiente, mas o reconhecimento de nossa ignorância; não a pressuposição de eventos futuros esperados, mas sim, inesperados. A estrutura da resiliência pode acomodar esse desvio de perspectiva, pois não exige uma capacidade precisa de prever o futuro, mas apenas uma capacidade qualitativa de elaborar sistemas que possam absorver e acomodar eventos futuros em qualquer forma inesperada que assumam.[9]

Nos trinta anos seguintes, a incursão inicial de Holling na teoria da resiliência e adaptação foi modificada, amplificada e qualificada por outros, acrescendo cada vez mais sofisticação à doutrina. Em 2004, ele foi coautor de uma versão revisada da teoria dos ciclos de resiliência e adaptação, intitulada "Resiliência, adaptabilidade e transformabilidade em sistemas sociais/ecológicos". No esquema modificado, Holling e colegas deram mais atenção à "transformabilidade" dos sistemas naturais. Ou seja, o sistema pode não ser capaz de se manter, forçando uma transformação em um sistema novo auto-organizador.

A interpretação revisada da resiliência é importante porque a consideração anterior da palavra pode ter dado a impressão errônea de que resiliência é uma medida da quantidade de interferência que um sistema social/ecológico adaptativo complexo pode receber e ainda assim recuperar o estado original. Embora essa interpretação seja possível, resiliência abrange um escopo temporal mais expansivo no tempo de vida de uma comunidade biológica, que se estende a um futuro distante e inclui uma sucessão de transformações ecológicas. Os ecologistas usam a expressão "sucessão ecológica" para descrever o nascimento, a maturação, a morte e a transformabilidade de comunidades biológicas.

O primeiro estágio de uma comunidade ecológica geralmente é referido como a fase pioneira na qual a vida começa a brotar em uma região que ficou estéril depois de eventos cataclísmicos como erupções vulcânicas e rios de lava, incêndios florestais, enchentes e uma mudança no clima, por exemplo, entre um período glacial e um interglacial. Novos estágios pioneiros em comunidades ecológicas também ocorrem no rastro da exploração humana dos ambientes, por exemplo na extração de madeira, mineração e espalhamento de lixo tóxico na água subterrânea. Nesses estágios iniciais de sucessão ecológica, vemos o surgimento de solo, plantas, líquens e musgo, seguido de gramas, arbustos e árvores frondosas. Vêm, então, os herbívoros que comem a vegetação; e, depois, aparecem os carnívoros, que comem os herbívoros. Cada novo estágio força uma adaptação por meio de todos os elementos anteriores na comunidade biológica evolutiva, em um sistema auto-organizador emergente.

O último estágio de sucessão no ciclo de vida de uma comunidade biológica se chama estágio maduro ou comunidade clímax. Em uma comunidade clímax, há pouco acúmulo anual de matéria orgânica. A produção anual e o uso de energia são relativamente equilibrados e o clima é relativamente estável entre as estações. Há uma diversidade de espécies interagindo pelas complexas cadeias alimentares. Ocorre uma proporção de 1:1 entre produção primária bruta e a respiração geral da comunidade e entre energia captada e usada da luz do Sol e a liberada em decomposição, bem como um equilíbrio delicado entre a captação de nutrientes do solo e o retorno de detrito nutritivo de volta ao solo. Com o passar do tempo, cada espécie se adapta continuamente às adaptações mutáveis de todas as outras espécies, não propositadamente, mas por necessidade.

A resiliência de uma comunidade ecológica está "na diversidade dos motoristas e na quantidade de passageiros". Lance H. Gunderson, do Departamento de Ciências Ambientais da Universidade Emory, faz um interessantíssimo comentário: a resiliência de uma comunidade ecológica depende de influências coincidentes por parte de múltiplos processos, "cada qual sendo ineficiente em sua ação individual, mas juntas funcionando de maneira robusta".[10]

Desde a definição da teoria inicial de Holling, portanto, a resiliência é interpretada erroneamente como a habilidade do sistema para responder a interferências massivas com robustez suficiente que lhe permita reassumir seu equilíbrio inicial. Mas o que aprendemos nos capítulos anteriores é que na natureza, na sociedade e no universo, quando os agentes interagem, nunca retornam ao ponto em que estavam porque as próprias interações mudam a dinâmica, por mais leves que sejam. Toda interação altera a relação de cada ator com o outro, e afeta os múltiplos sistemas em que eles estão inseridos. No melhor cenário, podemos falar de um "retorno" relativo a um novo estado cujas ações, agentes e relações são grosseiramente comparáveis, a ponto de poderem identificar a comunidade ecológica como algo mais ou menos semelhante em seus atributos, processos, dinâmica e populações de antes.

A questão é que a resiliência nunca significa o restabelecimento do *status quo* exato. A passagem de tempo e dos eventos sempre muda os padrões, os processos e as relações, por menores que sejam as pegadas, tanto na natureza quanto na sociedade. A resiliência jamais deveria ser vista como um "estado de ser" no mundo, mas sim um meio de agir no mundo. A adaptabilidade, por sua vez, é o agente temporal por cuja ação um organismo individual, uma espécie inteira ou uma comunidade biológica maior se infiltram em todos os processos e padrões interagentes que compõem os microbiomas, ecossistemas e biomas em um planeta interativo.

Grande parte da confusão aqui surge do próprio modo como a resiliência é definida pela sociedade, em especial nas disciplinas das ciências sociais. Aprender a ser resiliente tem a ver com um meio terapêutico de ajustar-se a traumas que comprometem o sentido de ação de uma pessoa, geralmente com a esperança muda de reaproximar a vida pessoal e coletiva do que era antes da interferência. Porém, como pode testemunhar qualquer pessoa que já passou por um trauma, o caminho para a recuperação e a resiliência nunca é de volta. Não se pode voltar, mas apenas ir em frente até um novo sentido de ação que vem das lições emocionais e cognitivas aprendidas.

Para complicar mais, a resiliência costuma ser vista como um modo de superar a vulnerabilidade. Ser vulnerável, porém, nem sempre significa estar em perigo. Também se refere à capacidade de estarmos receptivos ao outro. Ser vulnerável também pode significar correr riscos, sair da zona de conforto e enriquecer o sentido de ação pessoal por experimentar o desconhecido e alimentar mais relacionamentos e padrões diversificados de vida. Resiliência nunca é simplesmente recuperar o controle, mas sim ter abertura para estabelecer novos cenários de pertencimento.

Fiona Miller, do Departamento de Administração de Pesquisas e Geografia da Universidade de Melbourne, ressalta a dificuldade de vivermos na Era da Resiliência: "O desafio sob uma perspectiva de resiliência [social] é aprender a viver com a mudança e desenvolver a capacidade de lidar com ela, em vez de tentar bloqueá-la".[11] Esse é o ponto em que a humanidade se desprende da eficiência e se agarra à adaptabilidade como meio temporal para restabelecer seu relacionamento com a terra, passando da expropriação para a harmonização. É a linha divisória que nos leva da Era do Progresso para a Era da Resiliência.

Embora o mundo do trabalho ainda não reconheça, a fortaleza da economia está desmoronando, principalmente por causa de dois fatores:

primeiro, a ameaça da mudança climática e a pandemia assumiram o comando, em uma escala que eclipsa qualquer métrica remanescente no arsenal econômico para abordar essas crises; segundo, uma humanidade aturdida perdeu a fé na disposição da comunidade empresarial para corrigir os erros que mergulharam a raça humana e as outras criaturas no abismo de um holocausto ambiental.

A disciplina da economia, se sobreviver, precisará se transmutar em um modo inteiramente novo de ver sua relação com o mundo natural. Essa metamorfose exigirá, em parte, uma reavaliação de algumas velhas premissas da disciplina, entre elas a teoria do equilíbrio geral, a análise de custo-benefício, a estreita definição das externalidades e os conceitos errôneos de produtividade e PIB. Na raiz dessa transformação estará a necessidade de lidar com a obsessão da disciplina pela eficiência, e até a desafiá-la e começar a desenvolver ferramentas e modelos empresariais que alinhem economia a adaptabilidade. Mais que tudo, a comunidade empresarial terá de rever toda a sua relação com o mundo natural e a compreensão que tem dele como "recurso", visualizando, em vez disso, a natureza como uma "força de vida" da qual a espécie é apenas uma em meio a uma legião de espécies cuja jornada na Terra é de valor inestimável não só para elas, mas para nós também. Mais difícil ainda, a espécie humana precisaria reconhecer que nada foi feito "para nós", e que, a bem da verdade, todas as outras espécies que habitam o planeta conosco estariam em condições muito melhores se os humanos desaparecessem na longa lista de espécies que sucumbiram ao registro fóssil antes de nós. Sem dúvida, essa é uma avaliação pesada para o nosso conforto, mas está correta no atual cenário. Parece humilhante, claro, porém é necessário pensarmos nisso se quisermos reescrever o futuro da espécie. A pergunta é: como recomeçaremos?

Que lugar melhor para uma remodelagem da teoria econômica que a ciência acompanhante da Era da Resiliência e que liberta outras disciplinas da estagnação das investigações científicas convencionais que condicionaram a Era do Progresso? Os sistemas adaptativos sociais/ecológicos complexos oferecem muito mais que uma nova teoria de investigação científica. A nova ciência representa um salto ontológico no modo como compreendemos o significado da existência. A melhor maneira de entendermos a importância dessa transformação cognitiva é comparar esse novo modo de investigação científica com o método científico aceito, no qual gerações foram treinadas.

Embora seja um processo escorregadio e até sombrio definir o método cientifico, há numerosos denominadores comuns geralmente em concordância. Assim é descrita, na *Stanford Encyclopedia of Philosophy*, a natureza da metodologia científica: "Entre as atividades frequentemente identificadas como características da ciência, incluem-se experimentação sistêmica, raciocínio indutivo e dedutivo e a formação e teste de hipóteses e teorias". O método científico é acompanhado por um conjunto de metas, entre elas, "conhecimento, previsões ou controle", bem como um grupo de valores e justificações dominantes, conhecidos por todo estudante: "objetividade, reprodutibilidade, simplicidade ou sucesso passado".[12]

A abordagem Cases da investigação científica difere fundamentalmente do método cientifico convencional. Para começar, o método científico, como já mencionamos, costuma isolar um fenômeno único e observar o progresso de seus componentes e partes, com o intuito de compreender o funcionamento do todo. Em segundo lugar, a abordagem convencional da investigação científica, embora apregoada como imparcial em seus estudos da natureza, está longe disso. Os estudantes chegam ao laboratório, armados com um cabedal de noções preconcebidas acerca da natureza e da relação dos seres humanos com o mundo natural. Por exemplo, todo estudante aprende que deve ser sempre "objetivo" e deixar as ideias preconcebidas do lado de fora da porta, sem perceber que "objetivo" deriva de "objeto". A imparcialidade não citada consiste em examinar o mundo como algo constituído dos mais sortidos objetos que são passivos e até inertes na natureza, com pouca ou nenhuma ação. Em terceiro lugar, a natureza costuma ser vista como "recursos" que devem ser explorados para ganho social.

Em comparação, na abordagem dos sistemas adaptativos sociais/ecológicos complexos, a natureza é experimentada como "sistemas dinâmicos abertos, capazes de auto-organizar sua configuração por meio do intercâmbio de informações e energia".[13] Os sistemas adaptativos complexos também aprendem a ser adaptativos a novas circunstâncias, padrões e ambientes, bem como aos processos pelos quais eles se transformam em novos estados, conhecidos como surgimento.

As pesquisadoras Rika Preiser, Reinette Biggs, Alta De Vos e Carl Folke, em um artigo publicado em 2018 sob o título "Sistemas sociais/ecológicos como sistemas adaptativos complexos", resumiram a elegância dos sistemas adaptativos sociais/ecológicos complexos, conforme refletidos nas centenas de estudos, relatórios e artigos da autoria de cientistas e pesquisadores de múltiplas disciplinas. Vejamos algumas das características que distinguem a investigação com sistemas adaptativos complexos do método científico tradicional:

> De características das partes às propriedades sistêmicas: isso envolve um desvio do estudo das características de partes isoladas para uma observação das propriedades sistêmicas que surgem dos padrões subjacentes de organização. As propriedades sistêmicas são destruídas quando dissecadas porque propriedades emergentes não podem ser decompostas em propriedades de suas partes constituintes.
>
> De objetos para relações: propriedades de sistemas surgem por meio de padrões dinâmicos de interação. Assim, os subjacentes processos organizacionais, conexões e padrões comportamentais emergentes são importantes para a nossa compreensão.
>
> De sistemas fechados para sistemas abertos: fenômenos complexos estão incorporados em redes e hierarquias por meio das quais há um intercâmbio contínuo de informações, energia e material. Portanto, não existe um interior ou exterior claro de SES [Sistemas Ecológicos Sociais] porque todas as entidades são ligadas por processos de organização em diferentes escalas espaciais e temporais.

De medição para captação e avaliação de complexidade: fenômenos complexos são constituídos relacionalmente mediante interações dinâmicas que formam padrões emergentes de comportamento. Portanto, é necessário um desvio perceptual que nos permita captar e entender relações que não podem ser medidas em termos de causas materiais. Além disso, por meio de mapeamento dinâmico e avaliação de relações, conexões e múltiplos caminhos causais complexos, podemos localizar configurações e caracterizar redes, ciclos e interações em escala cruzada. Esses esforços podem elucidar como SES são constituídos relacionalmente e como surgem os padrões de comportamento. Isso, por sua vez, facilita nossa habilidade para prever comportamentos e caminhos adaptativos e transformativos.

De observação para intervenção: CAS [Sistemas Adaptativos Complexos] são contextualizados e constituídos relacionalmente, e as informações sobre propriedades e dinâmica dos sistemas não podem ser separadas dos limites das propriedades organizacionais do sistema, que depende do observador e envolve intervenção muito diferente daquela derivada da observação objetiva.[14]

A abordagem Cases da investigação científica não inclui o tipo de previsibilidade que a ciência até hoje buscou. Qualquer tentativa de impor uma fronteira a um sistema auto-organizador foge à verdade implícita de que todos os sistemas auto-organizadores são padrões em meio a outros padrões que se espalham no tempo e no espaço e entre as esferas operantes da terra, impactando uns aos outros de maneira sutil e profunda, que raramente pode ser prevista. A lição mais importante do uso da abordagem Cases é a libertação parcial da obsessão pela "previsão", para, enfim, podermos aceitar "expectativa" e "adaptação".

Mesmo muitas das descobertas sobre o futuro da mudança climática ocorrem depois do fato. Os cientistas na área admitem que as mudanças nas esferas e ecossistemas da terra provocadas pelo aquecimento global são difíceis de prever antes de eles observarem os efeitos. Isso acontece porque os *loops* de retroalimentação positiva em um planeta em aquecimento são tão presentes, com efeitos em cascada se espalhando por todas as direções, que a previsão se torna problemática.

Como exemplo, os cientistas passaram décadas sem prestar atenção ao *permafrost* que cobre 24% de toda massa continental do hemisfério norte, até notarem o efeito do aquecimento global sobre o derretimento do gelo.[15] Perceberam que debaixo do gelo se encontravam vastos depósitos de carbono – os restos de uma exuberante vida animal e vegetal que floresceu nos climas do norte antes do início da última Era Glacial. Mais perturbador ainda, notaram que o derretimento do gelo se acelerava porque a camada branca opaca do gelo, que antes refletia a energia do Sol de volta ao espaço, ao derreter deixava para trás grandes porções de terra preta exposta que absorviam mais do calor das emissões que causam o aquecimento global e apressavam o processo de derretimento; de novo, outro *loop* de retroalimentação positiva.

Começaram a medir as emissões de CO_2 e metano que vazavam para cima a partir do subsolo e perceberam que o vazamento aumentava em ritmo exponencial, ameaçando um aumento acentuado de emissões que causam o aquecimento global que poderia rivalizar com as emissões de CO_2 da atividade industrial nos últimos cem anos. Era uma nova realidade que nunca fora prevista – um desconhecido desconhecido. Por fim começávamos a sentir a dificuldade de prever o curso de sistemas complexos auto-organizadores em evolução, no contexto de um clima radicalmente mutável, e como eles poderiam afetar a sociedade.

O caminho adiante é, então, mudar ao menos "parcialmente" o foco da investigação científica, de previsão para adaptação. Há ainda certa importância em fazer previsões, embora esse caminho se estreite com a restauração em efeito cascata da Terra no abismo do aquecimento global. Ao mesmo tempo, a ciência da adaptação está pronta para participar do redirecionamento da resposta da sociedade à mudança climática. Afinal, adaptação é o modo de todas as outras espécies se ajustarem às alterações imprevisíveis em um mundo em constante evolução. Adaptabilidade não é um conceito novo na ciência. Contudo, está ganhando uma segunda vida por causa dos crescentes riscos que a sociedade enfrenta.

DE PREVISÃO A ADAPTAÇÃO

John Dewey foi um dos fundadores da filosofia do pragmatismo e também um dos primeiros a chamar a atenção para os méritos da adaptabilidade como abordagem da exploração científica e resolução de problemas. Dewey não tinha muita paciência com a ortodoxia científica e sua ênfase em objetividade e distanciamento. Era menos inclinado ainda a aceitar a abordagem deducionista da investigação científica, que em geral começa com hipóteses predeterminadas seguidas de experimentos para testar a validade delas. Também tinha uma particular aversão ao pesquisador como espectador. Para Dewey, o buscador de conhecimento sempre começa as investigações de um problema como participante ativo, experimentando a questão bem de perto e deixando-se afetar por ela.

Os primeiros pragmatistas, como Charles Sanders Peirce e George Herbert Mead, interessavam-se por um conhecimento "acionável" que pudesse ser utilizado para resolver um problema e definir uma nova trajetória. Dewey e os outros pragmatistas também se inclinavam para a interconexão da experiência, cientes de que os problemas nunca são eventos isolados que possam facilmente se separar das várias relações a que são atrelados; portanto, precisam ser tratados de uma maneira holística.

Dewey desprezava a própria noção da dualidade da teoria e prática e, em vez dela, "via o conhecimento como algo que advém de uma adaptação ativa do organismo humano ao seu ambiente".[16] Ele e outros dos primeiros pragmatistas deram vida nova à importância da adaptabilidade como atributo-chave de todas as criaturas.

Embora a adaptabilidade ganhasse corpo durante a Era do Progresso no início do século XX, logo foi derrubada pela cruzada da eficiência. Administrar o futuro com a otimização do tempo produzia acordes mais altos no ápice da Revolução Industrial, com a obsessão por resultados futuros. Hoje, com a revolução industrial movida por combustível à beira da morte, e os especialistas questionando até mesmo seus princípios orientadores, a adaptabilidade passa por uma súbita revitalização.

A eficiência, por outro lado, que até pouco tempo atrás entrava em toda conversa sobre negócios, tornou-se muda, enquanto a sociedade rasteja de uma crise a outra e enfrenta hoje a perspectiva de mais pandemias e desastres relacionados ao clima. Conversas sobre oportunidades ilimitadas cederam lugar a discussões sobre como mitigar riscos, e a eficiência perdeu o primeiro plano para a adaptabilidade em uma Terra restaurada. A Era do Progresso, que oferecia uma superestrutura para a modernidade e uma narrativa pela qual sucessivas gerações planejaram e viveram a vida, afastou-se em silêncio do discurso público, sem ao menos um réquiem. Em todos os lugares, a pauta é adaptabilidade e resiliência, particularmente nas revistas e jornais científicos.

No meio da pandemia de Covid-19, a revista *National Geographic* achou apropriado publicar um artigo sobre "Adaptação e sobrevivência" na natureza. O texto citava os diversos tipos de adaptação por que passam a fauna e a flora para aperfeiçoarem sua resiliência, reprodução e sobrevivência. Esses exemplos oferecem abordagens criativas da adaptação que podem fomentar práticas imitativas na comunidade empresarial e na sociedade como um todo.

Os editores da *National Geographic* atraíram a atenção com o animal selvagem favorito de todos, o coala, observando que ele se adaptou a uma dieta exclusiva de folhas de eucalipto, muito pobres em proteína, além de ser tóxicas para muitas outras espécies, o que lhe garante uma fonte de nutrição sem concorrentes.

Algumas adaptações podem ser estruturais, na forma de um atributo físico. Por exemplo, plantas suculentas se adaptaram aos desertos secos e quentes, "armazenando água em suas folhas e caules curtos e grossos".[17]

Outras adaptações são comportamentais. Baleias cinzentas viajam milhares de quilômetros todos os anos, das águas frias do Ártico às águas quentes do México para ter seus filhotes, e depois voltam ao Ártico e se alimentam de suas águas ricas em nutrientes.

A mariposa manchada da Inglaterra, *Biston betularia*, é um exemplo clássico da adaptação de um animal a uma mudança de ambiente. Antes da Revolução Industrial no século XIX, a maioria das mariposas manchadas tinha cor creme com manchas escuras e apenas uma quantidade pequena delas era de espécimes pretas ou cinzentas. Mas à medida que a fuligem da atividade industrial começou a cair nas árvores, as mariposas de cor mais escura passaram a dominar em número porque se misturavam com a superfície mais escura. Os pássaros não enxergavam as mariposas escuras e passaram a comer as brancas, o que fez com que as mariposas pretas se tornassem o tipo dominante.

Especiação simpátrica é quando variedades de espécies quase idênticas compartilham o mesmo *habitat* porque cada uma se adapta a uma dieta especial e, portanto, não compete com as outras. Algumas variedades de orquídeas proliferam no lago Malawi, na Tanzânia. Uma dessas variedades se alimenta de algas, outra de insetos e uma terceira de peixe.

A *Harvard Business Review* foi uma das primeiras publicações a destacar a adaptabilidade como novo e definitivo valor empresarial de vanguarda. Em um artigo provocante intitulado "Adaptabilidade: a nova vantagem competitiva", os autores, Martin Reeves e Mike Deimler, do Boston Consulting Group, comentaram que as corporações mais bem-sucedidas construíram suas empresas "em torno de escala e eficiência – fontes de vantagem que dependem de um ambiente essencialmente estável".[18] No entanto, como explicaram, em um mundo de riscos e instabilidades cada vez mais imprevisíveis, esses valores testados e comprovados se tornam um obstáculo. Por outro lado, a adaptabilidade se converte em um valor intrínseco para a sobrevivência de uma empresa. Isso se traduz na disposição para experimentar e aceitar erros, mesmo que isso comprometa a renda no curto prazo. É o modo de se reagrupar e permanecer no cenário atual.

A adaptabilidade também envolve deixar para trás burocracias centralizadas com suas economias verticalmente integradas de escala, pois são muito rígidas e frágeis para sobreviver em um mundo que salta de uma crise para outra. Os autores são a favor de "criar estruturas organizacionais descentralizadas, fluídicas e até concorrentes", e sugerem que tal abordagem "destrói a grande vantagem de uma hierarquia rígida". Argumentam que a mudança para a semeadura de um conjunto expansivo de plataformas empresariais alternativas dá à empresa uma quantidade diversificada de opções, conferindo-lhe a agilidade necessária para se adaptar às circunstâncias rapidamente mutáveis em um ambiente de alto risco.[19]

Embora o emergente entusiasmo de repensar o modelo empresarial mais inclinado à adaptabilidade e à resiliência seja mais superficial que substancioso, começam a brotar das sementes flores que anunciam as vastas mudanças à frente. Não nos enganemos quanto à importância do pensamento adaptativo complexo aplicado aos sistemas sociais/ecológicos. Trata-se de uma mudança sistêmica no modo como a sociedade compreende, aborda e reintegra os seres humanos de volta aos ritmos de um planeta vivo, como agentes adaptativos em busca de resiliência. A esperança é que estejamos entre as espécies que sobreviverão e florescerão no Antropoceno.

A economia convencional e as operações do sistema capitalista, na teoria e na prática, não devem perdurar em sua forma atual com a transformação causada pelo modelo de sistemas adaptativos complexos. As premissas da profissão entram em choque profundo com o modo como uma Terra viva opera. Alguns valores do capitalismo industrial e seus meios de oferecer comunicação, energia, mobilidade e *habitat* permanecerão enquanto a espécie humana se readapta à pletora da terra de agentes e sistemas, mas grande parte do resto que compõe o corpo da teoria econômica neoclássica e neoliberal desaparecerá, assim como o modelo atual de capitalismo industrial e a narrativa da Era do Progresso.

A modelagem do sistema adaptativo complexo também exigirá que repensemos nosso conceito de academia. As disciplinas acadêmicas e profissionais que surgiram no Iluminismo e amadureceram ao longo da

Era do Progresso eram, cada uma, um fim em si, com narrativas, linguagem, métrica e regras de envolvimento próprias. E até certo ponto, cada uma tentava entender a realidade total da sua perspectiva limitada.

Quanto à pedagogia, quase todos os sistemas escolares e instituições de ensino superior, pelo menos até pouco tempo atrás, eram definidos com rigor por silos acadêmicos. Os estudiosos são penalizados por vaguearem além dos limites de suas disciplinas acadêmicas nos estudos e livros que publicam, e frequentemente ridicularizados por serem "generalistas" e lenientes em sua erudição.

É verdade que no nível universitário, e até em alguns sistemas escolares secundários progressivos, os estudos interdisciplinares são uma parte periférica do currículo, mas ainda assim são ministrados como cursos opcionais ou seminários, em vez pertencer ao cerne da experiência acadêmica, assinalando uma transformação pedagógica que uniria professores, estudiosos e estudantes sob a égide da modelagem dos sistemas adaptativos complexos. Em anos recentes, as realidades da mudança climática e a resultante consciência pública da interconectividade de todos os fenômenos da Terra, bem como uma compreensão maior dos múltiplos agentes planetários que afetam e se adaptam uns aos outros, colocaram a humanidade com um todo em uma crise histórica. Essa situação só pode ser entendida se adotarmos a modelagem de sistemas adaptativos complexos, que por sua vez requer uma abordagem interdisciplinar do conhecimento em comunidades acadêmicas e currículos.

Será que a economia resiliente governada pela adaptabilidade é apenas uma moda com tempo de vida curta? Improvável, pois os riscos e as realidades associadas com o aquecimento da atmosfera não são fenômenos temporários. Todo o esforço coletivo da humanidade para prever mudanças climáticas foi em vão, pelo menos até agora. E hoje, nossa comunidade científica nos alerta para a possiblidade de um planeta morto. Embora nossa espécie ainda precise se empenhar na diminuição das emissões globais de aquecimento, também terá de encontrar um meio de se adaptar continuamente à mudança existencial provocada pelo aquecimento climático. Erguer as fundações para uma sociedade resiliente talvez seja a única garantia que a espécie humana poderá levar para o futuro.

Tudo isso nos remete de volta à pergunta: como a espécie aprenderá a se adaptar, tornar-se resiliente, sobreviver e talvez prosperar de uma maneira totalmente diferente do que está acostumada, quando pensamos em uma vida bem vivida? A consciência pública já começou a compreender os termos *adaptabilidade* e *resiliência*, mas pouco tenta cavar debaixo da superfície e repensar como será a vida nesse tipo de futuro.

Nossos ancestrais coletores e caçadores podem nos dar certa orientação, pois se revelaram altamente adaptativos e resilientes durante as eras glaciais e nos fluxos interglaciais, condições que desafiariam até os indivíduos mais durões da espécie humana hoje em dia. A pesquisa científica nos últimos vinte anos trouxe à luz a evidência incontestável de que o *Homo sapiens* pode ser uma das espécies mais adaptativas na Terra.

A MENTE DO *HOMO SAPIENS*:
programada para se adaptar

Em meados dos anos 1990, biólogos, cientistas cognitivos e antropólogos trouxeram à luz dados novos sugerindo que "a estrutura evolutiva da mente humana é adaptada ao modo de vida dos caçadores-coletores do Pleistoceno, e não necessariamente às nossas circunstâncias modernas".[20] Em 2014, cientistas da Universidade de Nova York e do Museu Nacional Smithsonian de História Natural publicaram um estudo que corrigia teorias anteriores sobre a evolução de nossos ancestrais primitivos. Por muito tempo, o consenso entre os biólogos evolucionistas era de que o gênero *Homo* surgiu no "início da aridez africana e da expansão de savanas abertas".[21] As savanas favoreciam os traços adaptativos, entre eles corpos grandes e lineares, pernas alongadas, cérebro maior, dimorfismo sexual reduzido, maior carnivorismo e traços especiais da história de vida, como longevidade, fabricação de muitas ferramentas e mais cooperação social.[22]

Novas descobertas fósseis revisaram mais uma vez a teoria da origem do *Homo*. Segundo os cientistas envolvidos no estudo, "novos dados ambientais sugerem que o *Homo* evoluiu em um cenário de longos períodos de imprevisibilidade de seu *habitat*, ao lado da subjacente tendência para a aridez". O estudo apurou que "os fatores-chave para o sucesso e a expansão do gênero dependeram da flexibilidade alimentar em ambientes imprevisíveis, que, junto à criação cooperativa e à flexibilidade de desenvolvimento, permitiram expansão variada e reduziram os riscos de mortalidade".[23] Os pesquisadores chegaram a essa conclusão depurando um modelo climático detalhado do passado, e depois o compararam ao registro fóssil do *Homo*; e o que descobriram é que a linhagem *Homo* não se originou em um período calmo, frio e estável, como se pensava antes.

Richard Potts, um dos pesquisadores e diretor do Programa de Origens Humanas do Instituto Smithsonian, sintetizou as descobertas, explicando que foram as condições climáticas instáveis que "favoreceram a evolução das raízes da flexibilidade humana em nossos ancestrais", e acrescentou que a "origem do gênero humano é caracterizada por manifestações de adaptabilidade".[24] O uso da expressão "clima instável" não explica até que ponto o período, que abrange os mais recentes 2,3 milhões de anos na Terra, foi desestabilizante. É a era em que nossos ancestrais hominídeos evoluíram, culminando no *Homo sapiens*.

Durante esse período, eras glaciais seguidas de degelos eram a norma. A *National Geographic* nos alerta de que "por volta de oito mil anos atrás, um padrão cíclico surgira: Eras Glaciais duram cerca de cem mil anos, seguidas de interglaciais mais quentes de dez a quinze mil anos cada. A última Era Glacial terminou há cerca de dez mil anos", deixando nossa espécie no clima relativamente temperado do Holoceno e do advento de um estilo agrícola de vida.[25]

Potts disse em uma entrevista para a revista *Scientific American* que nesse período geológico de extremos severos no clima, a engenhosidade humana, a habilidade para pensar em modos criativos de se adaptar a condições tão rigorosas, foi a chave do sucesso para a sobrevivência da espécie. Potts está convencido de que "a evolução do cérebro humano é o exemplo mais óbvio de como evoluímos para podermos nos adaptar".[26]

Em uma síntese de sua pesquisa sobre as origens humanas, ele sugere que:

> Nosso cérebro é essencialmente social. Compartilhamos informações, criamos e passamos conhecimento. Esse é o meio pelo qual o ser humano consegue se ajustar a novas situações, e é isso que diferencia os humanos de nossos ancestrais primitivos, e nossos ancestrais primitivos dos primatas. Havia o *Homo sapiens* se aventurando por ambientes mais frios do que o Neandertal aguentava, ao mesmo tempo em que migrava para desertos, florestas tropicais, estepes e ambientes glaciais. [...] Para mim, a história de como aquele hominídeo magro, de membros longos, conseguiu sobreviver em todos esses ambientes diferentes, mostra-nos como nos tornamos adaptáveis.[27]

A pergunta premente em nossos dias é se as capacidades adaptativas da espécie humana podem se ajustar à velocidade com que o aquecimento global está mudando o ciclo hidrológico da terra.

A adaptabilidade humana a regimes climáticos violentamente mutáveis é nosso trunfo. É o que fez de nós a espécie mais resiliente da Terra. Essa talvez seja a notícia mais alentadora de nossos tempos, e deveria ser recebida e reconhecida com prazer no início da Era da Resiliência, porém com um alerta. A mesma adaptabilidade que permitiu à espécie perdurar durante as mudanças violentas do clima também foi nossa ruína.

Os atributos cognitivos que nos permitiram a adaptação a climas loucamente mutáveis em longos períodos da Era Paleolítica, quando éramos coletores e caçadores, têm sido utilizados nos últimos 11.700 anos no clima temperado relativamente previsível do Holoceno para reverter o curso e forçar o mundo natural a se adaptar aos nossos desejos. Isso também tem a ver com adaptação. Desde o início da Revolução Agrícola, e mais recentemente na transição para a Revolução Industrial, reprogramamos os instintos adaptativos de viver com a mudança de estações para armazenar o excedente. Esse excedente se multiplicou de maneira exponencial nos duzentos anos que marcaram uma civilização industrial baseada em combustível fóssil, ou o que chamamos de Era do Progresso.

Isso não significa que os frutos da Revolução Industrial não foram uma dádiva para muitas pessoas, principalmente no mundo ocidental. Sem dúvida, a maioria de nós, nos países altamente desenvolvidos, vive em condições muito melhores que nossos ancestrais, antes da era industrial. Também é justo dizer que quase metade da população mundial (46%), vivendo com menos de 5,50 dólares por dia, a linha divisória que define a pobreza, está, no máximo, apenas marginalmente melhor que seus ancestrais, e talvez nem esteja melhor.[28] Ao mesmo tempo, os seres humanos mais ricos triunfaram. Em 2017, a riqueza acumulada dos oito indivíduos mais ricos do mundo equivalia à riqueza total de metade dos seres humanos que habitam o planeta: 3,5 milhões de pessoas.[29] Gandhi nos deu a melhor definição possível dessa escolha. Assim falou: "A Terra proporciona o suficiente para satisfazer a necessidade de cada homem, mas não a ganância de qualquer homem".[30]

Parte IV

A ERA DA RESILIÊNCIA:

o fim da era industrial

10

A infraestrutura da revolução resiliente

Toda grande mudança no modo como a espécie humana interage com o mundo natural desde o alvorecer da civilização remonta às revoluções de infraestrutura na história. Embora a maioria dos historiadores visse a infraestrutura simplesmente como um andaime para juntar grandes números populacionais em uma vida coletiva, ela tem um papel muito mais fundamental. Todo paradigma transformativo de infraestrutura une três componentes indispensáveis para a manutenção da existência social coletiva: novas formas de comunicação, novas fontes de energia e força e novos modos de transporte e logística. Quando esses três avanços técnicos surgem e se unem em uma dinâmica indissolúvel, mudam de maneira fundamental o modo de um povo "comunicar, fortalecer e impulsionar" sua vida cotidiana econômica, social e política.

A SOCIOLOGIA DAS TRANSFORMAÇÕES DE INFRAESTRUTURA

As revoluções de infraestrutura são análogas ao que todo organismo necessita para manter uma existência terrestre: um meio de se comunicar; uma fonte de energia para sobreviver; e alguma forma de mobilidade ou motilidade para lidar com o ambiente. As revoluções de infraestrutura humana proporcionam uma prótese tecnológica que possibilita a grandes bolsões populacionais unirem-se em acordos econômicos, sociais e políticos mais complexos, executando funções mais diferenciadas, no que pode ser descrito como "organismos sociais" em larga escala – sistemas auto-organizadores que atuam como um todo.

Assim como todo organismo requer uma membrana semipermeável – por exemplo, pele ou casca – para orquestrar a relação dinâmica entre sua vida interior e o mundo exterior com que ele está interconectado e do qual depende para sobreviver, também as revoluções de infraestrutura chegam com mudanças em construção e inclusão de todos os tipos. Essas membranas semipermeáveis artificiais permitem que a espécie sobreviva aos elementos, armazene as energias e outros itens de que necessitamos para manter nosso bem-estar físico, e também garantem um local seguro onde podemos produzir e consumir os produtos e serviços que queremos para melhorar nossa existência, além de servir como um lugar de congregação para criar nossas famílias e conduzir a vida social.

As grandes revoluções de infraestrutura também mudam a orientação temporal-espacial criada pelo novo arranjo coletivo, bem como a natureza da atividade econômica, da vida social e das formas de governança para convergir com as oportunidades e restrições que surgem com os novos padrões coletivos mais diferenciados da vida, disponibilizados pelas novas infraestruturas.

No século XIX, a impressão a vapor e o telégrafo, o carvão abundante e as locomotivas nos sistemas ferroviários nacionais se mesclaram em uma infraestrutura comum para informar, fortalecer e mover a sociedade, dando à luz a Primeira Revolução Industrial e a chegada dos *habitats* urbanos, das economias capitalistas e dos mercados nacionais supervisionados pelos governos dos estados-nações. No século XX, a eletricidade centralizada, o telefone, rádio e televisão, petróleo barato e transporte por combustão interna em sistemas rodoviários nacionais, vias aquáticas locais e corredores oceânicos e aéreos convergiram para criar uma infraestrutura para a Segunda Revolução Industrial e o advento dos *habitats* suburbanos, a globalização e as instituições governantes globais.

Hoje, estamos em meio à Terceira Revolução Industrial. A internet de comunicação por banda larga digitalizada converge para uma internet de eletricidade continental digitalizada, movida por eletricidade solar e eólica. Milhões de proprietários de casa, empresas locais e nacionais, associações de moradores, fazendeiros e agricultores, organizações de sociedades civis e agências governamentais estão gerando eletricidade solar e eólica nos locais onde vivem e trabalham para abastecer suas atividades. Qualquer eletricidade verde excedente é vendida de novo à internet de eletricidade continental digitalizada, que utiliza grande coleta de dados, analítica e algoritmos para compartilhar eletricidade renovável, assim como compartilhamos notícias, conhecimento e entretenimento pela internet de comunicação.

Agora essas duas formas de internet digitalizadas convergem para uma outra, a internet de mobilidade e logística digitalizada, composta de veículos elétricos e de combustível, movida por eletricidade solar e gerada pelo vento a partir da internet de eletricidade. Na década futura, esses veículos serão cada vez mais autônomos nas rodovias e nas ferrovias, nas vias aquáticas e aéreas, controlados por grandes coletas de dados, analítica e algoritmos, como fazemos hoje com a internet de eletricidade e a de comunicação.

Essas três espécies de internet compartilharão um fluxo contínuo e crescente de dados e analítica, criando algoritmos fluídicos que sincronizam a comunicação, geração, armazenamento e distribuição de eletricidade verde, além do movimento de transporte autônomo com emissão zero por regiões, continentes e zonas globais de fusos horários diversos. As três também alimentarão de modo contínuo dados obtidos por sensores embutidos que monitoram todos os tipos de atividade de ecossistemas, campos agrícolas, armazéns, sistemas rodoviários, linhas de produção em fábrica e principalmente das áreas residenciais e comerciais, permitindo à humanidade administrar, fortalecer e mover de maneira mais adaptativa a atividade econômica e a vida social no dia a dia, e tudo a partir de seu local de trabalho ou de casa. Essa é a Internet das Coisas (IoT – Internet of Things).

Na era que está por vir, os edifícios terão instalações para economia de energia e resiliência ao clima e dotados de infraestrutura IoT. Também serão equipados com centros avançados de dados, dando ao público controle direto sobre como seus dados são coletados, usados e compartilhados. Edifícios inteligentes servirão ainda como microusinas verdes de força, postos de armazenamento de energia e estações de transporte e logística para veículos elétricos e de combustível em uma sociedade de emissão zero mais distribuída.

Na Terceira Revolução Industrial, os edifícios não serão mais espaços passivos, isolados por paredes, mas sim entidades nodais, potencialmente ativas, compartilhando energias renováveis, economias energéticas, energia armazenada, mobilidade elétrica e um vasto escopo de outras atividades econômicas e sociais entre si, conforme a preferência dos ocupantes. Prédios autossuficientes e inteligentes são um elemento vital da nova sociedade resiliente.

Para aqueles que têm um temor justificável de que essa infraestrutura planetária digital seja captada apenas por forças sinistras para centralizar e concentrar poder nas mãos das novas elites, enquanto retiram a ação de grande parte da raça humana com o propósito de saquear a terra, há um caminho mais intrigante à frente. A história de bastidor começa no ponto em que a Segunda Revolução Industrial chegou ao auge e começou a cair lentamente, e muitos dos componentes do que seria a Terceira Revolução Industrial vieram à tona.

TRANSFORMAÇÃO ALÉM DO CAPITALISMO

Enquanto a infraestrutura digital da Terceira Revolução Industrial era implementada na União Europeia, na China e em outros lugares, surgia um fenômeno curioso para o qual o sistema capitalista não estava preparado.

Ficava cada vez mais evidente que os dados, a analítica e os algoritmos que administravam as plataformas digitais estavam criando meios inéditos de organizar a atividade econômica, a vida social e a governança, e comprometiam muitos dos elementos críticos da teoria e da prática capitalistas que acompanharam as duas plataformas industriais anteriores.

Segundo uma expressão popular, atribuída ao bioquímico americano Lawrence Joseph Henderson, "a ciência deve mais ao motor a vapor do que este deve à ciência". Significa que foi o estudo de um motor a vapor e de como ele gerava força que permitiu aos cientistas abstrair seus princípios operacionais e postular as leis da termodinâmica. De modo semelhante, o capitalismo, tanto na teoria quanto na prática, deve mais aos princípios operacionais de suas infraestruturas industriais que estas devem ao capitalismo.

As infraestruturas das duas primeiras revoluções industriais foram definidas para serem centralizadas, funcionando do alto para baixo, até a base da pirâmide, e mais bem executadas se dispostas em camadas de direitos de propriedade física e intelectual. As infraestruturas centralizadas também favoreciam economias verticalmente integradas de escala por indústrias que a elas se atrelavam para criar economias suficientes de escala e garantir, assim, retornos dos investimentos. Isso permitia a várias das primeiras pessoas de iniciativa obter controle sobre os mercados emergentes e dominar cada indústria ou setor.

Não havia outro modo de organizar o modelo empresarial porque o desenvolvimento, a aplicação e a operacionalização das tecnologias que sustentam a infraestrutura – ferrovias, sistemas de telégrafo e telefone, transmissão de eletricidade, tubos condutores de petróleo e a indústria automotiva – eram tão caros que excediam até a capacidade das famílias mais ricas e dos governos de financiarem tudo sozinhos. Daí o crescimento da moderna corporação detentora de ações, capital financeiro e uma classe nascente de capitalistas. Do mesmo modo, toda indústria atrelada à infraestrutura da revolução industrial baseada em combustível fóssil se viu restringida e obrigada a aceitar o modelo capitalista de ações corporativas, além de estabelecer economias verticais suficientes de escala, se quisesse ser bem-sucedida. O resultado é que, em 2020, as maiores corporações globais do mundo na Fortune 500 correspondiam a 33,3 milhões de dólares em renda e representavam até um terço do PIB global total, com uma força de trabalho de apenas 69,9 milhões, dentro de uma força de trabalho global de 3,5 bilhões de pessoas.[1]

As infraestruturas das duas primeiras revoluções industriais, movidas basicamente por combustíveis fósseis, também exigiam compromissos geopolíticos e militares expansivos para garantir suas atividades ininterruptas. E cada infraestrutura de uma revolução industrial foi definida para otimizar eficiências de modo que as empresas pagassem incrementos cada vez maiores de lucro aos seus acionistas. Essas eficiências maiores, por sua vez, resultaram em um crescimento material ilimitado, com poucas salvaguardas contra externalidades negativas resultantes das atividades. Por fim, essas características da engenharia da Primeira e da Segunda Revolução Industrial operavam quase da mesma maneira, fossem elas aplicadas em países capitalistas ou socialistas.

A infraestrutura da Terceira Revolução Industrial, em contraste, tem o objetivo de ser distribuída, em vez de centralizada. Seu melhor desempenho ocorre quando ela permanece aberta e transparente, e não privatizada, para otimizar o efeito de rede. Quanto mais pessoas compartilharem as redes e plataformas, mais "capital social" é acumulado por todos os participantes. Ao contrário da Primeira e da Segunda Revolução Industrial, a infraestrutura da Terceira é engendrada para uma escala lateral e não vertical. Tim Berners-Lee criou a *World Wide Web* para permitir que todos compartilhassem informação com qualquer um perifericamente, sem pedir permissão ou pagar uma taxa aos agentes no centro.

Além do mais, enquanto as infraestruturas das duas primeiras revoluções industriais visavam recompensar uma minoria, em detrimento das maiorias, em um jogo de soma zero, a infraestrutura da Terceira Revolução Industrial, desde que com permissão para funcionar como definida antes, quer distribuir poder econômico com maior amplitude, incentivando uma democratização da vida econômica.

É verdade, sem dúvida, que uma primeira geração de empresas *startups* – Apple, Google, Facebook etc. – conseguiram criar plataformas globais dominantes que, em curto prazo, adquiriram controle do sistema operacional ao menos da internet de comunicação, permitindo acesso livre e aberto às suas plataformas, porém à custa de se apoderar dos dados pessoais de bilhões de usuários e vendê-los a terceiros, que os utilizam para ganhar acesso a consumidores, visando à publicidade e à venda de seus produtos e serviços.

É improvável, contudo, que esses oligopólios globais triunfem por muito tempo. Governos da União Europeia e outros já começam a brigar com esses gigantes digitais, impondo restrições ao modo como acessam os dados de seus usuários e, igualmente importante, direcionando esforços para uma legislação antitruste que rompa os monopólios daquilo que deveria ser uma infraestrutura distribuída, aberta e democrática.

Mais importante ainda, os monopólios globais provavelmente serão sufocados, senão suspensos de uma vez por todas, porque a infraestrutura da TRI continua evoluindo em novas iterações que tornam o comando centralizado e o controle das plataformas muito menos passível de existir. A introdução de bilhões, e logo trilhões, de sensores em uma crescente infraestrutura da Internet das Coisas se espalha com rapidez por todos os bairros e comunidades, até pelo mundo inteiro, e já está gerando quantidades massivas de dados.

Isso força um desvio espacial na coleta e no armazenamento de dados e na administração da analítica e dos algoritmos das tradicionais empresas gigantes verticalmente integradas para empresas pequenas ou médias (EPMs) *high-tech* locais e distribuídas, espalhadas lateralmente pelo planeta.

Muitos especialistas na indústria da tecnologia de informação e comunicação (TIC) preveem que o volume total de dados da Internet das Coisas (IoT) logo superará a capacidade de armazenamento de dados dos centros de coleta, bem como sua habilidade para utilizá-lo em tempo real. Pequenos "centros perimetrais de dados" já começam a aparecer ao longo da infraestrutura da IoT, coletando dados no local e compartilhando-os em múltiplas plataformas.

Líderes da indústria de TIC começam a compreender que a computação na nuvem – envio de dados gerados localmente ao longo de centros gigantescos de coleta de dados – também tem reação lenta em tempo real a eventos locais. É o que se chama de "latência". Se, por exemplo, um veículo autônomo estivesse prestes a bater, o tempo de resposta para enviar dados atualizados à nuvem e receber de volta instruções seria lento demais para evitar uma colisão. Diante dessa realidade, uma nova expressão entrou no dicionário de TIC: *fog computing*, isto é, "computação em névoa".

Nas próximas várias décadas, milhões de centro perimetrais de dados cada vez mais baratos, instalados em residências, escritórios, locais de trabalho, bairros, comunidades e no meio ambiente deverão lateralizar a coleta e o armazenamento de dados no local e permitir às populações usar analítica e governança de algoritmo em tempo real nas redes de conexão regional, evitando cada vez mais as redes de TIC integradas e centralizadas que caracterizavam a primeira geração de empresas digitais.

A nova infraestrutura digitalizada e distribuída traz consigo a perspectiva de uma vasta democratização do comércio em escala planetária. Muitas empresas globais sobreviverão à passagem e até prosperarão, mas seu papel será mais focado em agregar cadeias de suprimento, alinhar tarefas e proporcionar assistência técnica e treinamento para empresas pequenas e médias locais e mais ágeis, que por sua vez se encarregarão de boa parte das implantações econômicas.

Enquanto as infraestruturas das duas primeiras Revoluções Industriais pertenciam e eram operadas basicamente pelos governos, ou em alguns casos, privatizadas e postas nas mãos de grandes atores corporativos, muitos dos elementos que compõem a infraestrutura da Terceira Revolução Industrial são distribuídos na natureza e pertencem às pessoas. Turbinas eólicas, painéis de teto solar, *microgrids*, edifícios equipados com IoT, centros perimetrais de dados, baterias de armazenamento, células de hidrogênio, estações elétricas e veículos elétricos fazem parte da infraestrutura distribuída pertencente a centenas de famílias e milhares de empresas locais e associações de moradores.

Quando essa infraestrutura bem distribuída se desenvolver nos próximos vinte anos, bilhões de pessoas serão capazes de aplicar, agregar, desagregar e reagregar seus componentes específicos da infraestrutura em plataformas *blackchain* fluídicas à vontade em suas comunidades e conectar-se através de regiões, continentes e oceanos. Esse é o "poder do povo", no sentido literal e no figurado.

A natureza complexa e bem distribuída e integrada da infraestrutura faz o sistema funcionar como um ecossistema composto de numerosos nodos e agentes. Qualquer pessoa que já tenha usado plataformas inteligentes sabe que a própria noção de contribuir com seu capital social tem mais a ver com uma contribuição adaptativa do que com uma expropriação eficiente. Cada incremento de capital social é uma entrada que permite à plataforma evoluir e se tornar mais interdependente de maneira auto-organizada, enquanto aprimora o capital social geral de todos os seus contribuintes... pensemos em Wikis.

A interconectividade dos componentes cruciais da infraestrutura – comunicação, energia, mobilidade e logística, e a IoT – facilita a circularidade. Diferente das duas revoluções industriais anteriores, que eram lineares, a Terceira Revolução Industrial é circular, com cada elemento e cada entrada retroalimentando todos os outros, exatamente como os processos em um ecossistema de clímax, e criando um processo econômico que favoreça a regeneratividade acima da produtividade, ao mesmo tempo em que atenua as externalidades negativas.

É instrutivo pensar na infraestrutura da TRI como uma coorte de ecossistemas auto-organizadores não lineares inteligentes que se comunicam, geram força para si próprios e administram sua mobilidade, constantemente aprendendo com base em seus vários *loops* de retroalimentação, e sempre evoluindo e se transformando, à medida que interagem uns com os outros. Essa emergente dinâmica de infraestrutura é tão diferente do sistema econômico centralizado e baseado em equilíbrio, característico das práticas empresariais da Primeira e da Segunda Revolução Industrial, que não pode ser comparável. A infraestrutura da Terceira Revolução Industrial já abre caminho para um novo sistema econômico com princípios operacionais e objetivos completamente diferentes

A mudança de uma infraestrutura analógica para digital remove uma das âncoras da teoria capitalista – o valor das transações do mercado de câmbio. Todo aspirante a empresário procura uma tecnologia cada vez mais barata e práticas empresariais simplificadas que reduzam custos fixos e, mais importante ainda, o custo marginal da manufatura de produtos e entrega de serviços. Se agir desse modo, o proprietário consegue aumentar a renda por unidade vendida e ter um retorno de lucro suficiente para os investidores. O mercado ideal consiste em vender a um custo marginal. Porém, nos duzentos anos da expansão capitalista, ninguém sonhava com uma revolução industrial tão poderosa na redução de custo marginal, que se aproximasse cada vez mais do zero. Quando os custos marginais despencam tanto, é quase impossível ter lucros pelo "câmbio" de certos produtos e serviços nos mercados. É isso que a revolução digital está fazendo.

Os mercados se tornam pesados demais para acomodar uma infraestrutura digital. Pense sobre isso. Vendedores e compradores precisam se encontrar e acertar um preço de câmbio, para depois se separar. A interrupção no mercado cambial é o que mata. No ínterim, o vendedor ainda tem de lidar com custos: inventários, aluguel, impostos, salários e outras despesas gerais. Além disso, o vendedor precisa recarregar seu marketing, publicidade e solicitação, o que acrescenta mais tempo e despesa ao mercado cambial.

O mecanismo *start/stop* dos mercados cambiais é literalmente um anacronismo em uma economia digitalizada. Os mercados são transacionais. As redes, por outro lado, são impulsionadas por meio digital e ciberneticamente conectadas, funcionando mais como fluxos que câmbios.

Isso permite que a vida comercial se afaste das transações *start/stop* nos mercados e siga fluxos contínuos nas redes. Não há necessidade de interrupção nas redes. Por causa desse câmbio fundamental, a economia começa a dar um salto histórico, de titularidade para acesso, de vendedores e compradores nos mercados para provedores e usuários na rede.

Embora os custos marginais sejam mais baixos com a interconectividade digital, é a contínua oferta de serviços nas redes provedor/usuário que permite às redes a compensação pelo acentuado declínio em custos marginais por causa do fluxo do tráfego. Na nova era econômica de redes provedor/usuário, toda atividade econômica é um serviço potencial, desde o compartilhamento de conhecimentos até o compartilhamento de energia, bem como o de veículos. Como os provedores de serviço costumam ser os donos dos ativos, eles têm o maior interesse em manufaturar maquinário de alta qualidade e alto desempenho, com tempo de vida mais longo e cadeias de suprimento e logística com redundâncias embutidas que tornam o sistema mais resiliente para, assim, economizar nos custos de interrupção e garantir operabilidade confiável diante de transtornos inesperados.

Alguns custos marginais despencam tão perto do zero que ficam quase gratuitos, conduzindo a nova economia digital a um novo sistema econômico, que pode ser descrito como uma economia compartilhada resiliente. Alguns dos serviços compartilhados geraram redes capitalistas como Uber e Airbnd, que conectam provedores e usuários em custo marginal quase zero, mas cobram uma taxa pelo acesso ao serviço. É difícil algo assim ser duradouro. Hoje em dia, por exemplo, alguns motoristas que são donos de seus veículos e pagam pelo combustível, seguro e manutenção, além de prover toda a mão de obra, começam a se organizar em plataformas cooperativas regionais – e logo nacionais –, provendo os próprios serviços e, com isso, obtendo renda suficiente para ganhar a vida sem ter de repassar uma parte significativa do que recebem a terceiros. Outros serviços de compartilhamento como a Wikipedia são gratuitos e existem como plataformas sem fins lucrativos, financiadas por pequenas doações. Também há pessoas fazendo cursos *on-line* gratuitos, oferecidos pelos melhores professores de universidades de renome internacional, e costumam com isso receber créditos universitários. Milhões de indivíduos criam e compartilham de forma gratuita blogs de notícias, música e arte, além de muitos outros produtos e serviços em plataformas digitais. Nenhuma dessas atividades é incluída no PIB, mas elas contribuem para melhorar a qualidade de vida na sociedade.

Os cínicos podem debochar, mas a verdade é que, à medida que a banda larga, as energias renováveis e os serviços de compartilhamento de veículos ficarem mais baratos, a economia mais distribuída continuará a se expandir. Parte da economia compartilhada permanecerá atrelada a um modelo corporativo e ao pagamento de taxas para acesso, enquanto uma porção ainda maior se voltará para cooperativas *high-tech*, aproximando provedores e usuários em serviços unificados, e outras atividades de provedor/usuário serão quase gratuitas.

A economia digitalmente interconectada e distribuída, apesar de ainda estar na infância, é o primeiro sistema econômico novo a entrar no cenário mundial desde o capitalismo no século XVIII e o socialismo no século XIX – outro sinal de como a nova ordem econômica emergente diverge daquela que conhecíamos sob o capitalismo industrial. Por exemplo, na economia digitalmente conectada, o PIB já perde seu poder de marcador de desempenho econômico. Não foi uma boa métrica. O PIB é uma ferramenta rudimentar que mede todo resultado econômico, seja de fomento à vida ou prejudicial ao bem-estar da sociedade. Limpeza de depósitos de lixo tóxico, fabricação de sistemas de armas mortíferas de destruição em massa, construção de mais prisões, um número crescente de hospitalizações para tratamento de doenças pulmonares associadas à exposição de emissões de CO_2 da queima de combustíveis fósseis, a necessidade de reconstruir bairros e comunidades por causa de desastres climáticos, tudo isso aparece no PIB.

Em anos recentes, o PIB começa a cair em desgraça, à medida que as instituições globais, entre elas, a OCDE, as Nações Unidas e a União

Europeia, recorrem a indicadores de qualidade de vida (IQV) para mensurar o bem-estar econômico. A nova métrica avalia itens como mortalidade infantil, expectativa de vida, níveis educacionais, acesso a serviços públicos, qualidade do ar e da água, tempo de lazer, atividade voluntária, disponibilidade de recursos comuns e o dia a dia em comunidades seguras, transformando a própria maneira de uma geração mais jovem considerar o que é uma vida boa.

Em 2020, bilhões de seres humanos possuíam *smartphones*, cada um com maior poder de computação que as naves que levaram os astronautas à Lua.[2] Com o custo fixo caindo de modo vertiginoso e os custos marginais dos *smartphones* hoje quase zerados, a raça humana se conecta em uma miríade de plataformas para diversão, trabalho e vida social. Essa emergente interconectividade global vem abrindo novos canais de comunicação que evitam os guardiões comuns: governos nacionais e corporações globais. O resultado é que a nova infraestrutura digital tem democratizado relações temporais e espaciais, permitindo assim que novas afiliações floresçam no mundo todo com propósitos de comércio, intercâmbio, e vida cívica e social. Isso conduz a sociedade da globalização para a glocalização.

Uma economia mais glocal altera parcialmente a produção *offshore* – isto é, em outro país – para *onshore*: no próprio país, com as comunidades prestando mais atenção à autossuficiência e à proteção de sua biosfera. Ao mesmo tempo, os custos fixos e marginais mais baixos de produção e distribuição de bens e serviços, com economias laterais de escala, permitem que as cooperativas *high-tech* pequenas e médias comerciem entre si, região para região, por todo o globo, geralmente com mais agilidade e competitividade que as corporações globais.

A transformação de um paradigma global para glocal, acompanhada de uma mudança de infraestrutura analógica para digital, com o objetivo de comunicar, fortalecer e mover a economia, a vida social e a governança, exigirá uma reorientação total da força de trabalho humana. Enquanto as forças de trabalho industriais dos séculos XIX e XX se dedicavam à exploração e ao consumo dos recursos da terra, a força de trabalho do século XXI se centralizará cada vez mais na proteção da biosfera. Novas categorias de trabalho e milhões de novos empregos serão gerados em gestão ambiental. Os robôs e a IA terão apenas o papel secundário de monitorar e proteger os ecossistemas, enquanto a tarefa pesada exigirá o envolvimento humano em escala massiva para tratar de uma série crescente de desastres ligados ao clima, utilizando novos meios imaginativos de adaptação a uma Terra restaurada imprevisível.

O Instituto Brookings já identificou 320 categorias distintas de trabalho entre todos os principais setores que serão dedicados ao desenvolvimento e ao funcionamento de uma economia resiliente de emissão zero.[3] Essas novas categorias de emprego abordarão desde as habilidades vocacionais até as profissionais. Um estudo minucioso, publicado pelo TIR Consulting Group, LLC, prevê a criação líquida de 15 a 22 milhões de novos empregos entre 2022 e 2042 só nos Estados Unidos, com a aplicação robusta da infraestrutura continental da Terceira Revolução Industrial e subsequentes novas oportunidades de empreendedorismo e empregabilidade que, ao mesmo tempo, alimentarão e se servirão das novas plataformas digitais da TRI.[4]

As comunidades também começam a compartilhar sua eletricidade de origem solar e eólica com comunidades vizinhas, e nos próximos vinte anos partilharão eletricidade verde entre as regiões e pelo mundo afora, conectando a humanidade inteira. O compartilhamento de eletricidade solar e eólica acaba com o longo pesadelo de uma civilização industrial dependente do combustível fóssil, e por cujas energias armazenadas certas regiões entraram em guerra até o século XX, quando o planeta inteiro se envolveu em duas guerras mundiais que ceifaram milhões de vida.

A Era da Resiliência liberta nossa humanidade coletiva da geopolítica militarizada com seu fetiche por comando e controle de depósitos concentrados de carvão, óleo e gás natural e nos leva a uma nova era de "política de biosfera", a qual incentiva o compartilhamento de energia solar e eólica em uma Pangeia que se estende através de continentes, oceanos e zonas temporais. Para quem teme que uma ou mais das superpotências de hoje tente assumir o controle de uma internet glocal de energia e submeter a humanidade inteira à sua vontade, isso é improvável. Na Era da Resiliência, literalmente bilhões de famílias, milhões de empresas e centenas de milhares de comunidades – grandes e pequenas – em todos os continentes conseguirão captar sol e vento onde trabalham e moram, armazenar as novas energias em *microgrids* e compartilhar qualquer eletricidade verde excedente pela nova internet glocal de energia.

Diferente dos combustíveis fósseis, encontrados em abundância em poucos locais, o sol e o vento são energias distribuídas que existem em todos os lugares, mas por serem intermitentes, forçam um compartilhamento de eletricidade em concomitância com as condições climáticas, a rotação diária da terra e as estações mutáveis do planeta, enquanto este gira em torno do sol.

Qualquer tentativa por parte de uma única nação ou grupo de nações de atuar como síndico deve fracassar, pois qualquer participante local pode, de uma hora para outra, se desagregar da internet glocal de energia e reagregar-se em *microgrids* de comunidades ou regiões que não tardem a cobrir todas as massas continentais, mantendo as luzes acesas e a eletricidade viva, tanto local quanto regionalmente. A natureza altamente distribuída da internet glocal de energia tornaria quase impossível para qualquer país controlar milhões de *microgrids* locais em todos os continentes.

Quando começamos a compilar todas as mudanças econômicas oriundas da passagem para a infraestrutura digital inteligente da Terceira Revolução Industrial, a enormidade do que está acontecendo sugere uma transformação fundamental no modo como concebemos a vida econômica: de titularidade para acesso; de mercados vendedor/comprador para redes provedor/usuário; de crescimento para florescimento; de capital financeiro para capital natural; de externalidades negativas para circularidade; de economias verticalmente integradas de escala para cadeias de valor; do PIB para IQV; de globalização para glocalização; de conglomerados corporativos globais para empresas *high-tech* pequenas e médias com tecnologia *blockchain* em redes glocais fluídicas; de geopolítica para política de biosfera; e assim por diante. A infraestrutura da Terceira Revolução Industrial é um paradigma econômico transicional, em parte ainda atrelado a um modelo econômico industrial mais velho e em parte possuidor de muitos dos traços definidores de uma aflorante Revolução Resiliente.

Nos últimos setenta anos, a Terceira Revolução Industrial evoluiu, do marketing dos primeiros computadores comerciais e da introdução de tecnologia de controle numérico, robótica e automação para uma interface global digitalizada plenamente integrada, estendendo-se do sistema GPS de orientação no espaço sideral aos onipresentes sensores da Internet das Coisas (IoT) através das massas continentais e dos oceanos. No decorrer desse processo, a dinâmica interna desse sistema auto-organizador e todos os seus derivados se metamorfosearam em algo muito diferente do que se esperava no início. Isso significa que somos testemunhas de um salto extraordinário para um novo paradigma econômico que, até meados da década de 2040, provavelmente não será mais considerado uma Terceira Revolução Industrial nos moldes de uma economia capitalista estrita. Nossa sociedade global começa a sair do período de 250 anos da Revolução Industrial e já olha para a frente, uma nova era que pode ser caracterizada como a Revolução Resiliente.

Enquanto a era medieval enfatizava a devoção e o sonho da salvação celeste e a era moderna o progresso material ilimitado, perseverante e avançado, a próxima será marcada por resiliência a cada momento e a perspectiva de realinhar a espécie humana com os ritmos e os fluxos do planeta. Os indicadores fundamentais da transformação são as mudanças em orientação espacial e temporal geradas pela prática de uma infraestrutura resiliente, na qual a eficiência dá lugar à adaptabilidade, e o distanciamento e a precificação da natureza são substituídos pelo reengajamento profundo com uma Terra viva. A Era da Resiliência se abre diante de nós.

UMA CABEÇA DE PONTE NA AMÉRICA

Enquanto a União Europeia e a China avançam em uma transição para uma infraestrutura resiliente digitalmente integrada, os Estados Unidos permanecem às margens, com exceção de alguns estados e prefeitos de cidades grandes que acompanham o passo das outras duas superpotências do mundo. O resto do país, contudo, continua profundamente estagnado em um paradigma da Segunda Revolução Industrial, centrado no carbono. Por acaso, em janeiro de 2019, um "amigo do clima" na comunidade empresarial, a quem eu dava conselhos informais, foi interrompido durante uma de nossas reuniões por um telefonema do líder da minoria dos democratas na época, hoje líder da maioria no Senado americano, Charles Schumer. Depois do telefonema, perguntei a respeito de seu relacionamento com o senador e ele disse que eram amigos de longa data.

Eu sabia que o senador Schumer era um perene defensor da necessidade de lidar com a mudança climática. Mas o que dá destaque à sua voz nos anúncios públicos sobre essa premência climática diz respeito a uma revolução de infraestrutura verde inteligente que pode unir a TCI/banda larga, geração de eletricidade renovável e transporte elétrico e por célula de combustível em uma sociedade resiliente: abordagem semelhante à adotada pela União Europeia e pela China. Perguntei se era possível marcar uma reunião com o senador, e o amigo me disse que seria fácil.

No dia 11 de março de 2019, o senador e eu nos encontramos no capitólio e eu lhe falei de nosso trabalho na União Europeia e na China sobre conceituar e aplicar uma transformação na infraestrutura da Terceira Revolução Industrial relacionada ao clima. O senador mostrou-se entusiasmado ante a "abordagem exclusivamente americana" com o objetivo de alcançar os mesmos fins e perguntou se nossa equipe global poderia trabalhar diretamente com ele e sua equipe legislativa para desenvolver um plano 3.0 de infraestrutura resiliente para os Estados Unidos. Concordei, e pusemos mãos à obra.

O senador Schumer e eu nos encontramos em dez ocasiões entre março de 2019 e março de 2020. Cinco desses encontros se deram em seu gabinete, e quatro foram teleconferências virtuais e conversas telefônicas. Além das reuniões, o senador Schumer ofereceu um jantar do qual, além de nós, participaram sete colegas do senado, que ele considerava importantes para incluir em um projeto 3.0 de infraestrutura resiliente. No decorrer dos doze meses seguintes, e a pedido do senador, meu escritório entregou três iterações de um memorando estratégico sobre o conceito e a prática da nova infraestrutura proposta. O senador assinou cada uma delas e prosseguimos com o trabalho.

Depois do último memorando, sugeri que adotássemos uma abordagem mais granular e elaborássemos um plano detalhado de infraestrutura, acompanhado de toda a métrica para cobrir vinte anos de transformação nacional, conduzindo a América a uma economia verde de emissão zero. O senador Schumer concordou e nosso escritório pôs a mão na massa.

Cabe uma observação aqui. Já houve numerosas propostas nos Estados Unidos de uma transição para um futuro verde de emissão zero. Mas quase todas elas eram em forma de um amontoado de propostas isoladas e iniciativas pouco relacionadas (se é que se relacionavam) de criar uma infraestrutura resiliente unificada do tipo que ajudamos a implementar na União Europeia e na China. E as poucas iniciativas que abordavam a infraestrutura tinham vindo, na maioria, de círculos acadêmicos com pouca ou nenhuma experiência de campo em criar de fato um local de construção duradouro para a espécie de revolução em infraestrutura que tínhamos em mente. Mesmo os governadores nos estados-chave e prefeitos de várias cidades verdes do país davam mais ênfase a projetos isolados, sem um plano claro que esmiuçasse o tipo de infraestrutura que alçaria o país a um novo paradigma econômico e uma era pós-carbono.

Reunimos alguns dos principais líderes mundiais em áreas com as quais nosso escritório já trabalhava intimamente havia anos, além de equipes profissionais de suas organizações. Começamos pela pergunta: O que é preciso e o que é possível para colocarmos os Estados Unidos em uma infraestrutura 3.0 plenamente operacional e resiliente, livre de emissões de CO_2, até o ano 2040? A essência da tarefa que propúnhamos era apurar o que seria tecnicamente possível e comercialmente viável, considerando a qualidade, os padrões acordados e as projeções de futuros custos, economias e rendas durante as duas décadas entre 2020 e 2040. O resultado foi um plano detalhado de 237 páginas cobrindo uma transformação histórica de infraestrutura para os Estados Unidos. Ficou claro que o relatório representava um desvio sistêmico, de uma Infraestrutura da Terceira Revolução Industrial ainda em evolução para uma Infraestrutura da Revolução Resiliente infante, até o fim da primeira metade do século XXI.

Após o senador Schumer revisar o plano, nossa equipe global de parceiros se reuniu com ele em uma conferência por Zoom em 25 de agosto de 2020, a fim de discutir os pontos principais, detalhes, projeções e o melhor modo de ir adiante com essa nova visão para o país. O senador explicou que achava o plano "ótimo" e estava "muito confiante" em conseguir apoio no Caucus do Partido Democrata e nos bastidores políticos congressionais, estaduais e locais; ele sugeriu que nossa equipe e a dele trabalhassem juntas para apressar as especificidades; entre elas, reuniões com senadores em posição-chave, na preparação para o próximo governo e a renovação do Congresso em janeiro de 2021.

Seguem os destaques e as projeções do relatório.

MUDANÇA PARA INFRAESTRUTURA 3.0 RESILIENTE NA AMÉRICA (2020 – 2040)

- Investimento de 16 trilhões de dólares para escalar, aplicar e administrar uma infraestrutura da terceira revolução industrial digital inteligente de emissão zero para uma economia do século XXI.
- Criação líquida de 15 a 22 milhões de novos empregos no período entre 2022 e 2042.

- Previsão de que cada dólar investido na Infraestrutura 3.0 na América traga um retorno de 2,0 dólares em PIB entre 2022 e 2042.
- Aumento no índice de crescimento anual do PIB de uma empresa, dos costumeiros 1,9% para 2,3%, e um PIB maior de 2,5 trilhões de dólares em 2042 (passando de 29,2 para 31,7 trilhões de dólares naquele ano).
- 377 bilhões de dólares para espalhar cerca de 35.405 quilômetros de cabos subterrâneos e instalar 65 terminais para construir e administrar uma internet de eletricidade continental de corrente direta em alta voltagem, ultramoderna, por todo o país.
- 2,3 trilhões de dólares para instalar e manter 74 milhões de microgrids residenciais, 90 mil microgrids comerciais/industriais e 12 mil microgrids para escala de utilidade em comunidades por toda a América para gerar e compartilhar eletricidade renovável.
- 97 bilhões de dólares para instalar banda larga baseada em fibra em todos os 121 milhões de lares nos Estados Unidos.
- 1,4 trilhão de dólares para construir e manter infraestrutura de estações de carga para veículos elétricos em âmbito nacional, entrando no mercado entre 2020 e 2040.
- 4,4 trilhões de dólares para revitalizar os prédios comerciais e industriais da nação.
- 4,3 trilhões de dólares para instalar células fotovoltaicas solares em prédios comerciais ou ao seu redor.
- 1,8 trilhão de dólares para revitalizar prédios residenciais.
- 1,61 trilhão para instalar células fotovoltaicas solares em prédios residenciais ou ao seu redor.
- Praticamente dobrar a eficiência agregada – a proporção de trabalho potencial (quantidade do PIB real) comparado com energia útil – em toda a economia americana.
- Evitar os 3,2 trilhões de dólares em custos com poluição do ar e saúde e os 6,2 trilhões em custos cumulativos em desastres relacionados ao clima.

- Priorização da Infraestrutura 3.0 na América nas designadas 8.700 zonas de oportunidades – as comunidades mais pobres e vulneráveis.
- Desvio do modelo empresarial, de titularidade para acesso, de mercados para redes, de vendedores e compradores para provedores e usuários, de produtividade para regeneratividade, de PIB para indicadores de qualidade de vida, e de externalidades negativas para circularidade através das cadeias de valor.

O relatório especifica quase todos os aspectos técnicos e comerciais na conceituação e na prática em cada fase da infraestrutura resiliente em um período de vinte anos. O estudo também apresenta mais detalhes da fabricação, obtenção e montagem dos diversos componentes e sua integração na infraestrutura de um local de construção continental. Os aspectos técnicos são acompanhados pelas projeções de custo dos detalhes da infraestrutura e seu retorno sobre o investimento (RSI), com o passar do tempo.

As centenas de habilidades profissionais e técnicas que devem ser aplicadas são discutidas no relatório, além do treinamento especializado necessário para preparar uma força de trabalho de infraestrutura do século XXI que administre o novo modelo.

Embora o estudo seja elaborado para oferecer um protótipo com o propósito de lançar um projeto de construção em âmbito nacional, em uma escala comparável ao modelo das duas revoluções anteriores de infraestrutura nos séculos XIX e XX, sua implementação será menos centralizada e mais distribuída na natureza, e customizada de acordo com as necessidades, aspirações e metas de cada um dos cinquenta estados e suas localidades. Essas contribuições estaduais proporcionarão um mosaico de ramificações diversas que se servirão mutuamente em uma interface digital ininterrupta, porém fluídica, própria de um complexo sistema social/ecológico adaptativo. Todas as 237 páginas do relatório preparado para o senador Schumer, sob o título *America 3.0: The Resilient*

Society a Smart Third Industrial Revolution Infrastructure and the Recovery of the American Economy [*América 3.0: a sociedade resiliente: uma infraestrutura inteligente da Terceira Revolução Industrial e a recuperação da economia americana*], podem ser livremente acessadas.

Durante as duas primeiras revoluções industriais, as infraestruturas privilegiaram ganhos de eficiência em curto prazo e lucros rápidos, em vez de resiliência em longo prazo e retornos sobre investimento firmes e confiáveis. O resultado é que hoje vivemos em uma sociedade altamente frágil e vulnerável, sujeita a transtornos massivos inesperados – desastres climáticos cada vez mais graves, pandemia e ataques de vírus de computador – que debilitam grandes setores da sociedade, destroem o ambiente natural, prejudicam a economia e comprometem a saúde e o bem-estar de milhões de cidadãos americanos.

Em nenhum lugar o contraste entre eficiência em curto prazo e resiliência em longo prazo é mais evidente que na débil infraestrutura da Segunda Revolução Industrial dos Estados Unidoss. Por exemplo, desenvolvemos as estruturas nacionais de telecomunicação e eletricidade acima do solo para evitar a despesa de instalar cabos subterrâneos. Hoje em dia, são raros os períodos sem linhas de transmissão elétricas ou telefônicas subterrâneas que sofram dandos sérios em telecomunicação e quedas de energia, causadas por enchentes induzidas por aquecimento, incêndios florestais e furacões, e acarretando prejuízos de bilhões de dólares à economia e à sociedade americanas.

Os edifícios residenciais, comerciais e industriais dos Estados Unidos também foram construídos com o intento de cortar custos para garantir lucros rápidos em curto prazo, deixando casas, escritórios e fábricas mais frágeis e menos resilientes em meio a uma onda crescente de desastres climáticos terríveis, além da perda de vidas, lares, empresas e propriedade. Também a grade elétrica, composta de um amontoado de utilidades elétricas locais e um sistema de eletricidade muito arcaico, torna-se o alvo de ciberterroristas cuja missão é fechar partes da grade nacional e, com isso, causar pandemônio em diversas regiões e comunidades do país.

Além de tudo isso, a privatização massiva da infraestrutura pública nos últimos quarenta anos – estradas, sistemas de água, prisões, escolas, etc. – tem sido à custa da diminuição de despesas para assegurar ganhos de eficiência e lucros em curto prazo, o que compromete a resiliência de infraestruturas cruciais das quais o público depende para comunicar, fortalecer e mover a atividade econômica e a vida social.

Um futuro marcado por maiores desastres climáticos, crime cibernético e ciberterrorismo pode rapidamente desordenar as cadeias de suprimento, comprometendo comunidades e até a sociedade inteira. Além disso, uma pandemia global pode interromper as cadeias de suprimento quase de um dia para o outro. Quando o sistema de logística é comprometido, os artigos necessários básicos da vida – comida, água e medicamento – não podem ser entregues e populações inteiras correm risco. Essa lição ficou clara com a pandemia de Covid-19, que paralisou as economias dos Estados Unidos e do mundo, pois interrompeu o suprimento de equipamentos médicos vitais, remédios e alimentos, e deixou as economias locais indefesas e incapazes de satisfazer as necessidades básicas e manter sua saúde e bem-estar.

É essencial que a resiliência seja inserida nos sistemas de logística e nas cadeias de suprimento; para isso, deve contar com o recurso *onshore* de mais centros regionais de manufatura e obtenção de minerais de terras raras. Quando passarmos para os veículos de passageiros elétricos autônomos e caminhões de carga movidos por hidrogênio em sistemas rodoviários inteligentes, será importante em particular garantirmos cadeias de suprimento e logística. Portanto, os postos de combustível em intersecções rodoviárias devem ser equipados com instalações locais solares e eólicas, que gerarão eletricidade para carregar os postos e as bombas de célula de combustível de hidrogênio, capazes de manter na estrada veículos elétricos e caminhões pesados movidos a hidrogênio. Armazéns e centros de distribuição também precisarão de energia solar e eólica gerados no local ou nas proximidades, para terem luz, calor, ar condicionado e serviços mecânicos e robóticos que garantam a devida armazenagem, manutenção e despacho de artigos básicos.

A infraestrutura 3.0 na América prioriza resiliência inserida em todas as facetas da infraestrutura do país. Consideremos, por exemplo, o que aconteceria se um incêndio florestal catastrófico, uma enchente ou um furacão interrompesse o fornecimento de energia e as torres de celular regionais, deixando milhões de pessoas sem eletricidade para seus computadores e celulares. Caso ocorresse algo assim, as casas, as empresas locais, os bairros e municipalidades poderiam se transferir com rapidez da usina de força central para literalmente milhões de *microgrids* solares e eólicas em casas, fábricas, bairros ou campos abertos próximos, ou em torno deles, e se suprir de redes distribuídas para manter a eletricidade em movimento e abastecer os computadores e telefones celulares, garantindo uma conectividade ininterrupta com o mundo exterior até a grade regional ou nacional ser restabelecida *on-line*. De modo semelhante, a revitalização urbana para fortalecer casas, escritórios e fábricas, com o objetivo de deixá-los mais resilientes a ponto de aguentar desastres climáticos, torna-se com rapidez uma necessidade de sobrevivência. Uma vasta quantidade de edifícios atuais deverá sofrer uma revitalização completa para isolar interiores, minimizar perda de energia, otimizar economia energética e reforçar estruturas até se tornarem mais resilientes a perturbações de origem climática. O aquecimento a gás ou óleo, que são as grandes fontes de emissões que causam o aquecimento global nos edifícios, precisará ser substituído por aquecimento elétrico nos setores residencial, comercial, industrial e institucional. O retorno sobre um investimento na revitalização de um edifício, em termos de economia de energia, levará apenas poucos anos para aparecer, quando então o proprietário ou locatário desfrutará décadas de uma economia firme e confiável em termos de custos com energia.

A internet de água feita de sensores IoT também está sendo introduzida em reservatórios e sistemas de abastecimento, sendo capaz de levar aos consumidores água limpa e remover a suja, mandando-a de volta a usinas de tratamento para purificação. Os sensores IoT monitoram continuamente a pressão nos canos, o desgaste dos equipamentos, possíveis vazamentos, e a mudança da cristalinidade e da química da água, e usam os dados e a analítica para prever, intervir e até consertar de forma remota os problemas ao longo da cadeia de abastecimento. Medidores inteligentes e monitoramento por sensor também proporcionam dados em tempo real sobre o fluxo da água, entre eles o volume e o tempo de uso, para administrar com mais eficácia os recursos hídricos, desde o fornecimento e a garantia de distribuição de água limpa até a reciclagem e a purificação de água suja que possa ser reutilizada por consumidores; com isso, economiza-se água em um sistema circular virtuoso.

A inserção de uma internet de água por todos os nossos sistemas de abastecimento é particularmente apropriada, se considerarmos o fato de que quase seis bilhões de galões de água tratada são desperdiçados todos os dias por causa de vazamento nos canos, inexatidão das medições e outros erros, segundo a Sociedade Americana de Engenheiros Civis.[5]

O sistema nervoso da Internet das Coisas na infraestrutura resiliente 3.0 na América já se torna também uma tecnologia indispensável para monitorar impactos da mudança climática. Por exemplo, são inseridos sensores na biosfera da terra que monitoram condições de enchente ou seca e ventos, tanto para medir o impacto da mudança climática quanto para alertar as autoridades de possíveis locais potencialmente perigosos que possam desencadear enchentes graves ou incêndios florestais, dando aos socorristas bastante tempo para intervir.

Outros sensores IoT estão sendo instalados em corredores de ecossistemas com o objetivo de rastrear e fornecer dados sobre espécies em risco de extinção, incluindo a diminuição de gado e de rebanhos. Os dados são filtrados de forma analítica para avaliar meios de intervir e proteger a vida selvagem, bem como manter a biodiversidade em variadas ecorregiões. A IoT também é útil no monitoramento da poluição do ar, pois oferece leituras atualizadas a respeito da qualidade do ar na atmosfera, uma questão de saúde importante para as populações de risco, vítimas de asma e outras doenças provocadas por poluição. Foram instalados sensores até sob a crosta terrestre, com o objetivo de monitorar a condição do solo – a pedosfera – e informar os cientistas sobre a "saúde nutricional" na "Zona Crítica", da qual depende a sobrevivência de toda a vida na Terra.

Em certo sentido, a Internet das Coisas é como um sistema nervoso planetário que já começa a monitorar a saúde dos órgãos cruciais da Terra – a hidrosfera, a litosfera, a atmosfera e a biosfera –, e o que estamos descobrindo é que as mudanças em qualquer uma das esferas transbordam e afetam todas as outras esferas e todas as espécies, inclusive a nossa. Essa profunda conscientização provavelmente exercerá uma mudança fundamental na visão de mundo por parte da humanidade, ensinando-nos que todos os fenômenos na Terra, sejam biológicos, químicos ou físicos, têm relação íntima entre si, e o que acontece em qualquer lugar ao longo dos complexos gradientes e do sistema nervoso do planeta afeta, no íntimo, todo o resto, incluindo o bem-estar da espécie humana. Essa nova percepção crítica nos dará acesso à sociedade resiliente e a um novo contrato social para a espécie.

Todas as mudanças citadas acima são de natureza transformacional e relegam à história a breve saga de 250 anos da Era do Progresso. Estamos entrando no que deverá ser uma reorientação temporal e espacial aberta, que nos permitirá compreender e navegar pelo mundo ao redor na emergente Era da Resiliência. O segredo será nossa habilidade para desenterrar os desconhecidos conhecidos e os desconhecidos que são desconhecidos, todos os quais se estendendo à nossa frente no Antropoceno e criando novas formas de governança adaptativa que deverão incentivar uma participação profunda com as forças vitais aqui na Terra.

Sendo assim, iremos daqui para onde?

11

A ascensão da governança biorregional

A democracia representativa provou ser uma conciliação política viável no início da era industrial, capaz, ao menos por algum tempo, de manter um equilíbrio delicado, quando não contencioso, entre nacionalidade e localidade. Entretanto, em uma Terra restaurada de desastres horrendos que afligem as regiões de modo arbitrário e sem aviso prévio, a governança se torna muito mais uma questão de comunidade, na qual a população inteira vai estar engajada com frequência, protegendo, resgatando, restaurando e preparando-se para a próxima onda de ataque. "Todos a postos" é uma frase que reflete uma nova espécie de governança popular, muito mais carregada de pessoalidade.

Não é inesperado o fato de os desastres climáticos atravessarem as jurisdições governantes e afetarem ecorregiões inteiras. Estamos despertando para a nova realidade de que as velhas fronteiras políticas têm pouco valor e geralmente são um empecilho para a busca de soluções em um mundo propenso a tragédias climáticas. Governos locais nos Estados Unidos e outros lugares começam a entender que seu bem-estar tem uma relação íntima com jurisdições governantes mais fundamentais – as ecorregiões por eles habitadas. Na América, por exemplo, os estados que fazem parte da ecorregião dos Grandes Lagos sofrem enchentes anuais mais intensas. A região da cordilheira das Cascatas (as montanhas Cascade) do Noroeste Pacífico é devastada pela seca e por incêndios florestais no verão, o que força uma resposta regional. Na região do Golfo do México, a população é assolada por furacões implacáveis entre os meses de junho e novembro, todos os anos. Todas as pessoas na ecorregião são afetadas.

A nova percepção de que a identidade, afiliação e aliança política de um indivíduo dependem do bem-estar ambiental de sua ecorregião deverá se aprofundar e amadurecer nos próximos anos, décadas e séculos. Nossa espécie começa a encontrar o caminho de volta ao mundo natural, ao qual sempre fomos atrelados, quer reconheçamos o fato quer não. Essa repatriação política com a natureza já está em andamento. Mas não há garantia de que chegaremos lá a tempo. Forças políticas desestabilizadoras na América e em outros países podem comprometer ou acelerar a jornada.

A FEBRE DA SECESSÃO

A febre de secessão está se alastrando pelo mundo. Governos nacionais se veem sitiados por dentro, desde que certas regiões começaram a reivindicar independência. O mais preocupante é que esse fenômeno político antes raro começou a abalar as fundações da estabilidade política nos Estados Unidos da América, há muito considerado o governo nacional mais estável e o epítome da democracia representativa.

Uma pesquisa de opinião realizada na véspera da eleição presidencial em 2020 constatou que quase 40% de prováveis votantes apoiariam uma secessão estatal, se seu candidato perdesse.[1] Boa parte desse fervor advém da crença por parte de milhões de americanos de que seu voto não conta. Em duas eleições presidenciais recentes, o candidato derrotado recebeu mais votos populares, mas perdeu no Colégio Eleitoral. Imediatamente após a eleição em 2020, 77% dos Republicanos afirmavam que "houve uma fraude enorme" na eleição presidencial, e só 60% dos eleitores registrados "creem que a vitória de Biden foi legítima".[2]

Embora a crescente alienação dos eleitores americanos tenha inspiração política, o problema mais fundamental na essência da crise relaciona-se à geografia. O problema é que a América, assim como outros países, tem sofrido um despovoamento das áreas rurais e se tornado cada vez mais urbanizada e suburbanizada, deixando suas comunidades rurais defasadas, mas não sem poder político. Do mesmo modo, a linha divisória entre eleitores urbanos e rurais em termos de nível educacional, renda, mobilidade, valores sociais e visões de mundo se acentuou, polarizando o país e levando-o a viver em universos alternativos. Divisão política semelhante ocorre em outras nações bastante urbanas e industrializadas. Esse hiato provoca a proliferação de movimentos populistas extremistas e uma intranquilidade política crescente em cidades pequenas e na zona rural, situação que costuma resultar em protestos violentos cujo alvo são os centros urbanos.

A Revolução Industrial e uma narrativa cosmopolita privilegiavam o assentamento urbano acima da vida rural, com o resultado de que as comunidades rurais se transformaram em localidades remotas empobrecidas. A agricultura, assim como outros componentes da economia, ficou cada vez mais verticalmente integrada, com uma minoria de gigantes corporativos controlando quase todo aspecto da produção e da distribuição, desde as patentes de sementes geneticamente modificadas até o armazenamento de fibras e grãos para a posterior distribuição dos produtos finais no varejo. A fazenda familiar, pelo menos nos países bem industrializados do Ocidente, acabou se marginalizando; as cidades pequenas encolheram e milhões de cidadãos rurais ficaram isolados.

A MIGRAÇÃO CONTRÁRIA:
a fuga de volta às comunidades rurais

A Revolução Resiliente muda a dinâmica. No emergente Antropoceno, as comunidades rurais deverão ser revividas e ascender, bem como as cidades médias inteligentes e centros das cidades com populações em torno de 50 mil a 100 mil habitantes. Há numerosos fatores causativos dessa transformação geográfica histórica.

Em primeiro lugar, em um mundo digitalmente interconectado e glocalizado, em que os custos fixos e marginais de produção e distribuição despencam, as economias verticalmente integradas de escala, marco da era industrial, logo cedem lugar a economias laterais de escala, favorecendo empresas *high-tech* pequenas e médias, em vez de corporações globais que dominaram o século XX. Mario Carpo, professor de teoria arquitetônica e história na Faculdade Bartlett de Arquitetura, University College, em Londres, explica a transformação:

> A lógica técnica do mundo industrial se baseia em produção em massa e economias de escala. A maioria das ferramentas de produção em massa utiliza gesso, moldes, tinturas [*sic*] [...]. Quanto mais idênticas forem as cópias que fizermos, mais barata será cada cópia. A fabricação digital [...] não utiliza matrizes mecânicas, gessos ou molde. Sem matrizes mecânicas, não é necessário repetir a mesma forma para amortizar o custo do plano de produção; portanto, cada unidade, desde que feita digitalmente (impressão em 3D ou fresadora) é única: a fabricação de mais cópias do mesmo item não barateará nenhuma delas. [...] O custo marginal de produção é sempre o mesmo. Economias de escala não se aplicam à manufatura digital.[3]

Isso significa que empresas *startup* inteligentes podem se instalar em cidades pequenas e vilarejos em áreas rurais, onde os imóveis são menos caros e os custos gerais são mais baixos e, ainda assim, competitivos em mercados glocais.

Até os custos com logística começam a cair para quase zero, pois a impressão 3D permite que uma empresa pequena ou média crie um programa para imprimir um produto e, depois, envie as instruções digitais a um fabricante, atacadista ou varejista de modo instantâneo em qualquer lugar do mundo, onde o produto poderá ser impresso e entregue ao usuário final. Um comércio de maior distribuição geográfica, que se estenda por áreas rurais, ganhará cada vez mais popularidade à medida que a infraestrutura digital inteligente e resiliente tiver abrangência continental.

A pandemia do coronavírus também acelerou o repovoamento de áreas rurais, com uma geração mais jovem em busca de espaço aberto e um retorno a um ambiente natural convidativo onde ela possa formar famílias, abrir negócios e trabalhar. Além disso, um número crescente de nativos digitais mais jovens, criados em cidadezinhas de áreas rurais e que em geral teriam migrado para cidades maiores atrás de oportunidade de emprego, tem preferido ficar onde vive, pois as opções de trabalho são melhores. Uma pesquisa da Gallup em 2018 perguntou a norte-americanos das mais variadas faixas etárias em qual das cinco regiões geográficas prefeririam morar: cidade grande, cidade pequena, periferia de uma cidade grande, periferia de uma cidade pequena ou área rural. A percentagem mais alta, 27%, escolheu localidades rurais, e outros 12% preferiram cidades próximas ou dentro da zona rural.[4]

Talvez haja uma sensação geral, embora inconsciente, de que os vastos centros urbanos de moradores isolados do mundo natural, enclausurados em ambientes artificiais hermeticamente fechados, prenunciem o colapso da civilização. Ao mesmo tempo, regiões rurais em torno de corredores urbanos e suburbanos terão papel de destaque na restauração dos ecossistemas da terra e no redesenho da civilização.

Mudanças climáticas colocam comunidades urbanas, suburbanas e rurais sob o mesmo teto, onde a afiliação política de cada indivíduo sobe até os 19 quilômetros da biosfera: o *habitat* coletivo no qual todos nos entrincheiramos. Essa é a comunidade expansiva que nossa espécie se acostumará a chamar de casa. Esse novo sentido de espaço, lugar e afiliação chega com uma diferente priorização do que consideramos os pilares da economia. Os bens sustentáveis na Era da Resiliência são menos ligados à produção de coisas e consumo e mais envolvidos com a regeneração das ecorregiões e esferas da Terra. É o ponto de intersecção em que aquilo que constitui serviço econômico essencial muda. Uma economia resiliente ao redor de empresas e serviços de ecossistema assinala o surgimento de uma força de trabalho rural bastante instruída e ecologicamente orientada, bem como uma potencial conciliação entre populações rurais e urbanas que há muito não se entendiam.

Embora vivamos no tempo, aprendemos que a geografia – o apego do indivíduo ao lugar – determina em grande parte nossa visão de mundo e a narrativa que norteia a vida de cada um de nós. Compreender como as populações e comunidades rurais se relacionam com seu ambiente e o mundo natural, em comparação com as populações urbanas e suburbanas, é importante se quisermos estabelecer um espírito cooperativo em torno de uma governança ecorregional compartilhada. Um estudo publicado em 2020 pelo Instituto Nicholas para Soluções de Política Ambiental da Universidade Duke, intitulado "Compreendendo atitudes rurais para com o meio ambiente e a conservação na América", explica os pontos importantes para uma potencial cura da divisão urbana-rural e a unificação com o intuito de proteger as ecorregiões da América e de outras partes do mundo. O estudo envolveu entrevistas individuais com líderes rurais e grupos de foco, além de pesquisa por telefone em estados essencialmente rurais.

A pesquisa revelou que a população rural dos Estados Unidos tende a ser altamente crítica daquilo que enxerga como interferência do governo federal em questões rurais, desconfia das organizações ambientalistas e é cética quanto aos prognósticos de aquecimento global. A população rural também é mais conservadora e religiosa em suas visões e menos receptiva a mudanças em costumes sociais, se comparada com as populações urbanas e suburbanas. Ao mesmo tempo, a cidadania rural tem um apego profundo às terras e protege o ambiente.

Uma pesquisa nacional perguntou aos cidadãos quais seriam suas motivações para adotar políticas ambientais fortes, e 62% dos entrevistados citaram como principal interesse uma forte responsabilidade moral de proteger o ambiente natural para as gerações futuras, o que depõe a favor de comunidades rurais assumindo um papel de liderança na proteção das ecorregiões.[5] É crucial para o futuro da espécie humana na Terra compreender a dinâmica cultural por trás de um despovoamento histórico de milhões de habitantes das cidades, para um repovoamento mais distribuído em harmonia com o ecossistema, acompanhado de uma forma de governança mais flexível, com orientação ecológica.

A probabilidade de as comunidades rurais se tornarem a linha de frente na preparação da América para a Era da Resiliência e uma nova era de serviços ecológicos não é apenas uma esperança, mas se converte rapidamente em uma realidade que surge da maneira mais inesperada. As regiões com maior potencial solar e eólico como fontes de energia para gerar eletricidade verde em escala de utilidade se encontram nos estados Republicanos: os estados do Sudeste, das Grandes Planícies e do deserto do Sudoeste. Seis dos dez estados líderes que produzem atualmente energia eólica possuem fortes bases rurais e são fortalezas dos Republicanos; o mesmo ocorre com cinco dos dez estados com maior geração de energia solar. Milhares de novas empresas e empregos surgem nas regiões rurais, com seus ricos veios de potencial energético solar e eólico.

Igualmente impressionante, a indústria automotiva norte-americana, baluarte da Segunda Revolução Industrial e o setor comercial que mais usa combustíveis fósseis, responsáveis pela maior parte das emissões de CO_2, está deixando sua base no Nordeste e Meio-Oeste e assentando-se nos fortes estados republicanos no Sul central, na região Sul, e nas regiões das planícies e do Oeste do país. Em outubro de 2021, a Ford Motor Company espantou o país e o mundo ao anunciar que estava construindo megausinas na zona rural do Kentucky e do Tennessee para fabricar sua próxima geração da série de caminhões F-150, totalmente elétricos, e de baterias elétricas utilizadas nos veículos. A indústria de 11,4 bilhões de dólares de caminhões no século XXI criará onze mil novos empregos líquidos. Essas novas instalações de produção *high-tech* verde são o maior investimento na história da Ford.[6]

A decisão da Ford de produzir uma nova geração de caminhões elétricos F-150 para substituir sua linha atual de veículos com combustão interna não mudará só a própria natureza da indústria automotiva, mas também a dinâmica sociopolítica na América. Os caminhões da série F-150 são os mais vendidos na América, e a renda da empresa chegou perto de 42 bilhões de dólares em 2021, a segunda renda mais alta para um produto de marca registrada na América, só perdendo para os iPhones.[7]

A nova linha de caminhões elétricos, porém, é só o começo. Ao fazer o anúncio, a Ford disse que "espera que 40% a 50% do volume global de veículos seja plenamente elétrico até 2030".[8] Não foi mencionado, embora seja evidente, que os caminhões da Ford são a escolha preferida de veículo dos motoristas rurais, uma identificação estereotipada dos eleitores republicanos. Segundo uma pesquisa recente entre consumidores de veículos automotivos, os republicanos compram oito picapes para cada picape comprada pelos democratas, e muitos desses veículos são da série F-150.[9]

Em nenhum lugar os efeitos dessas mudanças terão maior impacto que na arena política. Aliás, já está acontecendo. Com o intuito de atrair a Ford e outras empresas para seu estado, a Assembleia Geral de Kentucky liberou um pacote de incentivos de 410 milhões de dólares que permitiria à Ford levar uma vantagem de 250 milhões em empréstimos perdoáveis. Além disso, 36 milhões estão sendo disponibilizados para treinamento técnico. Funcionários do governo do Tennessee, que não querem ficar para trás, disseram que o estado oferecerá incentivos semelhantes de mais de 500 milhões de dólares para atrair outras empresas e indústrias à região.[10]

A onda da empresa verde vem com força total, e os estados com maior potencial eólico e solar estão se preparando para fazer negócio. A indústria de energia e eletricidade e a indústria automotiva são as primeiras jogadoras. Outras indústrias na transição para infraestrutura verde, com linhas de produtos e serviços ecológicos, certamente virão em seguida. Áreas rurais nesses estados pioneiros, e logo em outras regiões como o Meio-oeste, Sul e Oeste do país, provavelmente mudarão não apenas o panorama empresarial, mas também o ambiente social, cultural e político nos próximos trinta anos. O tempo dirá.

A nova dinâmica cultural que vem com o realinhamento econômico e político das regiões rurais para uma orientação mais verde deverá ter o maior impacto sobre a natureza da governança em si. À medida que estados, comarcas e municípios se envolverem de modo mais profundo com empresas e serviços ecológicos, será inevitável que a atenção se volte para o melhor meio de administrar os ecossistemas regionais. Nos Estados Unidos e outros países, já começamos a testemunhar uma alteração de governança que transpõe a linha divisória entre o urbano, o suburbano e o rural, adotando um domínio governante mais inclusivo: as ecorregiões locais onde vivem seus cidadãos e às quais estão intricadamente ligados seu futuro e o destino. Os impactos da mudança climática são sentidos de maneiras diferentes em cada ecorregião, o que implica estender as velhas fronteiras políticas, ao menos em parte, para permitir que bairros e comunidades compartilhem uma ecorregião e a protejam coletivamente. Esse despertar político embrionário já abre o caminho para um novo conceito de governança, definida informalmente como "governança biorregional" em comunidades espalhadas pela América e pelo mundo.

O ADVENTO DA GOVERNANÇA BIORREGIONAL

A comunidade científica estabeleceu o contexto e a linha do tempo para a governança biorregional, com o apelo para restaurar metade da Terra. E. O. Wilson, o famoso biólogo de Harvard, fez um apelo em seu livro publicado em 2016: *Half-Earth* [Meia Terra]. Ele argumentava que para impedir a sexta extinção geral de vida, seria necessária uma mobilização massiva nas próximas décadas com o objetivo de redesenhar metade da superfície do planeta como reservas naturais, desse modo preservando a biodiversidade existente.

A princípio, o alerta de Wilson atraiu pouca atenção, principalmente dentro da comunidade científica e acadêmica. Mas à medida que os dados chegavam de todos os cantos da terra sobre a perda de espécies e ecossistemas, a ideia se popularizou na União Europeia, na China e nos

Estados Unidos. Em 2019, cientistas de várias partes do mundo publicaram um estudo intitulado "Um acordo global para a natureza: princípios, marcos e alvos", oferecendo um relatório minucioso de como elaborar e pôr em prática uma missão dessa magnitude e escala. Os autores do relatório científico começaram com a meta principal: para impedirmos uma extinção em massa, temos de deter as emissões que causam o aquecimento global para que a elevação da temperatura da Terra não exceda 1,5 grau Celsius, ponto em que o colapso dos ecossistemas terrestres e a morte de espécies em escala massiva seriam inevitáveis. Eles argumentaram que "o caminho mais lógico para evitarmos a crise iminente é a manutenção e restauração de pelo menos 50% da área de terras do planeta como ecossistema natural intacto, combinadas com medidas de transição de energia".[11]

Os pesquisadores ressaltaram que "florestas intactas e sobretudo as tropicais absorvem o dobro de carbono que as monoculturas plantadas", e que "dois terços de todas as espécies da Terra são encontradas em florestas naturais, [e nesse caso] a manutenção das florestas é vital para impedir uma extinção em massa". Acrescentaram que "a absorção e armazenamento de carbono se estende para muito além das florestas tropicais: turfeiras, tundra, manguezais e antigas savanas também são depósitos importantes de carbono e conservam acúmulos distintos de plantas e animais"; estas não precisam ser incluídas no plano de preservação.[12] Os autores do relatório também enfocaram os ecossistemas marinhos, lembrando os agentes políticos de que áreas marinhas protegidas, denominadas reservas marinhas, "mostram-se muito mais eficazes que outras ações na proteção e restauração da biodiversidade, aumentando a produção nos pesqueiros adjacentes e melhorando a resiliência do ecossistema".[13]

Embora a ideia de preservar os ecossistemas do planeta não seja nova, ela deu um salto súbito, das ciências ecológicas para o palco central na arena política. O presidente Joe Biden surpreendeu o país ao anunciar, pouco depois de vencer a eleição presidencial, que os Estados Unidos adotariam a meta de conservar 30% de suas terras e oceanos até 2030. Até hoje, 26% das águas costeiras norte-americanas são protegidas de acordo com a meta 30/30, mas só 12% da massa continental dos Estados Unidos está sob proteção. A garantia de que mais 18% das terras da América estarão protegidas até 2030 – uma área que é o dobro do tamanho do Texas – é um compromisso significativo, mas realizável, se houver esforço. Para alcançar esse objetivo, o governo federal precisaria se aliar aos estados e reverter a tendência atual.[14]

A eliminação de ecossistemas naturais só tem aumentado nas décadas recentes nos Estados Unidos. As impressões humanas cresceram em torno de 24 milhões de acres somente entre 2001 e 2017, o equivalente a um campo de futebol de ecossistema natural eliminado a cada 30 segundos.[15] As estatísticas globais sobre a perda de terreno aberto em nome do desenvolvimento humano também são alarmantes e colocam em risco mais de 1 milhão de espécies vegetais e animais, com implicações tétricas para a futura sobrevivência de nossa espécie.[16]

Há um robusto apoio público pelo programa 30 por 30. Uma pesquisa em 2019 apurou que 86% dos americanos apoiam o plano e 54% apoiam fortemente a iniciativa. Apenas 14% se opõem ao esforço.[17] Seja como for, o endosso do público é notável. Entretanto, o diabo mora nos detalhes. Há um consenso de que, embora o governo federal deva estabelecer as metas, alvos e linha do tempo, e oferecer incentivos e diretrizes acompanhados dos devidos códigos, regulações e padrões que facilitem a transformação, os estados e suas comunidades precisarão assumir a linha de frente nas estratégias e na aplicação do plano 30 por 30, elaborado para atender às realidades ecológicas, culturais e políticas, bem como às diretrizes aspirantes mais apropriadas ao seu local. Há também um apoio público extenso à ideia de que qualquer plano desse tipo deve priorizar as comunidades vulneráveis, que correm o maior risco de perda dos serviços de ecossistema, tais como água não poluída e ar limpo, para citarmos alguns.

Embora 28% da massa continental na América pertença ao governo federal, um adicional de 12% está nas mãos de estados, comarcas e municípios. Além disso, nos 48 estados continentais, 75% do ambiente natural que foi perdido para o desenvolvimento entre 2001 e 2017 estava em terras privadas.[18] Mais importante ainda, 56% dos 751 milhões de acres de terra florestal nos Estados Unidos são propriedade particular, o que significa que os cidadãos deverão se engajar de corpo e alma em todas as ecorregiões com o intuito de determinar o caminho para alcançar a meta 30 por 30; do contrário, ela fracassará.[19]

A primeira questão a ser abordada é o significado da expressão "governança biorregional", e como se relaciona às ecorregiões locais. Embora os dois termos compartilhem a origem, possuem narrativas diferentes. Ecorregiões são as sub-regiões bióticas únicas dentro das principais regiões biogeográficas do planeta. Alfred Russel Wallace, que com Charles Darwin difundiu a teoria da evolução das espécies, foi o primeiro a classificar as regiões biogeográficas da terra. Esse processo tem sido refinado e retrabalhado até hoje. Wallace descreveu tais regiões como "aquelas divisões primárias da superfície da terra de extensão quase continental, caracterizadas por acúmulos distintos de tipos animais".[20] Hoje, a definição aceita de uma região biogeográfica é aquela em que os ecossistemas compartilham de uma biota semelhante, mais ou menos correspondente a um continente específico. As oito regiões biogeográficas da Terra são Australásia, Afrotrópica, Neártica, Oceânica, Antártica, Indo-malaia, Neotrópica e Paleártica.[21]

O World Wildlife Fund, por sua vez, define as ecorregiões ideais como "os exemplos mais distintos de biodiversidade para determinado tipo de *habitat* principal". Devem incluir riqueza de espécie; endemismo; exclusividade taxonômica superior; fenômenos ecológicos ou evolucionários extraordinários; e raridade global do tipo de *habitat* principal.[22]

Essas classificações permitem aos cientistas, governos e comunidades locais avaliar a biodiversidade e a saúde dos ecossistemas da região por eles habitada, com o duplo propósito de adaptar o campo social ao reino natural maior e identificar melhor as fraquezas nas ecorregiões que precisam ser aperfeiçoadas.

A governança biorregional, em comparação, representa aquela parte de uma ecorregião que é protegida pelo governo e proporciona um sentimento de afiliação, apego e identidade, bem como um engajamento, seja ele de natureza antropológica, psicológica, social, econômica ou política. Em geral, o sentimento de apego a uma biorregião atravessa fronteiras políticas arbitrárias, abrangendo a ecorregião na qual vive uma comunidade humana. Essa identificação ecológica além das fronteiras se acentuou em anos recentes, pois enchentes, secas, incêndios florestais e furacões provocados pela mudança climática afetaram jurisdições políticas adjacentes entre os estados, forçando uma resposta coletiva daqueles que compartilham ecorregiões.

O biorregionalismo foi introduzido pelo jornalista Peter Berg e pelo falecido ecologista Raymond Dasmann, professor de ecologia na Universidade da Califórnia em Santa Cruz. Eles descrevem uma biorregião em termos sociais, psicológicos e biológicos, com a ideia de "viver no lugar", expressão que usam para indicar a vida em "equilíbrio com sua região de apoio por meio de elos entre vidas humanas, outros seres e os processos dos planetas: estações, clima, ciclos aquáticos, conforme revelados pelo próprio lugar".[23]

Embora o termo "biorregião" seja relativamente novo, o conceito é muito antigo. A economista Elinor Ostrom, primeira mulher a receber o Prêmio Nobel de Economia, era também antropóloga. Perscrutou o passado da história humana e catalogou os modos como a maioria das sociedades tinha uma ligação profunda com o lugar e seu ecossistema imediato, e organizava a economia, a vida social e a governança coletivamente em uma administração conjunta da região ecológica onde viviam.[24] Agindo assim, elas se asseguravam de que suas práticas não excedessem a capacidade da biorregião, mas fossem regenerativas, consistindo em viver de acordo com a renovação sazonal e anual dos 19 quilômetros da biosfera que englobava sua área comum.

Apesar de frequentemente perdida no fluxo diário da política nacional e global e das maquinações econômicas, a afiliação enraizada na região se tornou tradicional na América e em outros lugares, pelo menos até o advento da era industrial e do repovoamento massivo nas comunidades urbanas. Thomas Jefferson era da opinião que, dada a preferência, a governança funciona melhor quando está mais perto de onde moram as pessoas. Para dirimir quaisquer dúvidas do poder notável do biorregionalismo – "viver no lugar" – como identidade primária do indivíduo, quando o governo dos Estados Unidos montou um Comitê de Recursos Naturais em 1934 para estudar as regiões da América durante o auge da Grande Depressão, a fim de verificar como os cidadãos identificam suas afiliações, concluiu que "a diferenciação regional pode se revelar como a verdadeira expressão da vida e cultura americana [refletindo] os ideais, as necessidades e os pontos de vista americanos, de um modo mais satisfatório que a consciência de Estado e lealdade".[25]

Algumas das biorregiões mais bem definidas nos Estados Unidos, onde já existe engajamento político e cultural, são os Apalaches centrais, a planície aluvial do Mississippi, o delta do rio Mississippi, o cinturão negro do sudeste, as Grandes Planícies, a região de Laurenciana/Grandes Lagos, a costa sul da Califórnia, o deserto de Sonora, o deserto de Mojave, o vale central da Califórnia, a costa central da Califórnia, Sierra Nevada, a costa norte da Califórnia, o sul da cordilheira das Cascatas e a região dos altiplanos desérticos.[26]

PIONEIRAS
As regiões das Cascatas e os Grandes Lagos

Várias abordagens biorregionais de governança na área continental dos Estados Unidos já estão em andamento e podem dar uma ideia de como essa emergente revolução política está evoluindo. A Biorregião das Montanhas Cascatas (Cascade) no Pacífico Noroeste e a Biorregião Laurenciana dos Grandes Lagos nos permitem compreender a transformação política que provavelmente mudará a natureza da governança na

América e em outros lugares, à medida que nos embrenharmos nas profundezas do Antropoceno.

A Biorregião das Cascatas é a mais antiga e conhecida no mundo. Sua origem remonta ao começo dos anos 1970, o nascimento do moderno movimento ambientalista. A região atravessa a fronteira entre Estados Unidos e Canadá e contém ecorregiões distintas que cobrem 4.023 quilômetros, desde o rio Copper no sul do Alasca até Cape Mendocino no sul, e leste até a Caldeira de Yellowstone e a Divisória Continental.[27] Se incluirmos apenas o centro da Biorregião das Cascatas, os estados de Washington, Oregon e a província canadense de Colúmbia Britânica, a região extensa é o lar de 16 milhões de habitantes, com uma massa continental que faria da área o vigésimo maior país no mundo. A cordilheira das Cascatas possui os maiores trechos intactos de florestas úmidas temperadas no planeta, e sete das dez maiores florestas que absorvem carbono.[28]

O corredor Portland, Seattle e Vancouver abriga o segundo maior centro tecnológico do mundo. Muitas das empresas gigantes de tecnologia, como Amazon, Microsoft, Boeing e T-Mobile, têm sede na Biorregião das Cascatas. Essa região, sem incluir a Califórnia, seria a nona maior economia do planeta. Aproximadamente 30% da área continental das Cascatas é usada na agricultura.[29]

Em 1991, estados norte-americanos e províncias e territórios canadenses se uniram para criar um esforço colaborativo intracontinental com o objetivo de proteger a maior parte da Biorregião das Cascatas sob os auspícios da Região Econômica do Noroeste Pacífico (PNWER). As jurisdições governantes são Washington, Oregon, Colúmbia Britânica, Idaho, Alberta, Saskatchewan, Yukon, os Territórios do Norte e o Alasca. Nos anos posteriores, a PNWER ampliou esse esforço colaborativo com a inclusão do setor sem fins lucrativos e empresas privadas. O conselho governante é composto de governadores dos estados norte-americanos e de primeiros-ministros das províncias canadenses participantes, bem como suas legislaturas.

Na lista dos objetivos primários da PNWER consta "alcançar crescimento econômico e ao mesmo tempo manter o ambiente natural das regiões", e com essa finalidade, ela se encarrega de "comunicar políticas provinciais e estaduais por toda a região".[30] Grande parte do trabalho da PNWER em anos recentes se concentra em adaptar-se a mudanças climáticas por meio de uma resposta biorregional a desastres climáticos e resiliência ao clima, além do lançamento de projetos colaborativos para proteger as ecorregiões em sua jurisdição.

Nos últimos anos, impactos e desastres climáticos – principalmente secas, incêndios florestais, elevação da água do mar, infestações de insetos e desmatamento na região da cordilheira das Cascatas – assolaram o ambiente, ameaçando a sobrevivência das 75 ecorregiões. Um relatório do governo federal prevê um cenário sombrio e o encolhimento da linha do tempo para tratar de mudanças climáticas provocadas por aquecimento global na região. Entre as preocupações, o relatório alerta que:

> Mudanças no ritmo mutável do derretimento de neve já são observadas, e continuarão a reduzir o fornecimento de água para diversas demandas concorrentes, além de acarretar consequências ecológicas e socioeconômicas de grande implicação... Os efeitos conjuntos do aumento do nível do mar, erosão, inundação, ameaças à infraestrutura e ao *habitat*, bem como uma maior acidez oceânica, impõem uma forte ameaça à região; os impactos coletivos dos crescentes incêndios florestais, infestações de insetos e doenças vegetais já causam uma alastrante mortandade de árvores... e uma transformação prolongada de paisagens florestais. [...] Isso sem falar das preocupações vitais com a agricultura em termos de custos de adaptação, desenvolvimento, tecnologias mais resilientes, administração e disponibilidade e ritmo do fluxo da água.[31]

Enquanto a região das Cascatas avança na abordagem formal da governança biorregional, o mesmo fazem as jurisdições governantes nos

Estados Unidos e Canadá que compartilham os Grandes Lagos laurencianos. Os Grandes Lagos dos Estados Unidos e Canadá são as maiores fontes de água potável na Terra e representam 20% de toda a superfície de água potável do planeta.[32]

O vasto potencial econômico da ecorregião dos Grandes Lagos laurencianos ficou evidente desde a primeira vez que o explorador francês Samuel de Champlain avistou os vastos mares interiores em 1615. Oito estados norte-americanos e duas províncias canadenses abrangem os Grandes Lagos: Minnesota, Wisconsin, Illinois, Indiana, Michigan, Nova York, Ohio, Pensilvânia, Ontário e Quebec.

A região dos Grandes Lagos foi o berço da Primeira e da Segunda Revolução Industrial. Muitos dos gigantes industriais da América nasceram nessa área, como por exemplo, International Harvester, U.S. Steel, Stardard Oil, General Motors, Chrysler e Goodyear. As indústrias de polpa, papel e produtos químicos também se assentaram na região dos Grandes Lagos. Hoje, a área é habitada por 107 milhões de pessoas, oferece 51 milhões de empregos e desfruta um PIB de 6 trilhões de dólares.[33]

O uso da região dos Grandes Lagos como mola-mestra da era industrial veio com uma conta entrópica própria. Essa conta expirou em 22 de junho de 1969. Uma única fagulha saiu de um trem que atravessava a ponte ao longo do rio Cuyahoga, em Cleveland, por volta do meio-dia, e caiu na água, incendiando detritos industriais que flutuavam na superfície. As chamas logo se espalharam pelo rio e acabaram subindo o equivalente a cinco andares em alguns locais.[34] O incêndio de 1969 não foi a primeira vez que o rio Cuyahoga se cobriu de chamas. Já tinham ocorrido outros nove incêndios entre 1868 e 1962.[35] Aliás, o Cuyahoga, cujas águas poluídas desembocam nos Grandes Lagos, não era uma anomalia. O rio Chicago em Illinois, o rio Búfalo em Nova York e o Rouge no estado de Michigan, todos os quais desembocam nos Grandes Lagos, também sofreram incêndios no pico da era industrial.

O descarte de óleo, solventes, substâncias químicas industriais e fezes nos Grandes Lagos por parte dos rios afluentes também foi por muito tempo considerado atividade comercial. A maioria dos norte-americanos que morava ao longo do perímetro dos Grandes Lagos nos séculos XIX e XX achava que o problema da poluição industrial nos Lagos era apenas o preço a ser pago pelo progresso econômico. O autor John Hartig, cujo livro *Burning Rivers* descreve a história dos incêndios nos Grande Lagos, assim resumiu o pensamento popular na época: "a indústria era o Rei, e os rios sujos eram um sinal de prosperidade".[36]

Em 1969, as atitudes públicas com relação ao ambiente já começavam a mudar. O livro *Primavera silenciosa*, de Rachel Carson, sobre a morte de pássaros e outras espécies silvestres por causa de DDT e outros pesticidas, tocou um ponto nevrálgico que serviu para alertar o público dos impactos negativos da poluição industrial no início os anos 1960.[37] Mas foi o incêndio no rio Cuyahoga que provocou o alarme geral para as externalidades negativas – a conta entrópica – que se haviam acumulado durante os 150 anos de desenvolvimento industrial. Dez meses após o incêndio, em abril de 1970, vinte milhões de pessoas saíram às ruas nas cidades americanas em movimentos pacíficos, exigindo reformas ambientais fundamentais, na celebração do primeiro Dia da Terra. Em dezembro de 1970, o Congresso autorizou a criação da Agência de Proteção Ambiental (EPA – Environmental Protection Agency) para cuidar de questões e reformas ambientais.

Foi só em 1983 que os governadores de Illinois, Indiana, Michigan, Minnesota, Ohio e Wisconsin criaram o Conselho dos Governadores dos Grandes Lagos. Em 1989, os governadores de Nova York e Pensilvânia também entraram. Vários anos depois, as províncias de Ontário e Quebec se juntaram ao grupo como membros associados, e em 2015 os primeiros-ministros canadenses se tornaram membros plenos; a organização passou a se chamar Conferência dos Grandes Lagos e Governadores e Primeiros-ministros de St. Lawrence. Estes reconhecem que a proteção dos Grandes Lagos e do meio ambiente da região é crucial para a o bem-estar econômico e social dos moradores em torno dos lagos.

A governança biorregional da área também inclui a Comissão dos Grandes Lagos. O painel de diretores da comissão é composto de funcionários públicos de cada província e estado-membro, e trabalha no desenvolvimento de missões legislativas específicas para alinhar proteção ambiental e metas ambientais com a tarefa de alavancar "recursos hídricos como ativos que podem sustentar economias fortes". O objetivo é garantir que "os recursos hídricos sejam protegidos contra poluição e impactos de mudanças climáticas".[38]

Esse alinhamento de jurisdições governantes – a ecorregião, a economia e a sociedade – é uma ordem que testará essa nova forma de governança biorregional, à medida que ela começar a fazer a transição da métrica tradicional do sucesso econômico característico das duas primeiras revoluções industriais para o novo conjunto de métrica próprio da emergente Terceira Revolução Industrial e sua metamorfose em Revolução Resiliente. Recalibrar o desempenho econômico, de eficiência para adaptabilidade, de progresso para resiliência, de produtividade para regeneratividade, de externalidade para circularidade, de titularidade para acesso, e de PIB para IQV é uma carga pesada. Equilibrar a transição será a tarefa predominante no confronto com a governança biorregional na cordilheira das Cascadas, nos Grandes Lagos e outras biorregiões nos Estados Unidos, no Canadá e no mundo.

Nos Grandes Lagos, o tempo é curto para uma mudança de modelos e pilotos em uma transição imersiva de infraestrutura. Um estudo detalhado, sob encomenda do Centro de Legislação e Política Ambiental e do Conselho de Chicago para Questões Globais, preparado por dezoito cientistas e pesquisadores de universidades nos Grandes Lagos e Ontário, revela o que aguarda a biorregião dos Grandes Lagos nas várias próximas décadas, diante da presença de mudança climática na ecorregião.

Vejamos algumas conclusões do estudo, que é um relatório intitulado *Uma avaliação dos impactos da mudança climática nos Grandes Lagos*. O impacto humano nos últimos duzentos anos resultou em grave perda de *habitat*, na disseminação de espécies invasivas e poluição do ar e da água. Práticas agrícolas petroquímicas intensivas provocaram a erosão do solo e a degradação dos nutrientes. As operações de rações animais em escala industrial desordenaram a vida selvagem nativa e comprometeram a qualidade da água. O mais preocupante é que a bacia dos Grandes Lagos sofreu um aquecimento de 1,6 grau Fahrenheit (−16 graus Celsius) em temperatura anual, comparada com um aumento em 1,2 grau Fahrenheit (−17 graus Celsius) no restante da área continental dos Estados Unidos. Um aquecimento na atmosfera, por sua vez, aumentou a frequência e a intensidade de chuvas pesadas e tempestades de neve. Enquanto a precipitação nos Estados Unidos aumentou em 5% entre 1901 e 2015, a região dos Grandes Lagos experimentou uma elevação de quase 10% em precipitação. O relatório da análise alerta que "esse aumento em precipitação provavelmente provocará mais enchentes na região dos Grandes Lagos", debilitando a infraestrutura de tratamento de água e provocando transbordos de esgotos, além da proliferação de patógenos na água que flui até os rios e riachos locais e os próprios Grandes Lagos.[39]

O futuro já chegou. Ele exigirá mais iniciativas firmes de adaptabilidade para suportar a resiliência; iniciativas estas que já estão a caminho. Embora a região dos Grandes Lagos esteja muito à frente de outras jurisdições governantes em estabelecer uma abordagem biorregional à mudança climática e criar uma economia e uma sociedade mais resilientes, ainda falta muito. Em 2019, Detroit declarou estado de emergência quando um temporal violento, vindo do lago Erie, inundou a cidade e varreu casas e redes de esgoto, ameaçando a saúde e a segurança pública. Em Duluth, Minnesota, uma tempestade fortíssima sobre o lago Superior causou danos enormes às propriedades de frente para o lago e à infraestrutura. Em 2019, Buffalo, no estado de Nova York, sofreu um recorde de enchentes por causa da subida do nível das águas do lago Erie. E em Chicago, níveis recordes de água no lago Michigan têm causado mais enchentes litorâneas nos meses de primavera e verão a cada ano. A profundidade da água nos Grandes Lagos em 2019 subiu para quase 35,5 centímetros acima da média no decorrer do ano.[40]

A mudança climática não é mais um futuro para o qual devemos nos planejar, mas sim uma crise emergencial do presente que deve ser enfrentada e à qual precisamos nos adaptar, e exige não apenas proteção convencional do ecossistema da biorregião, mas também uma administração de desastres e a implementação de infraestrutura resiliente ao clima por toda a governança compartilhada da ecorregião dos lagos.

O dilema inerente enfrentado pela governança biorregional dos Grandes Lagos e da cordilheira das Cascatas, bem como os esforços iniciais na governança biorregional em andamento ou futura, é que no momento em que se toma a decisão de cogovernar uma biorregião, as jurisdições governantes se veem entre duas visões de mundo concorrentes. Será que elas seguem a sabedoria convencional passada durante toda a era industrial e inserida no Evangelho da Eficiência, no qual a preservação é vista estritamente em termos comerciais? Ou seja, eles veem como missão primária a administração eficiente dos recursos da Biorregião dos Grandes Lagos para fins de exploração comercial no futuro? Se esse raciocínio tradicional imperar, a governança biorregional continuará em uma relação míope com o ecossistema dos Grandes Lagos, centrada no humano, de olho em como adaptar o ecossistema aos requisitos utilitários da sociedade, em vez de adaptar a sociedade aos requisitos do ecossistema.

É uma distinção importante e uma discussão urgente que precisamos ter sobre qual agente deve se adaptar a outro, e que determinará, em grande parte, se a administração, ou melhor, a salvaguarda dos Grandes Lagos será o padrão a ser seguido daqui em diante. Uma ponte difícil de atravessar e uma estrada pouco percorrida até hoje, mas a partir de agora teremos de andar por esse caminho se quisermos que nossa espécie sobreviva e floresça.

12

A democracia representativa
abre caminho para o
"governo cidadão" distribuído

Q uando ocorre uma calamidade, seja ela climática ou pandêmica, o governo é fraco, tem pessoal insuficiente e é mal equipado para administrar sozinho e supervisionar a emergência, o que o força a apelar para os cidadãos. Ciente disso, uma geração mais jovem começa a mesclar a democracia representativa e todos os seus sucessos, erros e esperanças perdidas com uma forma mais inclusiva e lateral de engajamento político que abrange as comunidades dentro dos ecossistemas, biomas e esferas planetárias com as quais estamos intimamente entrelaçados. Essa nova identidade política vem com um envolvimento ativista direto em governança, que se estende além do mero voto em uma quantidade pequena de políticos concorrentes, e convida cada cidadão a se tornar parte íntima do processo de governar em si.

Assim como as pessoas às vezes são convocadas a participar de um júri, tornando-se assim jogadores ativos na aplicação de leis e na administração da justiça, os governos locais começam a alistar seus cidadãos na participação de "assembleias populares", trabalhando ao lado do governo, orientando, fazendo recomendações e dando conselhos relacionados à governança de sua biosfera. Essas assembleias de cidadãos não são grupos de foco ou de acionistas, mas sim, extensões mais formais e profundamente inseridas de governança, como jurados, que lateralizam as tomadas de decisão e garantem que o povo tenha um engajamento ativo na governança. Essa lateralização da governança já floresce em milhares de regiões e aprofunda as raízes do engajamento cívico. A democracia representativa está abrindo espaço para o "governo cidadão" distribuído, assim como a governança local abre espaço para a governança biorregional, enquanto os cidadãos se reagrupam para aceitar os desafios e as oportunidades que chegam com a salvaguarda de suas biorregiões.

REFORMATANDO A LIBERDADE:
autonomia *versus* inclusão

O governo cidadão não é apenas sobre reunir cidadãos em volta da mesa para conversar, debater e discutir a respeito de legislações, políticas e protocolos. Ele representa o repensar fundamental da própria noção de liberdade que norteia o discurso político e subscreve a variedade de abordagens de governança desde o Iluminismo e o alvorecer da Era do Progresso.

O grito de liberdade veio intimamente infundido com o advento da Revolução Industrial e o capitalismo. Desde a queda do Império Romano até os tempos dos primeiros indícios de uma revolução agrária protoindustrial no século XIII, a Europa foi praticamente governada pela Igreja Católica e seu clero e, em ordem decrescente, os reis regionais e suas cortes, os príncipes governantes de principados locais e, na base da pirâmide, os senhores que mandavam em suas propriedades e nos servos que vinham com a terra.

Nesse mundo feudal de estrutura rígida, os servos literalmente pertenciam à terra e não podiam sair dela. Eram domiciliados e viviam em servidão. Deviam total fidelidade e obediência aos senhores da propriedade à qual pertenciam. A lealdade deles tinha a natureza de reverência, isto é, prestavam serviços ao dono da propriedade em obediência estrita às suas ordens.

Os grandes movimentos de inclusão que começaram de fato no século XV, na Inglaterra, assinalaram uma mudança fundamental na relação das pessoas com a terra. Decisões parlamentares na Inglaterra, e posteriormente no continente europeu, permitiam aos senhores locais vender partes de sua terra, transformando suas propriedades em imóveis e reduzindo a terra a um bem vendável, o que constituía, ao mesmo tempo, a remoção em massa dos servos de seus domicílios. Havia muitos motivos para essa mudança abrupta na relação do povo com a terra, mas no topo da lista estava a perspectiva comercial de usar a terra na prática mais lucrativa de pastorear ovelhas para os emergentes mercados têxteis e de lã, que se tornariam as primeiras indústrias a entrar na revolução industrial agrária e, pouco depois, na produção em fábricas de têxteis, marcando o início da moderna revolução industrial.

Milhões de servos foram removidos da terra, sob a explicação de que eram livres para contratar sua mão de obra com a finalidade de compensação. Assim começava a força de trabalho protoindustrial. A servidão feudal foi substituída por liberdade individual. Embora seja sensato presumir que para as massas de servos e suas famílias, cuja segurança dependera por séculos a fio da proteção oriunda da dependência à terra a que pertenciam, independentemente de suas circunstâncias miseráveis, essa mudança abrupta – esse desligamento – foi devastadora. O que significava ser livre e aprender a negociar e contratar sua mão de obra em um mercado em desenvolvimento?

Com a liberdade veio a autonomia, noção que antes se limitava a imperadores e reis, e em grau menor, a príncipes e lordes. A partir dali, liberdade e autonomia entrariam juntas na idade moderna. Ser autônomo era ser livre, e ser livre era ser autônomo. Mas era uma espécie particular de liberdade. Essa forma de liberdade que se estabeleceu na Era do Progresso foi negativa, pois consistia no direito à exclusividade, à autossuficiência, sem obrigações para com os outros; o indivíduo era uma ilha em si e assim permaneceu até tempos recentes.

Entre aqueles da geração X, os *millenials*, e os da geração Z, essa noção tradicional de liberdade passou a ser considerada um conceito alienador. Os membros dessas gerações cresceram em um mundo que muda da titularidade para o acesso, do valor de troca para o valor compartilhado, dos mercados para as redes, de uma obsessão pela exclusividade para inclusão. Para uma coorte global inteligentemente conectada de nativos digitais, ser autônomo e exclusivo (leia-se: estar isolado do mundo) equivaleria a uma sentença de morte. Sem os telefones celulares e a conectividade pela internet, os nativos digitais estariam perdidos.

Centenas de milhões, ou já bilhões, de seres humanos digitalmente conectados presumem que liberdade significa acesso e inclusão, em vez de autonomia e exclusividade, e julgam sua liberdade pelo grau de acesso para participar de plataformas que proliferam no planeta todo. E a inclusão, para eles, é lateralmente dirigida e expansiva, em geral abrangendo gênero, raça, orientação sexual e até afiliação com outras criaturas que compartilham conosco um planeta vivo. Para uma geração digital, ser livre é poder participar com todos os agentes ricos e diversificados na Terra a quem os nativos digitais devem sua vida e bem-estar.

Essa é a noção de liberdade que surge em um mundo cada vez mais visto como interconectado, e no qual o bem-estar de todos, ou sua liberdade, enfim, depende do capital social que consigam acumular no ambiente digital global. Liberdade como acesso e inclusão é a base política do governo cidadão.

Diz o ditado: "cuidado com o que você deseja". Reconheçamos que os governos de vários países já dão os primeiros passos na criação de assembleias de cidadãos para dar conselhos e recomendações. Na melhor das hipóteses, essas iniciativas políticas incipientes têm boa intenção; e, na pior, são usadas para encobrir uma estrutura governamental que parece se distanciar cada vez mais das necessidades e aspirações de quem faz parte dela, em geral considerada uma elite de autopromoção que usa o cargo público para ganho pessoal. Mesmo assim, a história sugere que seguiremos na direção dessa mudança política fundamental, rumo a um papel maior no governo cidadão das questões de governança ou, na falta dela, um período de autoritarismo brutal crescente. Entretanto, as assembleias de cidadãos não consistem em apêndices *ad hoc* da democracia representativa, mas algo muito mais transformacional. O governo cidadão distribuído desafia a própria noção de democracia representativa como única forma de governo, bem como a noção específica de liberdade que a acompanha. Se a deixarem desabrochar, essa mais nova extensão de governança mudará de modo inevitável o significado de ser um cidadão livre e ativo em uma sociedade resiliente.

A maioria dos americanos se surpreenderia ao saber que o termo "democracia" não se refere à Declaração da Independência, à Constituição ou à Declaração dos Direitos do Cidadão. Equívoco? Dificilmente! A própria palavra era abominável aos homens que fundaram a nação. James Madison, principal autor dos Papéis Federalistas e o quarto presidente dos Estados Unidos, exprimia o pensamento de seus contemporâneos quanto ao tema, declarando que "as democracias sempre foram espetáculos de turbulência e contenda [...] e, de um modo geral, tiveram vida tão curta quanto violenta foi a morte deles".[1] John Adams, o segundo presidente da América, também a reprovava. Chegou a afirmar que "democracia nunca dura muito. Logo se gasta, exaure e se mata. Nunca houve uma democracia que não tenha cometido suicídio".[2]

Os fundadores temiam que a democracia popular culminasse em inevitáveis facções e grupos de interesse contrários, e que o governo do povo terminasse em arruaças que silenciariam e marginalizariam as minorias. Por todos esses motivos, eram a favor de uma república com salvaguardas implícitas, como o Colégio Eleitoral e a Declaração dos Direitos, que aplacasse o furor das paixões populares enquanto permitia aos representantes eleitos administrar as questões de estado.

Dois séculos depois, foi lançado *O candidato*, filme estrelado por Robert Redford e que ganhou o Oscar de Melhor Roteiro. A história mostra um jovem ativista liberal de direitos civis que concorre ao Senado pela Califórnia. Enquanto faz um discurso em um comício, ele faz uma pausa e pensa alto, afirmando que "a ideia de dois sujeitos [os senadores da Califórnia] que tomam decisões em nome de 20 milhões de pessoas é muito engraçada". Sem dúvida, um daqueles raros momentos em que se diz a verdade ao poder.[3] Claro que todos os que assistiram ao filme entenderam a mensagem, mas logo deixaram de lado a reflexão, pois poderia comprometer-lhes a crença na democracia representativa e na lealdade com a república.

DENTRO DA MENTE DO GOVERNO CIDADÃO

O governo cidadão é uma extensão e ao mesmo tempo um antídoto dos reveses da democracia representativa. Assembleias de cidadãos levam a governança a um novo patamar. Embora os governos nacionais, estaduais e locais provavelmente não desapareçam, talvez se transformem, nas próximas décadas e séculos, de uma estrutura piramidal do topo para baixo, em um padrão mais lateral e distribuído, com o poder de decisão sendo exercido no nível mais íntimo da biorregião onde vivem as pessoas. A partir dali, as tomadas de decisão circularão para outras camadas de governo, criando padrões mais profundos de interconectividade entre as múltiplas biorregiões e o continente.

Vale a pena repetir que a governança biorregional, por sua própria natureza e missão, é uma área comum, não um mercado, na qual o agente humano se adapta continuamente aos diversos outros agentes que compõem as ecorregiões em que ele está inserido. A nova noção de liberdade como inclusão em vez de exclusividade (interconectividade que se estende além da espécie humana e inclui os outros seres e todos os outros agentes do planeta) é a dinâmica definidora de um futuro governado por biorregiões. Esse esquema mais abrangente deverá transformar a atividade econômica e a vida social, bem como a governança futura, oferecendo, assim esperamos, um novo sentimento de lugar, afiliação e representação política em uma sociedade resiliente na qual "a política é toda biorregional".

Hoje em dia, as iniciativas embrionárias de governança biorregional, com poucas exceções, apenas arriscam passos superficiais, enquanto a governança se desenvolve. A crescente alienação política na América, que culminou no segundo julgamento para o *impeachment* do presidente Donald Trump e na insurreição e ataque violento do Capitólio, é significativa.

A maior divisão econômica e a cumulativa marginalização de populações humanas aprofundaram a alienação política, ameaçando a própria existência de governos nacionais. Uma pesquisa da Gallup em 2018 nos países da OCDE revelou que "só 45% dos cidadãos confiam em seus governos".[4] O Edelman Trust Barometer é ainda mais preocupante. Sua pesquisa em 2020 em 28 países mostra que 66% dos cidadãos não têm confiança no atual governo do país.[5] A situação nos Estados Unidos é particularmente perturbadora. Em 1958, no auge da Segunda Revolução Industrial, 73% dos americanos em um estudo das eleições nacionais afirmavam que podiam confiar no governo.[6] Em 2001, apenas 31% dos americanos alegaram confiar no governo.[7]

Essas e outras pesquisas indicam que a coesão social tem enfraquecido em países de todos os continentes, enquanto os cultos e movimentos conspiratórios crescem, em grande parte auxiliados pela ascensão da mídia social não monitorada ou regulada, que dissemina desinformação. O sociólogo e economista político William Davies, em seu artigo no *The Guardian*, resumiu nestas palavras a natureza da crise:

> O projeto lançado há mais de três séculos, de confiar em indivíduos seletos para saber, relatar e julgar as coisas em nosso nome, talvez não seja viável em longo prazo, pelo menos em sua forma existente. É tentador acreditar na fantasia de que podemos reverter as forças que o comprometeram, ou obrigá-las a se retirar com um arsenal ainda maior de fatos. Mas assim ignoraríamos os modos mais fundamentais como a natureza da confiança está mudando.[8]

Se há um tema que se repete em cada pesquisa e cada país é: "minha voz não é ouvida". Um relatório da OCDE em 2019 sobre a falha da democracia representativa como forma de governança foi direto ao ponto ao concluir que "as atuais estruturas democráticas e de governança não entregam o que prometem".[9]

ORÇAMENTO PARTICIPATIVO:
uma evolução de governança

Embora as elites governantes presumam há muito tempo que o público não se interessa por ter participação ativa na governança e espera que seus representantes eleitos e especialistas entreguem os programas e serviços apropriados, isso não é verdade. O palito que acendeu o fogo foi riscado em Porto Alegre, capital do Rio Grande do Sul, Brasil, em 1989.[10] Naquele ano, o Partido dos Trabalhadores (PT), relativamente novo no Brasil, ganhou as eleições na cidade. Uma de suas primeiras ações foi inverter o componente mais essencial do processo governante: os procedimentos de tomada de decisão para escolher e financiar programas e serviços do governo. Chamaram a inovação política de "orçamento participativo".

Esse novo processo orçamentário é administrado conjuntamente por representantes do governo e organizações comunitárias, em um processo político de quase um ano inteiro que inclui solicitação de propostas de cidadãos e das organizações comunitárias dentro da região, bem como a escolha de agentes e assembleias de cidadãos para debater os méritos de cada proposta da qual vários itens foram concordados. Os detalhes do processo de seleção são meticulosos, mas no fim as propostas do orçamento participativo retornam aos ramos executivo e legislativo do governo, que ratificam os itens recomendados pelas assembleias. Embora legalmente o orçamento final seja a responsabilidade administrativa do governo sob as leis do país e da região, os orçamentos costumam ser afirmados pelo governo. O contrário disso mataria o processo e jogaria os cidadãos contra o partido governante.

A intenção por trás do orçamento participativo é dar ao povo uma voz, principalmente àquelas pessoas que moram em bairros e comunidades vulneráveis. O orçamento participativo em Porto Alegre foi um tremendo sucesso. Em 1997, os orçamentos participativos da cidade tinham resultado em um aumento dos sistemas de água e esgoto de 75% para 98%; uma expansão nos orçamentos para saúde e educação de 13% para 40%; o quádruplo nas escolas; e um aumento quíntuplo em construção de estradas, a maior parte nos bairros mais pobres da cidade. Igualmente impressionante, as reuniões das assembleias de cidadãos aumentaram exponencialmente, de meros mil participantes em 1990 para quase quarenta mil em 1999.[11]

Existem atualmente mais de onze mil exemplos ativos de orçamentos participativos em governos do mundo todo, entre eles, cidades de primeira classe como Nova York e Paris.[12] O orçamento participativo na cidade de Nova York é interessante por causa da diversidade da população e pelo fato de que a cidade é composta de cinco regiões distintas, cada qual com uma história e impressão pública únicas. Uma equipe de pesquisadores da Faculdade de Economia e Direito de Berlim e da Universidade de Nova York (NYU) avaliou o impacto do processo de orçamento participativo entre 2009 e 2018. Descobriram que, quando os membros do Conselho Municipal de Nova York adotaram o orçamento participativo, "maiores proporções de seus orçamentos de capital aberto foram alocadas a escolas, melhorias nas ruas e no trânsito e moradia pública".[13] Erin Godfrey, professor associado de Psicologia Aplicada na Faculdade Steinhardt de Cultura, Educação e Desenvolvimento Humano da NYU, explicou as conclusões do estudo: "O mais interessante nessa pesquisa é que ela nos mostra, pela primeira vez, que o OP [orçamento participativo] pode alterar as prioridades com gastos em Nova York para refletir melhor as necessidades e preocupações imediatas dos membros da comunidade".[14]

O orçamento participativo continua a crescer em popularidade por todos os continentes, mas não sem falhas que possam comprometer sua integração mais profunda como a nova forma de governança cidadã. Por exemplo, enquanto o modelo usado no processo de orçamento participativo permanece intacto em Porto Alegre, a saída do PT em 2004 e a entrada de partidos de direita reduziram a disponibilidade de fundos para projetos de infraestrutura no cenário geral, enfraquecendo o envolvimento inclusivo dos cidadãos. Por fim, em 2017, o Partido da Social Democracia Brasileira (PSDB) chegou ao poder e suspendeu as assembleias de cidadãos para orçamento participativo por dois anos, alegando falta de recursos suficientes e a necessidade de instituir reformas ao processo em si.

Tanto o processo quanto o escopo do orçamento participativo precisam ser formalizados em lei pelos governos existentes para garantir que uma mudança de partido político nas eleições não comprometa a incipiente instituição, alienando ainda mais os cidadãos com um declínio acentuado na confiança pública.

Desde aqueles anos, as assembleias de cidadãos se espalharam para outros aspectos de governança, tais como educação, saúde pública, supervisão comunitária da polícia, planejamento de infraestrutura, adaptação ao clima e ciência cidadã, para citarmos apenas alguns dos campos de governo que recebem reforma. Embora o novo modelo de governança se apresente com numerosos outros nomes, tais como assembleias de cidadãos, governança deliberativa e governança participativa, o rótulo mais apropriado provavelmente é governança cidadã, porque reflete a orientação conectada de uma geração mais jovem de nativos digitais propensos a encarar a participação em termos de plataformas e a si próprios como cidadãos iguais, envolvidos em um processo político distribuído.

A governança cidadã não apareceu em Porto Alegre apenas como uma revelação. Há todo um histórico que culminou em seu surgimento na sociedade. As raízes modernas de sua extensão de governança para incluir os cidadãos remontam aos anos 1960, com o início da era da geração *baby boom*. O movimento por direitos civis, o movimento pela paz, o movimento feminista, o movimento ambientalista, o movimento pelos direitos dos homossexuais e o movimento da contracultura tinham um denominador comum: uma alienação profunda por parte da governança existente que favorecia os interesses de uma classe média predominantemente branca, escolarizada, urbana e masculina, à custa da marginalização dos "demais".

Os "demais" se mobilizaram e se fizeram ouvir, exigindo maior "inclusão" na governança. Na verdade, a inclusão se tornou o modo como uma geração mais jovem definia liberdade. Os movimentos emergentes geraram milhares de organizações de sociedade civil em comunidades no mundo todo, oferecendo uma contraforça ao modelo empresarial capitalista existente e uma espécie informal de governança que coexiste com jurisdições governantes convencionais. Cozinhas comunitárias, ocupações de imóveis, clínicas de saúde pública, movimentos ambientalistas, universidades abertas e outros movimentos semelhantes começaram a aparecer em todo lugar, acompanhados de movimentos políticos que pressionavam os governos formais controlados fortemente pelas elites.

O nascimento do governo cidadão é ao mesmo tempo uma evolução e uma revolução. Representa a entrada da era das organizações de sociedade civil (OSC), que floresceram sob as mais diversas bandeiras. Entretanto, ainda hoje, quando essas organizações civis são citadas na mídia convencional e nos círculos governamentais e empresariais, são descritas de modo pejorativo como organizações não governamentais (ONGs) ou organizações sem fins lucrativos, como que para caracterizá-las pelo que não são. A inferência é que as OSCs são menos importantes. O menosprezo injusto sofrido pelas organizações de sociedade civil por parte do governo e do setor comercial é ainda mais impressionante quando olhamos os números. Em 2019, as assim chamadas organizações sem fins lucrativos já eram o terceiro maior setor de emprego nos Estados Unidos, atrás apenas do comércio varejista e dos serviços alimentícios, e se equiparava ao setor de manufatura.[15] Apesar do mito tão difundido de que a força de trabalho sem fins lucrativos tem remuneração mais baixa, isso não é verdade. Os salários da força de trabalho sem fins lucrativos são, em média, 30% mais altos que os ordenados pagos no varejo e 60% mais altos que na indústria de construção.[16]

A outra descaracterização das organizações de sociedade civil é que elas só existem graças à boa vontade do mercado, do governo e da caridade privada, e não são entidades autogenerativas. Isso também não é verdade. As contribuições privadas e concessões do governo correspondem apenas a 13% e 9%, respectivamente, de renda sem fins lucrativos nos Estados Unidos. Em comparação, 50% da renda das organizações sem fins lucrativos provém de taxas por serviços no setor privado, e 23% por serviços do governo.[17] Em 2019, havia cerca de 1,5 milhão de organizações sem fins lucrativos registradas no Serviço de Renda Interna dos Estados Unidos e o setor contribuiu com mais de um trilhão de dólares para a economia americana, representando 5,6% do PIB dos Estados Unidos.[18] Além do serviço remunerado, estima-se que 25% de adultos americanos trabalharam como voluntários em 2017, doando 8,8 bilhões de horas de seu tempo, e o valor dessas horas voluntárias totalizou cerca de 195 bilhões de dólares.[19]

O tamanho e o alcance do setor da sociedade civil nos Estados Unidos são impressionantes e comparáveis ao de muitas outras nações industrializadas; no entanto, nenhuma faculdade de Administração no país ou em qualquer outro lugar dedica um único estudo sobre o papel das organizações de sociedade civil na vida econômica da sociedade.

Essas OSCs são movimentos sociais, empresas econômicas e novas formas de protogovernança que colocam os cidadãos na arena política. São as precursoras de uma nova camada de governança – o governo cidadão – que distribui participação em governança de maneira mais lateral e em maior profundidade no espaço mais íntimo ao qual as pessoas são atreladas: a região onde trabalham, se divertem e prosperam.

CONTROLE COMUNITÁRIO DAS ESCOLAS

Ao mesmo tempo que o orçamento participativo decolava em Porto Alegre (RS), Brasil, um experimento semelhante de governança cidadã era realizado no sistema escolar de Chicago, o terceiro maior distrito escolar dos

Estados Unidos. Em 1988, a cidade instituiu a Lei de Reforma Escolar de Chicago. Um ano antes, William Bennett, secretário de educação no gabinete do presidente Ronald Reagan, destacara as escolas públicas de Chicago como as piores no país.[20] A Lei de Reforma Escolar estabeleceu conselhos escolares locais para todas as escolas públicas da cidade. Cada conselho consistia em seis pais, dois membros da comunidade, dois professores, o diretor e, no caso da escola secundária, um estudante e um funcionário escolar que não fosse professor. Com exceção dos professores, todos os membros do conselho escolar são eleitos por moradores da comunidade. Os professores são votados dentro do próprio setor para ocupar as posições, mas o voto não os obriga a aceitar. Essas posições são designadas pela Secretaria de Educação. Todo membro do conselho deve passar por um programa de treinamento em preparação para seu mandato.

A reforma acabou com a longa prática de mandato para diretores de escolas. Sob a nova governança local, os diretores são escolhidos pelo conselho escolar local e recebem um contrato para quatro anos, quando, então, devem recandidatar-se. Os conselhos escolares locais exercem um controle rígido do uso de fundos em sua escola, definindo e aprovando orçamentos escolares. Por fim, quaisquer mudanças de currículo também são determinadas pelo conselho escolar local.[21]

Em novembro de 2017, apenas 29 anos depois dessa mudança radical na abordagem do sistema escolar de Chicago à educação pública, que deu às comunidades locais maior controle de seu funcionamento, um estudo da Universidade Stanford relatou que os estudantes, em média, "aprendem mais entre o terceiro e o oitavo ano que em qualquer outra região escolar moderada ou grande no país".[22] A reviravolta na conquista educacional é significativa, uma vez que as escolas públicas de Chicago se localizam em alguns dos bairros mais pobres e violentos de qualquer cidade norte-americana, o que desperta a esperança de que essa nova abordagem de governança cidadã centrada na comunidade possa, no fim das contas, quebrar o ciclo de pobreza e violência que tem abalado essa e outras cidades na América há muitas gerações.

Particularmente notável na cessão de poder governante a conselhos escolares locais em Chicago é o fato de que, ao contrário de outras assembleias cidadãs de natureza consultiva, mas com influência política, a cidade de Chicago de fato cedeu autoridade aos conselhos locais na contratação ou demissão dos diretores de escolas, na definição de prioridades orçamentárias e na preparação de programas de melhorias na escola. Isso representa uma transferência considerável de poder governante.

Apesar de sua importância, o governo cidadão costuma sofrer outras dificuldades, tais como manter o entusiasmo inicial e o engajamento da população. Em Chicago, por exemplo, mais de trezentos mil cidadãos votaram em representantes de seus conselhos escolares locais quando o plano foi instituído. Vinte e cinco anos depois, a participação pública nas eleições dos conselhos havia diminuído. Provavelmente, isso já era esperado, e talvez tenha ocorrido porque os cidadãos e os distritos escolares estavam satisfeitos com as reformas gerais instituídas e as subsequentes melhorias no desempenho acadêmico das escolas.[23]

GOVERNO CIDADÃO E SUPERVISÃO COMUNITÁRIA DA POLÍCIA

Algumas formas laterais de governança tendem a ser mais beligerantes que outras na hora de distribuir poder para deixar a governança mais perto das comunidades que a recebem. Hoje em dia, o debate nacional nos Estados Unidos sobre a supervisão da polícia é um exemplo. Lembremo-nos de que o governo federal há muito distribui autoridade policial, tendo a esfera federal e cada comarca e município uma força policial própria, cada uma se enquadrando melhor na escala em que funciona, embora todas cooperem entre as jurisdições. A autoridade policial é distribuída e compartilhada. A questão de um estágio posterior de governança distribuída na polícia faz parte do debate sobre governança comunitária que permeia a América, mas não deve ser preocupante, e sim considerada o próximo degrau para fortalecer o sistema inteiro.

Mesmo assim, quando se fala de supervisão comunitária da polícia, o alarme é disparado. A série de assassinatos de afro-americanos por policiais nos últimos anos despertou a atenção pública para a brutalidade policial, reabrindo a discussão sobre a longa e horrível história do racismo. Os assassinatos de Eric Garner, Breonna Taylor e George Floyd desencadearam um novo e massivo movimento por direitos humanos sob a flâmula "Black Lives Matter" (Vidas Pretas Importam). O recente furor surge enquanto as forças policiais se tornam mais profissionalizadas e fortemente armadas com o que há de mais moderno em equipamento e acessórios militares, munidos de ferramentas de vigilância e analítica avançadíssimas, e novas formas de patrulhamento que favorecem a previsão e a prevenção de prováveis crimes antes que aconteçam.

Os orçamentos para a polícia de cidades grandes revelam um país que está se tornando uma fortaleza armada. O orçamento policial de 2021 para a cidade de Los Angeles ultrapassou 1,8 bilhão de dólares.[24] Na maior cidade da nação, o orçamento proposto para o Departamento de Polícia de Nova York em 2020 era de 6 bilhões, enquanto a cidade estudava cortes enormes na educação e outros programas e serviços.[25] Na Filadélfia, os orçamentos propostos para a polícia e as prisões em 2020 excederam 970 milhões, ou 20% do fundo geral.[26] Enquanto isso, os índices de encarceramento nos Estados Unidos relativos à população são, sem dúvida nenhuma, os mais altos de qualquer país. Uma vasta maioria dos prisioneiros é de indivíduos negros e dos cidadãos mais pobres da nação. Muitos cumprem sentenças longas por infrações de menor gravidade, enquanto o crime de colarinho-branco geralmente termina com a absolvição ou uma pena curta e liberdade condicional.

Reconhecimento facial, aprisionamento e condenação principalmente de pessoas negras geralmente são considerados questões de racismo. E são, de fato. Entretanto, em um nível mais profundo, esse é um problema também econômico. É sobre um país que, apesar do sucesso em dar as boas-vindas a imigrantes e oferecer oportunidade para qualquer um realizar o sonho americano, é também assolado por escravidão, semiescravidão e exploração de mão de obra dos indígenas americanos, negros, hispânicos e asiáticos. Desde os primórdios da experiência americana, essa chocante realidade coexiste com a história do sucesso americano.

Assim, quando o movimento Vidas Pretas Importam se tornou o grito de protesto na onda de assassinatos de afro-americanos nas mãos da polícia, a mais nova iteração do movimento por direitos civis chegou, com a exigência de cortar os fundos da polícia. A maioria dos americanos apoiava o "Vidas Pretas Importam", mas era contra diminuir a verba da polícia. Uma pesquisa feita pelo Pew Research Center em junho de 2020, pouco depois da morte de George Floyd, constatou que só 25% dos americanos acreditavam que o orçamento para a polícia devia diminuir, enquanto 42% diziam que deveria permanecer o mesmo. Por outro lado, 20% dos entrevistados afirmaram que o orçamento devia aumentar um pouco, e 11% achavam que deveria aumentar muito.

Contudo, ao serem perguntados se a polícia devia ser protegida contra processos civis, a maioria dos americanos concordava que "os civis devem ter o poder de processar policiais, para que assim eles sejam responsabilizados pelo uso excessivo da força ou má conduta".[27] Sem dúvida, essa resposta sugere um forte apoio latente à existência de assembleias comunitárias de governo cidadão para supervisionar a polícia regional.

Perdido em toda a polarização em torno dos apelos da comunidade negra para cortar os fundos da polícia, o argumento apresentado pelo movimento "Vidas Pretas Importam" sugere "corte parcial", acompanhado pela relocação de verbas para melhorias necessárias na educação pública e na disponibilização de moradia popular, melhores serviços de saúde pública, capacitação para emprego e um avanço geral nos serviços públicos, entre eles, ruas e iluminação, além de proporcionar incentivos para bancar distritos comerciais nos bairros etc. Se considerarmos que uma porcentagem desproporcional de fundos públicos em importantes comunidades urbanas é destinada à militarização da polícia, que só serve para apertar o nó em volta da garganta das comunidades mais vulneráveis da cidade, a proposta de cortar parte dos fundos da polícia e realocar esses fundos para serviços comunitários, permitindo a criação de oportunidades econômicas em áreas desprivilegiadas, era até que razoável. De que outra maneira se poderia reverter o ciclo da alastrante pobreza, da crescente atividade criminal e da maior vigilância e opressão policial que se desenrolam nos centros das cidades?

Mais uma vez, Chicago oferece um estudo de caso de abordagem cidadã à governança comunitária; neste exemplo, a questão da polícia e da segurança pública, embora com resultados mais desanimadores que a implementação moderadamente bem-sucedida dos conselhos escolares locais. O South Side, a Zona Sul de Chicago, tornou-se infame no mundo inteiro por suas gangues de rua, violência, assassinatos e vigilância policial, tornando particularmente arriscado aplicar supervisão cidadã da polícia baseada na comunidade. Entretanto, houve uma tentativa.

No fim dos anos 1980, a força policial de Chicago, como outras jurisdições de polícia, tinha dúvidas quanto ao futuro do policiamento e da segurança pública. Havia uma grande indagação interna sobre se o patrulhamento preventivo em carros marcados e atenção aos chamados na linha 911 eram suficientes para lidar com o aumento da criminalidade, sobretudo no South Side. Foi nessa época que o departamento introduziu a ideia de policiamento comunitário e de trabalho em conjunto com organizações locais e os cidadãos em uma parceria mais estruturada, com o intuito de aumentar a segurança pública.

O prefeito Richard M. Daley gostou da proposta. O resultado foi o estabelecimento de assembleias de policiamento comunitário em cinco dos distritos policiais da cidade em 1993, expandindo para os 22 distritos em 1995. As equipes de "batida" policial eram designadas para bairros específicos com o objetivo de integrá-los à comunidade.

Reuniões comunitárias sobre as rondas eram feitas em cada bairro para os policiais e moradores avaliarem a segurança de sua região, discutir sobre novos problemas e fazer recomendações para melhorar a segurança pública. Entretanto, não havia um conselho formal de governança em cada bairro composto de representantes eleitos pelos cidadãos, nem mesmo protocolos específicos para determinar como as recomendações da comunidade seriam processadas na hierarquia do comando policial e devidamente aplicadas. De qualquer forma, a deliberação cidadã nessa forma rudimentar de supervisão comunitária da polícia era semelhante ao trabalho dos conselhos escolares locais, com sessões para discussão que levavam a uma análise e a um consenso sobre recomendações específicas a serem feitas e as subsequentes estratégias para aplicá-las.

Apesar da ausência de protocolos formais que garantissem a aplicação das recomendações feitas pelas assembleias cidadãs, a cidade angariou fundos e contratou a Aliança para Segurança Pública de Chicago – uma organização comunitária sem fins lucrativos – com o objetivo de ensinar aos moradores e policiais suas responsabilidades e mandatos, além de oferecer ferramentas pedagógicas para auferir colaborações efetivas. Nos anos subsequentes, mais de doze mil cidadãos e centenas de oficiais da polícia foram treinados em procedimentos e práticas de governança cidadã deliberativa.[28]

O programa inicial, chamado Estratégia Policial Alternativa de Chicago (CAPS – Chicago Alternative Policing Strategy), teve moderado sucesso, principalmente nos primeiros estágios. Um relatório observa que, a princípio, a participação dos cidadãos era significativa nas comunidades das minorias, assoladas por altos índices de criminalidade; e durante o desenvolvimento inicial dessas protoassembleias de cidadãos, o crime diminuiu nos bairros da CAPS.[29]

Os cidadãos das localidades mais pobres começaram a sentir que, pela primeira vez, tinham voz no policiamento de seus bairros e comunidades. Infelizmente, como quase sempre acontece na governança deliberativa e nas assembleias de cidadãos, uma troca de liderança no topo – nesse caso, a sucessão de três novos superintendentes da Polícia de Chicago nos anos seguintes – comprometeu a priorização do programa CAPS, com reduções de verbas e de pessoal. Por fim, o programa enfraqueceu tanto, segundo Skogen, que se tornou "uma sombra do que era".[30]

A lição aqui é que, assim como em muitos outros casos de governança cidadã, é necessário formalizar sua existência por meio de leis e institucionalizar compromissos de fundos por um período de tempo suficiente que permita às assembleias de cidadãos crescer, estabelecer-se e amadurecer como forma distribuída de governança cidadã.

Na sequência da história, as assembleias comunitárias de cidadãos para supervisão da polícia felizmente ressuscitaram em Chicago, dessa vez garantida por lei. Em julho de 2021, Lori E. Lightfoot, prefeito de Chicago, e o Conselho Municipal de Chicago aprovaram uma lei histórica que estabeleceu "um órgão civil independente, nunca antes visto, para supervisionar o Departamento de Polícia de Chicago, o Escritório Civil de Responsabilidade Policial (COPA – Civilian Office of Police Accountability) e a Diretoria da Polícia". A Comissão Comunitária para Segurança Pública e Responsabilidade é composta de sete moradores de Chicago, nomeados pela cidade. A comissão terá autoridade para "recomendar ao Inspetor Geral de Segurança Pública que realize pesquisa ou conduza auditoria de temas ou questões específicas [...], nomeará o Administrador Chefe mediante a recomendação e o consentimento do Conselho Municipal [...], [e] recomendará mudanças à apropriação orçamentária proposta para o Departamento", entre outros poderes.[31]

A legislação também estabelece conselhos locais em todo distrito policial, que devem ser ocupados por moradores da comunidade eleitos pelos cidadãos. Diferentemente das assembleias cidadãs comunitárias anteriores, esses conselhos eleitos terão "o poder de criar e aprovar os procedimentos do Departamento de Polícia de Chicago".[32]

A governança cidadã do policiamento comunitário é uma questão delicadíssima em muitos países, e é provável que assim permaneça no futuro próximo. Cedo ou tarde, a governança distribuída e a supervisão comunitária compartilhada da polícia e da segurança pública serão inevitáveis à medida que a governança cidadã assumir outros domínios públicos, deixando a governança mais próxima das comunidades.

DISTINÇÃO ENTRE GOVERNANÇA DISTRIBUÍDA E DESCENTRALIZADA

É importante enfatizar que o governo cidadão distribuído não substitui a democracia representativa, mas sim aprofunda a governança que engaja um segmento mais amplo da cidadania, de uma forma mais íntima e acentuada. Embora a maioria desses experimentos ainda novos de assembleias de cidadão seja caracterizada, tanto na literatura acadêmica quanto no discurso público, como "formas descentralizas de governança", essa é uma interpretação errônea do que ocorre. "Descentralizado" sugere uma separação da governança representativa, o que não é o caso. Pelo contrário, a governança local deliberativa na forma de assembleias dos cidadãos é um fenômeno "distribuído". Por exemplo, na questão do orçamento participativo, nos conselhos escolares locais e na supervisão comunitária da polícia, parte da governança convencional nas mãos do governo representativo é distribuída às redes cidadãs, enquanto outros poderes permanecem nas mãos da jurisdição governante centralizada.

Isso não é incomum. Os Estados Unidos existem como uma república federativa, que distribui poder entre o governo federal, os governos estaduais, as comarcas e os municípios. Nenhuma das jurisdições governantes se mantém sozinha e todas servem umas às outras. Na UE, a pedra angular do Tratado da União Europeia é o princípio subsidiário, que distribui o poder de governar entre as regiões, os estados membros e a própria União Europeia, cada um contribuindo com o outro, dependendo da escala necessária para garantir a viabilidade da sociedade como um todo.

Archon Fung, da Escola Kennedy da Universidade Harvard, e Erik Olin Wright, professor de sociologia na Universidade de Wisconsin, em seus escritos sobre como situar corretamente o novo modelo de governança cidadã, ressaltam que essa forma de governança nas mãos dos cidadãos não é uma devolução de governança, mas uma evolução em seu alcance para incluir o compromisso ativo de todo cidadão com a governança de sua vida e das comunidades.

Fung escreve:

> Primeiro, a atual estrutura institucional não é centralizada nem descentralizada. Embora os funcionários locais e o cidadão comum desfrutem mais poder e voz que nos arranjos anteriores, do topo para a base continuam dependentes de órgãos centrais para diversos tipos de apoio e devem se reportar a esses órgãos quanto à integridade do processo e aos resultados de desempenho. Segundo, o papel do poder central desvia fundamentalmente da direção de unidades locais (antes, um sistema hierárquico) para o apoio de unidades locais em seus esforços de resolução de problemas, e os obriga a responder às normas de deliberação e cumprir as exigências de somente resultados públicos viáveis. Terceiro, o apoio e a responsabilização do centro viabilizam as três metas democráticas: participação, deliberação e empoderamento.[33]

Além de ser uma nova forma de democracia que aprofunda e estende a participação dos cidadãos nas questões que governam a sociedade, a democracia distributiva também introduz uma nova pedagogia nas tomadas de decisão. A governança colaborativa é o processo usado em assembleias cidadãs para abordar temas em foco, tomar decisões e fazer recomendações que possam ser exercidas de maneira informal ou obrigadas por lei. Embora a governança cidadã compartilhe uma base comum com as práticas enfatizadas na governança representativa no estabelecimento de políticas, também faz distinções; e a distinção primária é o peso dado à construção do consenso. As tomadas de decisão legislativa convencionais em geral têm como intuito o consenso. No entanto, as decisões costumam ser tomadas de forma mais expediente quando se negocia, ou se concede, para o agrado dos mais diversos interesses e agendas. A governança deliberativa visa a um patamar mais alto, ao menos em teoria, estabelecendo um processo para chegar ao "sim".

Os defensores da democracia deliberativa alegariam que, para uma decisão verdadeiramente democrática ser considerada legítima, o processo político deveria visar a uma base comum que atenda melhor à "vontade pública" e apoie uma legislação que reflita um consenso. Embora o governo da maioria costume ser uma posição-padrão, ele é visto mais como um fracasso que um sucesso. Nesse sentido, o processo de deliberação cidadã costuma ser considerado tão importante quanto o produto. Esse processo exige que todos os participantes à mesa sejam livres para expressar suas opiniões e pareceres, mas também abertos para ouvir com atenção as perspectivas dos outros, em um esforço para alcançar uma base comum. Ou, se isso não for possível, explorar meios inteiramente novos de lidar com a questão em foco; e, em seguida, incorporar o intento de todos a ponto de transpor as abordagens iniciais do tema.

Esse procedimento parece apenas bom senso, embora seja difícil de exercer na prática, ainda mais em um mundo com tantas vozes divididas, e é o que um júri de cidadãos deveria fazer quando o juiz lhe pede que ouça com atenção a evidência e as perspectivas conflitantes da promotoria e da defesa, para depois, quando se reunir em deliberação, fazer um julgamento e dar um veredicto que, espera-se, reflita o consenso unânime.

Mas como lidaremos com o processo mais difícil de encontrar consenso em um mundo em que milhões de pessoas se veem presas em milhares de câmaras de eco virtuais nos sites de mídia social, escutando uma única narrativa que é endossada e reforçada por milhões de outros indivíduos e exclui a atenção a outros ângulos da realidade? O único jeito de sair da caixa, parece, é reunir cidadãos nas localidades em que trabalham, se divertem, vivem e interagem, compartilhando as experiências do que acontece à volta deles no mundo real. As assembleias cidadãs são engajamentos humanos muito físicos, diretos e honestos de vizinhos encarregados da tarefa de encontrar sentido nas experiências diárias da realidade e de tomar decisões consensuais sobre como melhorar a situação de suas comunidades.

Seria difícil encontrar alguém que se oponha ao estabelecimento de assembleias de cidadãos para trabalhar em conjunto com a governança representativa, ao menos em teoria. Na prática, porém, é complicado. O governo cidadão surge em muitas formas e graus, do profundo ao raso, mas neste momento da história, em que nossa própria sobrevivência depende de como a política se condensa em torno de uma nova função – a de guardiã da biosfera –, a definição do processo será vital para determinar a efetividade dessa nova extensão de governança. Nossa vida dependerá disso.

DUAS ABORDAGENS DO GOVERNO CIDADÃO:
o Reino Unido e a França debatem a mudança climática

Em 2019, tanto o Reino Unido quanto a França criaram assembleias de cidadãos para discutir e propor iniciativas e programas de abordagem da crise climática que servissem de mapas para uma ação do governo em nível nacional. As duas abordagens muito diferentes, bem como seus resultados, indicam o que pode ser adotado ou excluído quando as regiões de diversas partes do mundo estabelecem suas assembleias cidadãs para proteger as biorregiões. Dois pesquisadores, Claire Mellier, do Centro para Mudança Climática e Transformação Social da Universidade de Cardiff, e Rich Wilson, da Agência Osca, fizeram uma análise detalhada das escolhas das duas assembleias e publicaram as descobertas em um artigo intitulado "O acerto climático das assembleias de cidadãos" no periódico *Carnegie Europe*.[34] Eis o que constataram:

As duas assembleias foram instituídas no rastro dos crescentes protestos públicos em decorrência da mudança climática. A assembleia cidadã francesa seguiu os protestos dos "Coletes Amarelos" por toda a França, em resposta ao aumento do imposto sobre a gasolina para diminuir as emissões de aquecimento global. Liderados pelos caminhoneiros, esses protestos paralisaram artérias públicas vitais em todo o país e abalaram o governo do presidente Emmanuel Macron. A assembleia cidadã britânica surgiu na sequência dos protestos nas ruas organizados pela Extinction Rebellion, uma organização dedicada à questão da mudança climática, que também paralisou as vias públicas em todo o Reino Unido. Os protestos culminaram em uma declaração parlamentar que declarou emergência climática na primavera de 2019.

Cada assembleia de cidadãos foi selecionada por amostragem aleatória e escolhida para representar um segmento da população. A assembleia do Reino Unido totalizou 108 participantes, enquanto a francesa era composta de 150 cidadãos. Ambas foram divididas em subgrupos de trabalho. Os temas da assembleia britânica eram locomoção, moradia, compras pessoais, comida, agricultura e uso de terra. Os subgrupos franceses abordavam moradia, locomoção, alimentação, consumo, trabalho e manufatura. Os relatórios finais e as recomendações das duas assembleias foram muito mais ambiciosos em abrangência que os introduzidos anteriormente por funcionários eleitos para mitigar a crise climática. Mas a partir daí, as duas assembleias de cidadãos seguiram caminhos diferentes.

O orçamento concedido à assembleia cidadã francesa era muito mais generoso: quase dez vezes mais que o orçamento da assembleia britânica. Mais importante, as recomendações da assembleia cidadã francesa, desde o começo, precisavam ser aprovados por um referendo nacional, voto parlamentar ou por ordem executiva direta do presidente Macron. As recomendações da assembleia britânica eram de natureza consultiva, embora a iniciativa fosse parcialmente custeada por seis comitês parlamentares do Reino Unido.

Igualmente revelador é o modo como o programa foi definido para cada assembleia cidadã. Na França, a decisão de elaborar as perguntas que nortearam a discussão ficou a cargo dos cidadãos participantes da assembleia, enquanto no Reino Unido o parlamento tratou de estabelecer a agenda para sua assembleia cidadã, sem qualquer interferência do painel consultivo. Além disso, a assembleia francesa era incentivada a ir mais longe, discutindo ideias com a mídia e coletar opiniões de especialistas.

A assembleia cidadã britânica foi orientada a não discutir as atas do grupo fora dele, nem solicitar conselho externo.

Os resultados das duas abordagens contrastantes de deliberação cidadã foram evidentes. A assembleia cidadã francesa recomendou 149 diferentes medidas para lidar com a mudança climática, muito além das propostas britânicas, tanto em escala quanto em profundidade. Para usarmos termos generosos, a supervisão do governo britânico da assembleia cidadã foi mais rigorosa em termos técnicos, com parecer de especialistas nas áreas e a participação de facilitadores profissionais na administração da mesa de debates, enquanto o processo francês era mais aberto, deixando os cidadãos guiar a discussão e chegar a um consenso quanto às recomendações.

Esses dois modos muito diferentes de administrar assembleias de cidadãos incorporam meios bons e ruins de lidar com a governança cidadã. A abordagem francesa é mais apropriada no sentido de ceder mais ação à assembleia e estabelecer governo cidadão distribuído, como uma extensão semiformal de governança. Entretanto, o uso britânico de especialistas que forneciam informação técnica e compartilhavam conhecimento profissional deixou a experiência cidadã mais completa. Uma combinação dos melhores atributos de ambas as assembleias lhes daria a seriedade para se firmarem como uma extensão lateral de governança democrática formal.

ACELERANDO A REVOLUÇÃO POLÍTICA

Orçamentos, educação pública e polícia são algumas das molas-mestras de qualquer governo. Hoje, após dois séculos de democracia representativa, cidadãos do mundo todo começam a se cansar, convencidos de que seus interesses, preocupações e aspirações são ignorados, ou na melhor das hipóteses, tratados com pouco caso. A alienação política e a perda da confiança na democracia representativa acontecem exatamente no momento em que a espécie humana enfrenta o seu maior desafio na história: como sobreviver e prosperar em um planeta restaurado.

Dentro do contexto do aquecimento global e mudança climática, todos os aspectos da governança se enquadram em uma missão política e uma ordem governante mais amplas. Cada jurisdição local precisará se preparar e operacionalizar uma agenda pública dedicada à proteção maciça de biorregiões locais, elaborando abordagens múltiplas para se adaptar a eventos climáticos devastadores. No Antropoceno, todo setor de governança terá de ser revisto em um contexto maior de uma sociedade resiliente evolutiva.

Repensar a governança nessa escala exigirá a participação ativa de todo o bloco político. Nem a governança centralizada convencional, sob a rubrica da democracia representativa, nem a governança local descentralizada operante em silos e atuando sozinha serão capazes de lidar com a magnitude do que nos aguarda. Só uma governança cidadã distribuída com a função de ser intermediária entre a área e a biorregião, a sociedade civil e o governo representativo, garantirá que o peso total da comunidade seja levado em conta diante da restauração natural da Terra.

Até pouco tempo atrás, as emergências climáticas resultavam em uma medida espontânea de assistência pública, em geral por parte das organizações de sociedade civil – grupos de vigilância nos bairros, listas de correio eletrônico, armazéns comunitários, centros de saúde comunitários e coisas assim. Os socorristas eram quaisquer pessoas que corressem ao auxílio daqueles que estivessem em perigo. Nos últimos tempos, com catástrofes climáticas mais frequentes e intensas, essa assistência cívica espontânea começou a se institucionalizar, com associações de bairros criando assembleias cidadãs que trabalham ao lado dos governos locais, aprendem com a experiência de desastres passados e discutem a melhor maneira de se prepararem para emergências futuras. Essas assembleias cidadãs continuarão a evoluir nos próximos anos e décadas, dando lastro a uma lateralização de governança que emana de regiões locais e se estende por uma biorregião comum.

A luta pela adaptação à mudança climática provavelmente será vencida ou perdida dependendo do modo como cada bairro ou comunidade mobilizar ou aplicar uma infraestrutura resiliente que dê à terra um novo sopro de vida e ao ser humano uma segunda chance de encontrar seu nicho apropriado. A infraestrutura inteligente de emissão zero da Terceira Revolução Industrial são o *hardware* e o *software* pelos quais a espécie pode dar nova prioridade à governança, estendendo-a por biorregiões e continentes. A governança com assembleias cidadãs, por sua vez, coloca comunidades inteiras em uma responsabilidade compartilhada por sua base comum, empoderando cada cidadão para ser um protetor da biorregião onde vive. Sem a infraestrutura resiliente distribuída, a governança biorregional será uma impossibilidade. E sem a governança cidadã distribuída, as ecorregiões não podem ser devidamente protegidas.

Nossa espécie já demonstrou ser uma das mais resilientes, capaz de aguentar e se adaptar a mudanças climáticas extremas no curso da história, desde eras glaciais a períodos de aquecimento, e de volta ao gelo. Nossa constituição genética é imutável, mas os impulsos cognitivos e a habilidade para vivermos no mundo evoluíram com o tempo, dando-nos uma vantagem sobre nossos ancestrais na compreensão das forças planetárias às quais precisamos nos adaptar.

Direcionar a governança para o local em que vivemos e compartilhamos com outras criaturas, sempre de olhos e ouvidos abertos como guardiões de nossas biorregiões locais, é o único modo viável de garantir nosso futuro como espécie, enquanto compensamos pela violência que já infligimos à terra. Isso não equivale a um retorno simplista a um estilo de vida de coletor e caçador. Significa, por outro lado, uma escolha consciente de voltarmos a participar da comunidade da vida e nos adaptarmos ao lar planetário, com novo grau de sofisticação usando complexos modelos de sistemas adaptativos sociais/ecológicos. Esse é o significado de resiliente. Só assim a espécie terá os recursos para florescer de uma maneira inteiramente nova.

O primeiro passo é um compromisso de participar coletivamente, com as outras espécies, de uma forte governança cidadã em nossas respectivas biorregiões, na missão de sustentar e curar a base comum ecológica coabitada por nós, humanos, e as outras criaturas. O processo começa quando damos vazão ao atributo mais importante na biologia da espécie humana: a habilidade para sentir e experimentar um profundo apego empático com os outros seres. Estender o sentimento empático pelas criaturas que compartilham o planeta conosco é o início de um novo capítulo que nos levará de volta ao rebanho de nossos parentes no mundo natural.

13

A ascensão da consciência de biofilia

L auretta Bender era a chefe da ala psiquiátrica do Hospital Bellevue em Nova York, em 1941, quando percebeu algo terrivelmente errado. Começou a observar que as crianças na ala pareciam estranhamente anti-humanas. Ela expressou seus sentimentos em um artigo publicado no *American Journal of Psychiatry*, ao escrever que as crianças "não sabem se divertir, não conseguem brincar em grupo, mas maltratam outras crianças, apegam-se aos adultos e exibem um comportamento irascível quando se esperaria cooperação. São hipercinéticas e distraídas, completamente confusas quanto aos relacionamentos humanos e [...] se perdem em uma vida de fantasia destrutiva contra o mundo e contra si próprias".[1]

Ela se perguntava se o comportamento antissocial não seria o resultado da privação do cuidado dos pais.

CARINHO AO BEBÊ: pais suficientemente bons

O pensamento científico na época era que os bebês nascem com um impulso inerente de autonomia, o que combinava com uma visão de mundo que difundia a crença de que autonomia e liberdade eram os dois lados da mesma moeda. As práticas higiênicas nas alas infantis e orfanatos em todo lugar reforçavam a noção de que quanto mais cedo um bebê pudesse se tornar independente, mais ajustada seria a criança. Com essa premissa, os bebês eram alimentados indiretamente, sem que os atendentes tivessem contato físico com eles. Pegar um bebê e dar-lhe carinho era proibido, pois do contrário haveria o risco de uma infantilização pela vida toda.

John B. Watson, um dos pioneiros da psicologia, afirmava nos anos 1920 que o excesso de carinho aos bebês destruía seu instinto de ser autônomo e independente. Seu conselho às jovens mães era:

> Trate os bebês como se fossem jovens adultos. Vista-os, dê-lhes banho com cuidado e circunspecção. Seu comportamento deve sempre ser objetivo, gentil, porém firme. Nunca os abrace ou beije, nunca os deixe sentar em seu colo. Se for preciso, beije o bebê uma vez na testa ao dizer-lhe boa-noite. Cumprimente-o com um aperto de mãos, pela manhã. Se a criança tiver um desempenho extraordinário em alguma tarefa difícil, dê um leve tapinha carinhoso em sua cabeça.[2]

Embora fossem bem cuidados, os bebês morriam aos montes em Bellevue e outros locais, sobretudo em orfanatos, com índices de mortalidade altíssimos nos dois primeiros anos da infância. Os médicos não tinham explicação, exceto por um desconhecido conhecido que chamavam de "hospitalismo".[3] Naquela época, Harry Bakwin se tornou chefe da unidade psiquiátrica em Bellevue. Ele observou que os funcionários tinham até inventado uma caixa equipada com "válvulas de entrada e saída e mangas especiais para os atendentes", na qual o bebê era colocado para "receber cuidados quase sem o toque de mãos humanas".[4]

Bakwin concluiu que os bebês eram privados de toque e carinho. O que lhes faltava era afeição humana. Espalhou, então, pela unidade psiquiátrica avisos que diziam: "Não entre no berçário sem pegar um bebê".[5] Os índices de infecção e de mortes caíram de imediato, e a saúde dos bebês melhorou.

Foi só no fim dos anos 1950 que a prática levou à teoria, quando o psiquiatra britânico John Bowlby publicou três artigos em periódicos especializados nos quais descrevia uma nova teoria de desenvolvimento infantil, que chamava de "teoria do apego". Bowlby afirmava que o impulso primário dos bebês não era o da busca por autogratificação e autonomia, mas sim de afeição e apego.

Segundo ele, desde o começo, o bebê "logo distingue entre os membros da família e estranhos, mas entre os familiares ele escolhe um ou mais favoritos. Esses adultos são recebidos com grande alegria, seguidos quando se afastam e procurados quando ausentes. A perda desses familiares causa ansiedade e estresse; o retorno, alívio e uma sensação de segurança. Ao que parece, é sobre essa base que o restante de sua vida emocional se constrói. Sem ela, a futura felicidade e saúde da criança correm riscos".[6]

Há um detalhe, porém. Enquanto um bebê procura apego emocional com figuras adultas, esse mesmo bebê também quer explorar o mundo, sabendo que sempre pode voltar ao abrigo seguro oferecido por seu principal cuidador. Bowlby escreveu: as crianças e outras criaturas jovens são notoriamente curiosas e inquiridoras, e isso costuma afastá-las da figura de apego. Nesse sentido, o comportamento exploratório é adverso ao comportamento de apego. Em indivíduos saudáveis, os dois tipos de comportamento normalmente se alternam.[7]

Bowlby junta os pontos, concluindo que a mãe ou o pai devem ser "suficientemente bons". Devem exibir:

> uma compreensão intuitiva e empática do comportamento de apego da criança e uma disposição para satisfazer essa necessidade e saber quando parar; e em segundo lugar, reconhecimento de que uma das fontes mais comuns de raiva na criança é a frustração de seu desejo por amor e carinho, e essa ansiedade costuma refletir a incerteza quanto aos pais continuarem disponíveis. Uma importância complementar ao respeito dos pais pelos desejos de apego da criança é o

respeito pelo seu desejo de explorar e gradualmente estender seus relacionamentos tanto com outras crianças quanto outros adultos.[8]

Se o pai ou a mãe puder manter um apego seguro e, ao mesmo tempo, permitir à criança explorar o ambiente e se tornar independente, ela adquirirá segurança emocional para desenvolver relacionamentos. Se eles forem demasiadamente sufocantes ou ausentes, a criança crescerá com um sentido deturpado de identidade e será incapaz de desenvolver relacionamentos emocionais maduros com as pessoas.

Pior ainda, se os pais rejeitarem a criança ou a maltratarem fisicamente, é provável que ela cresça em um constante estado de ansiedade. Pode ficar agressiva, manifestar tendências neuróticas ou fóbicas e até um comportamento psicótico e sociopata; ou quando o adolescente se aproxima da idade adulta, tentará ser completamente autônomo, isolando-se de uma vez por todas de qualquer apego emocional.

EMPATIA E APEGO:
É o que nos faz humanos

Desde o discernimento original que Bowlby teve da importância do comportamento de apego no desenvolvimento da criança, os cientistas cognitivos, psicólogos e sociólogos, entre outros, têm dedicado atenção especial à biologia da espécie humana, com o intuito de compreender o funcionamento do impulso empático profundamente inserido em nosso neurocircuito. Descobriram que no âmago de nosso ser existe o impulso biológico inato de sentir empatia pelo "outro", e isso é o que nos faz humanos.

Sabemos, por exemplo, que quando um bebê chora no berçário, todos os outros bebês começam a chorar, embora nem saibam por quê. Entretanto, estão sentindo o sofrimento de outro como se fosse deles. O impulso empático existe em nosso neurocircuito, mas se ele evolui ou é suprimido depende do ambiente sustentador de cuidadores primários aos quais os bebês são apegados e, em interações posteriores, de irmãos e irmãs, parentes, professores e outras pessoas que também geram apego semelhante.

O apego de um bebê ao seu cuidador é o primeiro ato no palco da vida de um recém-nascido. Se o cuidador for incapaz de sentir empatia pelo sofrimento do bebê ou de compartilhar sua alegria e tratá-lo com compaixão, apoiando e auxiliando ativamente o bebê a se tornar humano – isto é, um ser empático socialmente evoluído – o desenvolvimento dessa criança estará comprometido por toda a vida. Ela será incapaz de evoluir como um animal social em solidariedade com os seres de sua espécie e outras criaturas.

O amadurecimento da resposta empática tem uma relação profunda com a emergente consciência infantil de mortalidade e morte. A maioria das crianças começa a entender o conceito de morte entre os 5 e 7 anos de idade. Elas sabem que um dia as pessoas amadas e que importam em sua vida irão embora, e também que o mesmo destino se abaterá sobre elas. É nesse ponto do desenvolvimento da criança que ela começa a compreender, tanto em nível emocional quanto cognitivo, o aspecto mais importante do estar vivo: é temporário e breve. Essa percepção permite que a empatia se desenvolva.

Quando experimentamos a dor e o sofrimento dos outros, e até a alegria, como se fossem nossos, o impulso empático que emana do fundo de nosso neurocircuito é um reconhecimento emocional e cognitivo da vulnerabilidade da outra pessoa, bem como da luta para prosperar em sua única vida. A solidariedade emocional é nossa expressão mais profunda do apoio como espírito que também carrega o fardo e a bênção da mortalidade em cada momento da existência. Nossa compaixão é o modo de tocar e dizer ao outro que viajamos juntos e estamos todos aqui, por um período limitado, para apoiarmos uns aos outros na jornada indescritível que chamamos de existência.

É interessante observar que não deve existir empatia no céu ou no paraíso, nem nas utopias imaginadas, porque lá não há mortalidade, sofrimento ou esforço para prosperar e existir. Nesses outros reinos, tudo é perfeito e sem mácula ou dificuldade, mas também sem alegrias ou tristezas momentâneas. A imortalidade não dá espaço para a empatia.

Bowlby compreendia a ligação entre os cuidados "suficientemente bons" e o incentivo do impulso empático em bebês, crianças aprendendo a andar e crianças maiores, bem como as consequências resultantes pelo resto da vida. Desde então, muitos estudos se baseiam na intuição de Bowlby. Em textos publicados no *Journal of Personality and Social Psychology* sobre "Teoria do apego e reações às necessidades dos outros", pesquisadores descobriram que "a ativação do sentido da segurança por meio do afeto proporciona respostas empáticas".[9] O relatório analisou diversos estudos no decorrer dos anos indicando que as crianças que não recebiam a devida atenção e evitavam mostrar afeto por medo de não ser correspondido, bem como aquelas que sofrem de ansiedade afetiva pelo temor da rejeição ou do abandono, não constroem, em nenhum desses casos, as reservas emocionais para ter empatia pelos outros, pois estão embaraçadas demais justamente nesse medo de abandono e rejeição.

Embora Bowlby se concentrasse basicamente nas mães como principais cuidadoras nos estágios iniciais de uma criança, desde então estudos de diferentes culturas no mundo e diversas demografias sugerem que os cuidadores primários também são os pais, irmãos ou irmãs e parentes próximos. No estudo das sociedades de coleta e caça, que é o arquétipo para criar as crianças e prepará-las para adaptação e resiliência ao mundo natural ao seu redor, o cuidado atencioso dos pequenos geralmente é uma responsabilidade compartilhada da família extensa. Os atuais *kibutz* de Israel oferecem um reconhecimento contemporâneo da prática de criação parental e familiar das crianças mais novas.

Se os cuidados suficientemente bons de bebês e crianças aprendendo a andar são o segredo para preparar gerações sucessivas na adaptação à adversidade, fazendo delas as portadoras da tocha da Era da Resiliência, uma realidade perturbadora se apresenta. Um estudo elaborado pelo Sutton Trust, de Londres, e uma equipe de pesquisadores da Universidade Princeton, da Universidade de Colúmbia, da Faculdade de Economia de

Londres e da Universidade de Bristol sobre apego parental de bebês nos Estados Unidos não é nada reconfortante. O que eles descobriram é que as crianças com insegurança afetiva correm maior risco de apresentar problemas comportamentais, fraca alfabetização e abandono escolar precoce. Também constataram que crianças que crescem sem vínculos fortes de apego parental são mais propensas a se tornarem adultos agressivos, desafiadores e hiperativos.[10]

Há também uma forte correlação entre o mau comportamento afetivo e a formação da criança em um ambiente marcado pela pobreza, com os pais vivendo em constante desespero e desânimo dia após dia, sem saber se a família terá comida ou um teto. É difícil imaginar como os pais, nessas circunstâncias, teriam reservas emocionais para serem cuidadores afetivos e firmes dos filhos. Susan Campbell, professora de psicologia na Universidade de Pittsburgh, resume a realidade dos efeitos da pobreza sobre os cuidados paternos e do apego às crianças nestes termos: "Quando os cuidadores se veem sufocados por suas dificuldades, os bebês provavelmente aprenderão que o mundo não é um lugar seguro, e isso os deixará carentes, frustrados, reclusos ou desorganizados".[11]

Os pesquisadores descobriram que 60% das crianças nos Estados Unidos, em uma pesquisa representativa de quatorze mil crianças nascidas em 2001, "desenvolveram forte apego a seus pais". Mas o que realmente perturba é que 40% de todas as crianças estudadas cresceram em lares com pouco apego parental e sofreram as consequências psicológicas que os acompanhariam por toda a vida.[12]

Bowlby e Mary Ainsworth, a colega que adotou seus discernimentos e, com rigor científico, analisou o comportamento da vida de um indivíduo e sua família, concentraram-se principalmente no período dos primeiros meses e anos da infância, quando o apego seguro ou a ausência dele deixam as marcas primárias. Outros pesquisadores das mais variadas disciplinas começaram a explorar o papel de outras figuras afetivas em diversos estágios da vida de uma pessoa. Cônjuges, amigos íntimos, professores, mentores, terapeutas, empregadores e outros são importantes como figuras afetivas, reforçando ou modificando os padrões iniciais de apego, e afetam o sentido de apego seguro e impulso empático.

Esse impulso, porém, não é apenas sobre práticas de como criar um filho nem sobre uma sucessão de figuras afetivas em sua vida. A empatia também evolui no decorrer da história e tem profundo entrelace com a evolução da sociedade e da ascensão e queda de civilizações – um terreno social pouco explorado pelos cientistas sociais.

Quando uma nova infraestrutura é construída e aplicada na sociedade, a empatia evolui e se expande. A infraestrutura de cada civilização traz consigo um paradigma econômico único, uma nova ordem social, uma nova forma de governança e uma impressão ecológica, todos acompanhados de uma visão narrativa do mundo, à qual sua população deve ser leal. Em cada instância, a nova infraestrutura possibilita um elo empático mais expansivo que abrange e une emocionalmente as diversas populações que vivem e trabalham nessa nova infraestrutura, bem como participam dela. A população sem vínculos de sangue se define como um organismo social que atua na qualidade de uma família ficcional, na qual os membros têm empatia uns pelos outros, como se fossem parentes consanguíneos.

Lembremo-nos de que os coletores e caçadores viviam em pequenos grupos isolados, com populações de vinte a cem membros, embora ocasionalmente interagissem em grupos consanguíneos um pouco maiores. Suas crenças e rituais eram, em grande parte, sem deuses. Eles veneravam os ancestrais no além, e sua visão de mundo era impregnada de uma consciência animista. As figuras afetivas e o impulso empático eram fortes, mas restritos às famílias dos grupos pequenos e a grupos um pouco maiores.

A mudança para a agricultura e a vida sedentária, cerca de dez mil anos atrás, dirigiu o apego seguro aos deuses locais que residiam nas montanhas, no solo, nos rios e riachos, e dos quais o sustento ou a ira eram uma preocupação constante. O impulso empático raramente se estendia além da periferia das pequenas comunidades agrícolas em vales e vilas de pescadores aninhadas ao longo da costa.

O grande salto na extensão empática veio com a ascensão das grandes civilizações agrícolas hidráulicas, no Oriente Médio ao longo dos rios Tigre, Eufrates e Nilo, do rio Indo no que hoje é o Paquistão e dos rios Amarelo e Yangtze na China entre 400 e 1700 a.C. As populações eram recrutadas em uma vasta área geográfica e postas para trabalhar no projeto, na prática e na operação de massivas infraestruturas hidráulicas com o objetivo de sustentar a produção agrícola em larga escala.

Tecnologias hidráulicas foram inventadas e utilizadas para controlar as grandes cheias sazonais, captar e armazenar as águas e distribuí-las durante a época do plantio, proporcionando alimento suficiente para o momento e guardando o excedente, em grandes quantidades, para armazenagem e posterior distribuição. Essas civilizações hidráulicas foram um grande feito de engenharia que consistia em canais, diques, sistemas de irrigação, depósitos e estradas, tudo sob o controle de burocracias centralizadas compostas de técnicos habilidosos que supervisionavam a mão de obra recrutada das massas.

Nos séculos antes de Cristo, as grandes religiões axiais do judaísmo, budismo, hinduísmo e daoismo amadureceram, e depois surgiram o cristianismo e o islamismo. Todas essas religiões se tornaram as novas figuras de apego. Foi a reviravolta da consciência animista como narrativa dominante para a consciência religiosa. Essas grandes religiões axiais conseguiram converter centenas de milhares de indivíduos sem vínculos familiares a uma nova figura geral de apego, permitindo-lhes se identificar como parte de uma família extensa ficcional à qual deviam lealdade e fidelidade, e com a qual empatizavam.

Tentemos imaginar como seria para milhares de migrantes em vilarejos agrícolas isolados e remotos que pegavam seus pertences e percorriam centenas de quilômetros de estradas romanas até se assentarem na cidade capital de Roma e sua periferia. Sozinhos em uma cidade de milhões de pessoas, muitas delas recentes viajantes expulsos de suas terras ancestrais e deuses locais, os migrantes encontravam sua nova figura de apego em

Jesus Cristo e no cristianismo, um culto que se tornaria a religião oficial do Império Romano por decreto do imperador Constantino em 313 d.C.

Para os primeiros cristãos convertidos no primeiro século da era cristã, Cristo se tornou uma figura paterna que, do céu, zelava por seu rebanho como uma família, provendo e dando amor a cada verdadeiro fiel. Ao se cumprimentarem, os cristãos se beijavam no rosto e se chamavam de irmão ou irmã, cujo pai amoroso era Jesus Cristo. A empatia se expandiu para incluir essa mais nova família ficcional.

Se a Era Paleolítica, caracterizada por uma sociedade de coleta e caça, fez surgir a consciência animista, e a ascensão dos grandes impérios agrícolas hidráulicos trouxe a consciência religiosa, o surgimento da Revolução Industrial deu à luz a consciência ideológica. A nova era tinha raízes na crença de que a ciência, a tecnologia, a Revolução Industrial e a economia capitalista gerariam uma utopia materialista e um fac-símile de imortalidade humana sobre a Terra. Essas utopias materialistas acabariam atreladas às mais diversas iterações de consciência ideológica sob as bandeiras de democracias representativas, socialismo, fascismo e comunismo.

Mas a consciência ideológica também precisava de uma narrativa governante que agregasse grandes números de populações diversas, como um organismo social. Como já mencionamos, o estabelecimento de infraestruturas industriais baseadas em combustível fóssil, no fim do século XVIII na Europa e América, e a mudança de mercados regionais para nacionais deram origem à governança do estado-nação. Entretanto, esses estados não eram compostos de um único grupo étnico, mas sim de uma miscelânea de etnias e raças com idiomas próprios, dialetos, heranças culturais, mitos predominantes e figuras de apego. Levando em conta essa situação, os estados-nações recém-formados embarcaram em programas de doutrinação social massiva, com o intuito de converter um aglomerado de variadas etnias em cidadãos, adeptos de uma consciência ideológica e defensores da nação.

Como vimos no Capítulo 4, cada estado estabeleceu um vernáculo. Em seguida, introduziram sistemas de escolas públicas com currículos que

glorificavam o estado e definiam feriados comemorativos de eventos históricos – alguns mais fictícios que reais – para criar um vínculo fraterno comum. Poucas gerações foram necessárias até serem criadas as culturas
italiana, alemã, espanhola, francesa etc., nas quais o estado se tornava a
principal figura de apego. Em nome da "pátria-mãe", as massas aprendiam
rituais patrióticos e eram obrigadas a serem leais ao Estado.

O que surgiu de todo esse processo foram gerações e mais gerações
de cidadãos, cada qual apegada ao estado-nação como figura afetiva ma-
terna ou paterna. Todo cidadão passou a considerar os outros sua família
extensa, pela qual tinha empatia, chegando até mesmo a estar disposto a
fazer o sacrifício derradeiro de lutar e morrer pelos conterrâneos. Eclodiam
guerras e o sangue era derramado; milhões de pessoas morreram em toda
a Europa nos dois séculos seguintes para proteger suas famílias extensas
ficcionais e mostrar fidelidade à pátria, essa figura poderosa de apego.

Nelli Ferenczi, professora de Filosofia na Universidade Brunel, e
Tara Marshall, professora de Filosofia na Universidade McMaster, foram
duas entre os primeiros pesquisadores a estudar o apego de um indivíduo
à nação. A pesquisa delas, "Explorando o apego à 'pátria' e sua associação
com a identificação da cultura herdada", encontrou resultados semelhantes aos escritos de Bowlby e Ainsworth sobre apego aos cuidadores primários, publicados meio século antes. As pesquisadoras entrevistaram
232 participantes entre 16 e 65 anos de idade, 126 homens e 105 mulheres, e uma pessoa cujo gênero elas não citaram. Trinta e cinco por cento
dos participantes informaram que não viviam em seu país de origem, e
65% responderam positivamente.[13] O que Ferenczi e Marshall constataram foi que o apego ao país se correlacionava em aspectos psicológicos
semelhantes ao apego que os bebês têm por seus cuidadores principais.

Os indivíduos pesquisados se diferenciavam em três aspectos.
Aqueles que estavam bem integrados à sociedade, tanto em seu país de
origem quanto no adotado, identificavam-se com a narrativa do país e
sentiam-se protegidos e acolhidos. Viam a si próprios como parte da família extensa ficcional que compartilhava uma identidade comum e exibia as

marcas do apego. Outros sentiam que a figura de apego – o estado – era ausente de sua vida ou os rejeitava. Exibiam a clássica reação Bowlby--Ainsworth de medo e ansiedade, ou de abandono e solidão. As respostas típicas no estudo eram: "Temo ser abandonado por meu país" ou "É muito importante eu me sentir independente de meu país".[14]

A consciência animista, a consciência religiosa e a consciência ideológica representam as grandes estruturas narrativas – os pontos de ruptura da história – com as quais nossa espécie conseguiu entender a própria existência: a compreensão do nascimento, vida, morte e vida após a morte, nosso espírito e os instintos, nossas obrigações e relações. E cada uma representaria uma nova e diferente abordagem de como a humanidade organizou sua vida econômica, governança e relacionamento com o mundo natural.

Os historiadores e antropólogos se interessam pelas infraestruturas tecnológicas primárias que unificaram legiões de seres humanos, além dos simples elos de sangue, em relacionamentos complexos compostos de diversos papéis e responsabilidades com o objetivo de expropriar áreas ainda maiores da riqueza natural do planeta. Menos observado é o fato de que as revoluções de infraestrutura que nos levaram às civilizações hidráulicas, à revolução industrial protoagrícola e à revolução industrial plenamente madura expandiram o alcance empático da espécie humana, dos vínculos familiares para as afiliações religiosas e depois para a identificação ideológica. Infelizmente, as novas infraestruturas e os subsequentes apegos empáticos também vieram com novas fronteiras, separando os verdadeiros fiéis dos outros – os infiéis e anarquistas – geralmente com consequências monstruosas e aterradoras: guerras e banhos de sangue, e novos tipos de discriminação.

Entretanto, cada uma dessas expansões empáticas contribuiu para fortalecer a evolução empática da espécie, com maior tolerância religiosa, o fim da escravidão e da servidão, a criminalização da tortura e do genocídio, o avanço da governança democrática e dos direitos humanos e, em tempos mais recentes, o reconhecimento da igualdade baseada em gênero e orientação sexual. Esses avanços foram possíveis graças ao aumento da interconectividade de nossa espécie no tempo e no espaço, facilitada pelas novas infraestruturas mais integrativas que aproximaram ainda mais a raça humana, além dos subsequentes apegos empáticos que uniram mais populações diversas como famílias extensas "ficcionais".

Nada disso indica que os lapsos e reveses de tempos passados não continuaram a infestar a espécie humana. Todo salto de uma nova infraestrutura que aproxime mais pessoas na condição de famílias ficcionais mais expansivas e maior identificação empática é, ao mesmo tempo, uma ameaça às coletividades minguantes, sejam elas tribais, religiosas ou hoje em dia ideológicas. Essas antigas coortes não desaparecem de uma vez, mas continuam a existir, embora em um plano temporal cada vez mais estreito. O problema é que esses apegos culturais do passado parecem pertencer só à história, mas permanecem vivos, como vestígios sempre prontos para ressuscitar sem aviso prévio, e começar uma batalha.

Portanto, apesar de as figuras de apego e a natureza empática de nossa espécie terem evoluído em saltos e, às vezes, colapsado totalmente, colocando a raça humana em períodos longos de escuridão, a programação básica de nosso neurocircuito mantém vivo o espírito empático, e não há dúvida de que hoje conduz a humanidade ao próximo estágio de nossa evolução empática, desta vez, esperamos, a tempo de salvar a espécie humana e as outras que coabitam conosco este planeta.

Uma geração mais jovem começa a se desligar de apegos religiosos e ideológicos, entrando em uma família biológica mais inclusiva. A consciência de biofilia começa a despertar agora e deverá ser a narrativa definidora da Era da Resiliência, à medida que a espécie desenvolver empatia com as outras criaturas, nossos semelhantes na Terra.

REAFILIAÇÃO À NATUREZA

Primeiro, o contexto. A consciência de biofilia, isto é, o respeito empático pelas outras espécies, não é apenas uma recomendação ou um desejo.

Além dessa próxima extensão empática – dessa vez com nossa "real" família extensa de parentes que coabitam o planeta e convivem conosco – certamente a mudança climática colocará a espécie humana e as outras em um tortuoso jogo final na Terra. Só podemos ter a esperança de garantir nosso futuro se tivermos uma identificação profundamente empática com a luta das outras espécies para viver.

A biofilia não vem sozinha. Faz parte de um pacote. A nova infraestrutura digital resiliente e sua acompanhante, a interconectividade, dão à espécie o alcance distribuído necessário para instituirmos uma governança adaptativa nas biorregiões e nos ecossistemas. A extensão de governo para a governança biorregional põe os cidadãos em um relacionamento mais íntimo com seus 19 quilômetros da biosfera, onde as pessoas e os outros seres vivem. Isso é vital porque o poder do respeito empático está, em parte, na intimidade da experiência. A governança biorregional, aliada à proteção cidadã mais íntima dos ecossistemas locais, deixa a espécie humana diretamente em contato, de uma maneira dinâmica com as outras espécies, permitindo que o poder da empatia se desenvolva.

Para ninguém pensar que uma relação entre a cidadania e os ecossistemas em que vivemos é improvável ou até uma bobagem romântica, essa intimidade já tem sido imposta à raça humana em todos os lugares. A devastadora repercussão dos desastres climáticos e da restauração natural pela qual o nosso planeta passa está afetando o dia a dia das pessoas, se não de maneira profunda, ao menos muito forte, tornando-se já uma força onipresente que afeta tudo o que fazemos: nossos modos de trabalhar, de nos divertir, viver a vida e imaginar o futuro. Como vamos preparar nossos filhos para serem adaptáveis e resilientes em um planeta "em fúria", que está buscando voltar ao estado selvagem original?

Em 2019, pesquisadores europeus da área de psicologia publicaram um metarrelatório detalhado de experimentos e estudos sobre a relação entre apego na infância e adaptabilidade e resiliência. Descobriram que para a criança crescer com uma capacidade de se adaptar facilmente a um mundo repleto de perturbações e erupções e, ao mesmo tempo, ser resiliente, ela dependerá muito dos cuidados parentais e de outros membros da família durante os primeiros anos da infância. Os pesquisadores detectaram "uma constância na literatura que sugere que a resiliência se baseia em dois conceitos vitais: adversidade e adaptação positiva", e concluíram que "o apego seguro pode, portanto, ser o pré-requisito para a adaptação positiva".[15]

Converter a ameaça existencial da mudança climática, de trepidação para adaptação, é a porta do futuro. A extensão empática – a conexão da biofilia – com as outas espécies, nossos semelhantes, é a força mais poderosa para animar a Era da Resiliência. Tudo, enfim, nos remete de volta ao apego, neste caso, "apego ao lugar".

Embora a teoria do apego seja estudada em numerosos fenômenos sociológicos, entre eles afiliações religiosas e ideológicas, dá-se menos atenção ao "apego ao lugar", a despeito do fato de o lugar ser a primeira dimensão de exploração e apego além dos cuidados parentais; o sentido de apego primordial do bebê é com seu ambiente. É quando exploram o mundo – sua fisicalidade, presença e "eventos" – que os bebês e as crianças pequenas criam um relacionamento personificado com o ambiente.

Em nenhum espaço o apego ao lugar é mais vital para o desenvolvimento e o sentido de pertencimento da criança que no mundo natural, como mostra o fascínio que as crianças que estão aprendendo a andar têm por todas as criaturas que rastejam, andam, voam ou nadam. Quando a criança é incentivada a explorar seu ambiente natural ou alertada dos perigos pelos cuidadores, que restringem seus movimentos, isso afeta por toda a vida seu sentido de apego ao lugar, ou da falta dele. Além disso, em uma cultura cada vez mais urbanizada, vivenciada a maior parte do tempo dentro de casa, ou mais recentemente em mundos virtuais, o ambiente natural pode ser considerado alienígena ou ameaçador, ou ainda pior: desinteressante. Richard Louv, autor de *A última criança na natureza*, relata uma conversa que teve com uma criança no quarto ano escolar que expressava os sentimentos de muitos jovens de hoje. Quando ele perguntou ao menino por que não brincava fora de casa, ouviu esta resposta: "Gosto de brincar dentro porque é lá que estão as tomadas elétricas".

Se tendemos a subestimar o apego ao lugar, provavelmente é por ele ser tão natural na definição de nossa existência no tempo e no espaço, que nos esquecemos de como moldou nossa presença no mundo. O próprio desenvolvimento da linguagem depende das primeiras explorações do lugar. A atividade e a interatividade que notamos e experimentamos nos fornecem um rico estoque de metáforas de espaço e tempo, com as quais construímos a linguagem, compreendemos os relacionamentos e criamos nossa identidade.

Uma criança que cresce quase sem experiência alguma do ambiente exterior e dos acontecimentos da vida tem uma experiência de lugar muito estreita, o que a deixa com um apego menor ao ambiente mais amplo com que ela terá de lidar na vida, cedo ou tarde. Infelizmente, na pressa da urbanização da era industrial, pouca atenção foi dada à perda da conexão ambiental, tão importante para estabelecermos o apego ao mundo natural. Os cuidados com bebês e crianças pequenas, e depois a frequência à escola, abrem pouco espaço para a experiência do mundo natural. Mesmo os recreios nas escolas, que dão às crianças tempo livre fora da sala, foram reduzidos ou até eliminados, sendo substituídos por mundos virtuais em que as crianças são observadoras passivas, apenas manipulando *pixels* em uma tela plana.

O apego ao lugar, assim como aos cuidadores, depende do tipo de exposição e experiência. Se a experiência da natureza for segura, isto é, firme, atraente, incentivadora e confortável, o apego positivo costuma acompanhar a criança pela vida toda. Os estudos sobre o apego ao lugar tendem a seguir a mesma curva do apego parental, do apego religioso e do apego à pátria. Se a experiência for sentida como punitiva, indiferente ou até inexistente, o comportamento da criança pode variar entre ansioso e evasivo. Se, porém, sua exposição e experiência forem reconfortantes e generativas, o apego ao lugar se tornará uma parte significativa de sua identidade no mundo.

O apego seguro ao ambiente natural do indivíduo nem sempre equivale à adaptação aos seus requisitos ou ao zelo pela regeneratividade. Por exemplo, pessoas com forte apego ao ambiente natural em geral relutam, após repetidos desastres climáticos, a dar ouvidos aos argumentos sustentados pela ciência de que o aquecimento global em sua região vai provocar calamidades ainda mais perigosas. Recusam-se a acreditar que melhor seria mudarem de residência, deixando a região restaurar-se com os devidos cuidados ambientais. Em vez disso, resistem e permanecem comprometidas em reconstruir quantas vezes for necessário o mesmo lugar, do mesmo jeito, porque sempre agiram assim. Isso revela um forte sentimento de apego ao lugar, mas pode ser prejudicial ao seu bem-estar futuro e aos ecossistemas que habitam.

Essa incapacidade de se desapegar do local e do ambiente costuma se manifestar como uma indisposição para aprender novas habilidades ou encontrar trabalho em outro local, mesmo que o ambiente natural se torne inóspito e não mais ofereça oportunidades para viver, ou que o tipo de trabalho seja destrutivo ao ambiente; por exemplo, mineração de carvão, corte de árvores e coisas assim.

Outras situações são ainda mais complicadas. Indivíduos com semelhantes apegos fortes e íntimos com o ambiente, e que até compartilham o amor pela natureza, podem discordar quanto à necessidade de turbinas eólicas montadas no mar ou fazendas solares de utilidade desenvolvidas em terreno adjacente. Os que se opõem podem alegar a preocupação de que as instalações comprometam a beleza natural da região e o ambiente. Os defensores argumentam que a troca de combustíveis fósseis por energia renovável é o único meio de desacelerar o aquecimento global e a mudança climática, e regenerar um ecossistema mais resiliente. Nesses casos em que as duas partes demonstram forte apego ao ambiente natural, mas discordam quanto ao modo de protegê-lo, em geral encontra-se um denominador comum.[16]

Vários estudos sobre o apego ao lugar constataram que o compromisso conjunto de proteger o ambiente costuma motivar o ativismo e o engajamento cívico, com vizinhos se unindo para encontrar um meio aceitável e satisfatório para todos, de modo a poderem lidar com um futuro mais resiliente para suas famílias e descendentes. Tal atitude combina com a extensão de um governo cidadão distribuído e assembleias de cidadãos trabalhando ao lado da governança convencional na salvaguarda de biorregiões locais.

Além de proporcionar um refúgio seguro e um mundo vivo no qual o indivíduo poderá se colocar, o apego seguro também cumpre duas outras funções igualmente vitais. O apego ao ambiente natural é o caminho para a conquista da felicidade pessoal e da evolução da empatia para incluir a natureza como um todo.

REPENSANDO A FELICIDADE

As ideias de Jeremy Bentham quanto ao que constitui felicidade foram praticamente inquestionadas durante a maior parte da era industrial. Bentham é o filósofo do século XIX mais conhecido por sua teoria utilitarista de que o comportamento humano é motivado pelo desejo de experimentar prazer e evitar dor. Segundo ele, todos nós somos hedonistas e utilitaristas por natureza, passando a vida em busca da satisfação de nossos desejos insaciáveis. A publicidade levou o catecismo de Bentham ao pé da letra e o usou para incitar gerações da espécie a consumir os tesouros da terra na forma de infinitos novos produtos e serviços. Nos anos 1950, o economista Victor Lebow escreveu no *Journal of Retailing* a respeito dos benefícios da cultura do consumo, observando que:

> Nossa economia enormemente produtiva exige que façamos do consumo nosso estilo de vida, que convertamos a compra e uso de mercadorias em rituais, que busquemos nossa satisfação espiritual e a satisfação do ego no consumo. Precisamos que as coisas sejam consumidas, exauridas, gastas, substituídas e descartadas em um ritmo cada vez mais acelerado.[17]

Embora ninguém afirme que o empobrecimento pode deixar as pessoas felizes, no outro extremo, o consumo exagerado não seria nocivo?

Quando a cultura do consumo atingiu o pico, deixando populações inteiras com dívidas que não podiam sanar, começaram a surgir estudos sobre a correlação direta entre consumo e infelicidade. Psicólogos, sociólogos e antropólogos pesquisaram e trouxeram os números, chegando à conclusão de que o consumo é um vício, como as drogas, e, quanto mais alguém mergulha nele, mais infeliz se torna. De maneira semelhante, quanto mais possuímos, mais nossas posses acabam nos possuindo.

Como se poderia esperar, quanto mais nos cercamos de posses, maior é a imersão em mundos artificiais e isolados do mundo natural. Essa realidade é ainda mais desanimadora quando nos lembramos de que em anos recentes os cientistas concluíram que a exposição à natureza não é apenas uma experiência estética nem uma atividade de lazer, mas algo muito mais importante. As funções físicas mais íntimas, entre elas o funcionamento de cada célula, bem como as funções cognitivas, acompanham os ritmos e os fluxos do mundo natural a partir dos quais evoluímos e com os quais ainda estamos intricados. Essa percepção nos remete de volta à biofilia: a ideia de que cada fibra de nosso ser vive em estado de alerta quanto ao auxílio da natureza e também aos perigos, uma característica de nossos instintos biofílicos e nossas biofobias.

Vivendo em enclaves urbanos, nem sempre percebemos que nosso estado de espírito, comportamento e as funções físicas são inconscientemente afetados pelo relacionamento fisiológico com o ambiente, sobretudo o bem-estar mental e físico. Consideremos, por exemplo, uma simples caminhada por uma floresta em comparação com uma caminhada em um ambiente urbano. O andar na floresta baixa, em média, o cortisol salivar, que é uma medida de estresse, em 13,4% durante e 15,8% depois do passeio, e a pulsação em 3,9% no decorrer da caminhada e até 6% depois, além de baixar também a pressão arterial sistólica. A atividade parassimpática – a sensação de relaxamento – aumenta em 102% após o passeio, enquanto a atividade simpática – sentimento de estresse –

diminui em 19,4%. Todas essas mudanças que ocorrem no corpo são o resultado simples de uma boa caminhada no bosque.[18]

A conexão natureza-saúde fez parte de um debate nacional no Japão, na década de 1980. A população de trabalhadores ativos sofria de *burnout* devido ao modo urbano de existência, bastante estressante e limitador, atrelado ao trabalho constante. O Japão ganhou uma distinção ambígua de ser a primeira sociedade 24/7. Enquanto os desejos hedonistas do público japonês se satisfaziam, suas necessidades de restauração física não eram respeitadas. Mais ou menos nessa época, um novo fenômeno cultural se popularizou no país, chamado *shinrin-yoku*, que se traduziria como "banho de floresta" – uma caminhada no bosque –, um exercício terapêutico para restaurar o bem-estar físico do indivíduo. Seguiu-se uma enxurrada de testemunhos. As pessoas se sentiam renovadas e os cientistas cunharam a expressão "saúde revigorante".

Para terem certeza de que não era apenas a imaginação das pessoas, os pesquisadores testaram seus níveis de glucose enquanto elas davam um passeio descontraído de 3 a 6 quilômetros pela floresta, e detectaram que os níveis de glucose no sangue caíam em 39,7%, comparados com outras formas semelhantes de exercício em esteiras e piscinas, que reduziam os níveis de glucose em apenas 21,2%.[19] Obviamente, o ambiente fazia a diferença. E a diferença, segundo os ecologistas, era a conexão com a biofilia.

Um relatório publicado no *Annual Review of Environment and Resources* alguns anos atrás, intitulado "Humanos e a natureza: como o conhecimento e a experiência da natureza afetam o bem-estar", avalia estudos em dez categorias que abrangem dimensões de bem-estar para entender como eles se correlacionam com experiências na natureza. Segundo os pesquisadores, "o equilíbrio da evidência indica de modo conclusivo que conhecer e experimentar a natureza nos deixa mais felizes e mais saudáveis".[20] Quando os pesquisadores mergulharam mais fundo no estudo e viram o impacto que a natureza exercia sobre cada uma das dez dimensões do bem-estar humano, ficou evidente que havia uma forte correlação. Uma das descobertas é que a maior imersão na natureza melhora a saúde física, reduz o estresse, aumenta a autodisciplina, restaura a saúde mental, fomenta mais espiritualidade, aumenta o nível de atenção, melhora a capacidade de aprendizagem, inspira a imaginação, aprofunda o senso de identidade e possibilita mais conectividade e senso de pertencimento.[21]

O psicólogo humanista Erich Fromm cunhou o termo "biofilia" para descrever o sentimento de atração a todos os fenômenos de vida. Mas foi E. O. Wilson que aprofundou o conceito no tecido biológico de tudo o que é humano. Ele explica que a biofilia é uma característica inata profundamente intricada em nosso DNA: um sentido primitivo de que pertencemos à família da vida, e que o bem-estar individual e coletivo depende de nosso relacionamento profundo com tudo o que vive. O elo comum é o impulso que compartilhamos com todas as criaturas deste planeta de nos desenvolver até o pleno potencial de nosso ser.

Isso não significa diminuir o lado sombrio e ameaçador da realidade da vida. Além de sentirmos em nosso ser biológico a afinidade com a vida, também está escrito na constituição genética o medo de outras espécies cujo impulso de crescer possa ameaçar o nosso. Tal como outros mamíferos, a maioria dos seres humanos se encolhe ou corre diante de cobras, aranhas e outras criaturas. A constituição genética humana contém uma memória distinta do dano que elas podem causar. Portanto, ao mesmo tempo que nosso ser fisiológico e cognitivo é movido por biofilia, também possui uma biofobia cautelosa. Biofilia e biofobia estão conosco do início ao fim da vida.

Em termos simples, E. O. Wilson define biofilia como a "tendência inata a se concentrar na vida e nos processos vitais".[22] Para Wilson, a conexão com a biofilia reescreve de modo parcial a história humana sob a perspectiva da espécie. A ideia de "sobrevivência do mais forte", expressão cunhada pelo filósofo inglês Herbert Spencer e adotada por Darwin na quinta edição de *A origem das espécies* em 1869, de certo modo maculou a tese de Darwin desde então. As palavras sugerem que a natureza é uma luta entre o mais forte e o mais fraco, uma teoria usada para justificar o argumento de que a natureza tem "garras e dentes vermelhos". Darwin, porém, nunca pretendeu imortalizar esse conceito.

E. O. Wilson situa a evolução da vida em um local melhor, sugerindo que o impulso inato de nossa espécie, assim como de outras, é desenvolver-se e não dominar, e que a biofilia reflete nossa inclinação inerente de empatia pelas outras criaturas e com o mundo natural. Em um único gesto, ele afasta a espécie humana da luta pelo domínio da natureza e a aproxima de uma predisposição genética de afiliação à natureza que permitirá à espécie prosperar.

A SALA DE AULA DA NATUREZA

Cultivar a biofilia é algo que começa muito cedo. Os pesquisadores Giuseppe Barbiero e Chiara Marconato argumentam que a exposição de crianças pequenas à natureza deveria seguir os mesmos princípios de engajamento que fomentam o apego afetivo na sociedade. Como a biofilia diz respeito à conexão emocional com a natureza, pais, irmãos mais velhos ou professores precisam proporcionar um local seguro, que permita à criança caminhar e vivenciar a natureza em intervalos curtos, sabendo que sempre poderá correr de volta para seu cuidador. Outras explorações durante intervalos mais longos e retornos garantidos expandem o lugar seguro da criança, ampliando seu sentimento de lar para incluir o próprio ambiente natural.

Essa dinâmica temporal/espacial afetuosa ajuda a criança a expandir os relacionamentos para outras vidas abundantes, além dos cuidadores principais. É assim que, em vez de apenas "socializarmos" uma criança, passamos a "naturalizá-la"; e com isso, apagamos as fronteiras artificiais que a civilização estabeleceu entre a espécie humana e o restante de nossos parentes evolucionários. Desse modo, a conexão biofílica torna-se a transformação mais radical da consciência humana, praticamente eliminando o último "outro" remanescente. Ou seja, experimentamos as outras espécies que habitam este planeta – nossa família evolucionária – como parentes vivos e a natureza como nosso lar e lugar extenso.[23]

Não é uma visão fantasiosa. Um novo fenômeno educacional permeia o mundo, apesar de quase não ser notado pela mídia ou citado em discursos públicos, mas ainda assim está alterando a visão de mundo, de socialização para naturalização. Esse fenômeno recebe nomes diversos: Escolas da Floresta, Educação do Jardim da Infância ao Último Ano nos Bosques, Retiros da Natureza. Eles já proliferam na Alemanha, Itália, Dinamarca, Suécia, Reino Unido, Estados Unidos, Canadá, Austrália, Nova Zelândia, China e Japão. Estão guiando a próxima geração de bebês e crianças rumo à consciência biofílica, na esperança de reconciliar a relação da humanidade com os demais membros de sua família evolucionária.

Antes que o cético pense que essas escolas da natureza são experimentos fúteis, podemos dizer que já existem mais de duas mil escolas da floresta em funcionamento na Alemanha. Nos Estados Unidos, havia quase seiscentas pré-escolas baseadas na natureza em 2020.[24]

Crianças de 4 a 6 anos de idade, em pequenos grupos, são levadas à natureza com guias adultos especialmente treinados em pedagogia biofílica. Os professores e as crianças parecem mais uma matilha que uma classe. As salas de aula ao ar livre ficam abertas o ano inteiro, com chuva ou sol, calor ou frio, e a matilha deve comparecer todos os dias. Geralmente, a única morada é uma cabana pequena para guardar mantimentos. Não há banheiros e as crianças são instruídas a se distanciar na hora de fazer suas necessidades, mas sempre ao alcance da vista do professor. Com regras de não se afastar do cuidador adulto, as crianças ficam à vontade para explorar a sala de aula aberta da natureza, livres para conhecer a flora e a fauna, interagir com o ambiente natural, contar suas experiências, fazer perguntas aos guias e compartilhar ideias.

Se houve alguma boa notícia na pandemia do coronavírus e no fechamento das escolas e pré-escolas no mundo todo em 2020, foi o súbito interesse pelas escolas da floresta e escolas da natureza. Educadores e pais detectaram ao mesmo tempo um possível antídoto ao aprendizado remoto e à exposição ao vírus. Enquanto as crianças na pré-escola e no jardim da infância se isolavam de qualquer socialização em tempo real com os amiguinhos, e os temperamentos fervilhavam em casa, com crianças inquietas e afastadas dos colegas, as famílias começaram a recorrer às escolas da floresta como remédio pragmático. Assim como outros da área, a terapeuta ocupacional pediátrica Angela Hanscom observou que "cada vez mais pessoas recorrem ao ar livre como meio de lidar com os desafios da Covid". Ela citou o óbvio: que "é muito mais seguro estar ao ar livre, pois os índices de transmissão são muito mais baixos que em ambientes fechados", acrescentando que "as crianças não nasceram para passar a maior parte do dia sentadas e quietas [em frente a uma tela]. Isso é neurociência básica. Elas precisam se mexer".[25]

Traci Moren, de Berkeley, Califórnia, tem dois filhos, um de 5 anos e outro de 10, e disse que "a escola da floresta mudou o jogo. [...] Acho que nossa família não sobreviveria a tudo isso sem a escola da floresta... Agora, os meninos se divertem, acalmam-se em contato com a natureza e aprendem enquanto se mexem. [...] Chegam em casa felizes". Liana Chavarín, fundadora da Escola da Floresta de Berkeley, instalada no parque cênico César Chávez, de frente para a baía de São Francisco, diz que o benefício da educação na natureza é que "ajuda a construir resiliência. [...] As crianças sentem que a terra é a casa delas".[26]

Os professores das escolas da floresta afirmam que a natureza como experiência de sala de aula conduz as crianças a relacionamentos complexos no mundo natural e principalmente à interatividade sempre em evolução e adaptação, dentro de um sistema vivo e pulsante, com experiências inéditas a cada momento. Joanna Ferraro, fundadora da Pré-escola de Ecologia Jovem de Oakland, que funciona em diversas partes da baía leste de São Francisco, comenta que "a natureza é nossa professora-assistente. Podemos ter um programa, mas de repente um bando de joaninhas começa a voar por perto e eis que o currículo escolar muda na mesma hora. Ou podemos mudar, se houver interesse, e observar uma aranha pelo tempo que quisermos".[27]

O ambiente natural como experiência de sala de aula é muito diferente de se sentar sozinho diante de uma tela estéril, interagindo em mundos artificiais. Chavarín diz que estar em uma sala de aula da natureza, tão repleta do drama da vida interativa em desenvolvimento a cada curva, é uma prática que oferece uma arca do tesouro de experiências, todas dignas de investigação. Ela comenta que "qualquer coisa que as crianças vejam na natureza pode se tornar um trampolim para o aprendizado. Um pássaro morto pode desencadear uma discussão sobre o ciclo da vida. A neblina beijando o rosto gera uma lição sobre o ciclo das águas. Um riacho lamacento pode se tornar uma fonte de um trabalho de arte com argila. Colhemos lama dos riachos para fazer cerâmica. E depois aprendemos como acender o fogo para queimar o barro".[28]

O instinto biofílico é mais forte nas crianças que estão aprendendo a andar e nas que estão na pré-escola, mas diminui à medida que avançam no sistema educacional tradicional. Na Austrália, Tony Loughland e seus colegas da Escola de Educação da Universidade de New South Wales conduziram um estudo sobre "fatores que influenciam os conceitos que os jovens têm de ambiente". Um total de 2.249 estudantes entre 9 e 17 anos de idade em setenta escolas foram questionados: "O que você acha que significa a palavra 'ambiente'?". A resposta curta, segundo os pesquisadores, é que os conceitos limitados tinham a ver com a ideia de que o ambiente é um tipo de objeto, enquanto os conceitos mais integrados davam a entender que havia alguma relação entre as pessoas e o ambiente.[29]

A descoberta mais interessante foi que os estudantes mais jovens eram propensos a ter um foco mais relacional, enquanto os mais velhos tendiam a pensar no ambiente como um objeto, indicando que a criança nasce com uma orientação biofílica inata em sua constituição genética, que se extingue em vez de se fortalecer, à medida que aprende a encarar o ambiente por um processo de aprendizado tradicional. Crianças muito novas interagem de maneira instintiva com outros animais, falam e se identificam emocionalmente com eles como extensão da família; de novo: uma tendência inata do ser biológico.

Estudos mostram que, quando crianças com menos de 6 anos sonham, mais de 80% dos sonhos são com animais.[30] Outras pesquisas indicam que crianças pequenas são muito curiosas acerca dos animais e expressam essa curiosidade de maneira franca, sobretudo com relação a filhotes.[31] A conexão biofílica é observada inclusive em crianças com menos de 2 anos de idade.[32]

Quanto ao temor de que a exposição das crianças à natureza como sala de aula as deixaria atrás das outras no aprendizado, as evidências nos estudos realizados nas quatro décadas passadas sugerem exatamente o contrário. Suas habilidades verbais, a capacidade de atenção, de estar alerta, o pensamento crítico e a maturação emocional costumam ultrapassar as dos colegas não expostos.

Por que nos estendemos tanto na questão de as crianças pequenas perceberem a natureza como sua comunidade primordial e um lugar mantenedor, ao qual se apegam de modo intrínseco, se um dia terão esse sentimento biofílico instintivo apagado, ou no mínimo suprimido, quando a experiência na escola lhes ensina que a natureza é um mero recurso a ser expropriado e usado para satisfazer seus impulsos hedonistas de consumo? Mais uma vez, voltamos a dois modos diferentes de descrever a liberdade. Quando descrevem suas experiências com a natureza, crianças muito novas falam repetidamente do sentimento de liberdade, e essa liberdade sempre é expressa em termos de inclusão, um pertencimento íntimo a um mundo vivo familiar. À medida que crescem, a escola se concentra cada vez mais na descrição do mundo em termos objetivos, enquanto prepara os estudantes para pensar na liberdade como um agente autônomo e uma ilha individual; ou seja, a liberdade como exclusão. A ideia de liberdade como algo autônomo e exclusivo se encaixava com perfeição à Era do Progresso, com seu tema subjacente de que todas as pessoas têm o direito inalienável, dado por Deus, à vida, à liberdade e à propriedade, esta última um sinônimo de felicidade. Essa narrativa já se esgotou e hoje é mortal em uma Terra restaurada, onde a resiliência, e não o progresso, é o único caminho claro para nos reconectarmos com a comunidade natural.

Se quisermos reprogramar a história humana para entrar na Era da Resiliência, precisaremos repensar a pedagogia usada na educação das crianças, deixando o impulso biofílico natural inserido na constituição genética delas se expressar e desenvolver-se na pré-escola, amadurecer durante toda a experiência estudantil e culminar em carreiras e ocupações. É promissor o fato de vários sistemas públicos do jardim da infância ao 12º ano escolar nos Estados Unidos terem formalizado cursos ambientais no currículo, enfocando a sustentabilidade para apresentar os alunos ao mundo natural e, no processo, incentivar suas propensões biofílicas. Em 2016, oito dos doze maiores distritos escolares nos Estados Unidos, com 3,6 milhões de crianças frequentando 5.726 escolas, incluíam aulas de Ciência Ecológica no currículo escolar. Os alunos aprendem a respeito da mudança climática e fazem trabalhos de campo, em geral como parte da atividade de servirço, além de monitorar mudanças pluviais, seca e condições do solo, limpar bacias hidrográficas, medir as impressões de carbono e rejuvenescer ecossistemas locais.[33]

Pesquisadores da Universidade Stanford analisaram mais de cem estudos conduzidos em um período de vinte anos sobre o impacto da introdução de estudos ambientais no currículo escolar completo desde o jardim da infância. Descobriram que, além de aprender sobre o ambiente na sala de aula e pôr a mão na massa da pesquisa ambiental e proteção da comunidade, os alunos vivenciam impactos positivos como "aperfeiçoar as habilidades para o pensamento crítico e desenvolver o crescimento pessoal, bem como a capacidade de melhorar a vida", incluindo "autoconfiança e liderança".[34] As pesquisas também indicaram que a educação ambiental, tanto na sala de aula quanto na comunidade, aumenta o engajamento cívico do aluno, bem como seu comportamento ambiental pessoal.[35]

O currículo escolar ambiental não termina depois do 12º ano de escola. Centenas de universidade na América oferecem cursos ambientais, geralmente interdisciplinares, que apresentam aos estudantes uma abordagem dos sistemas adaptativos sociais/ecológicos complexos, ajudando-os a estudar e compreender o mundo natural.

A questão é esta: o estudo da ecologia era, na melhor das hipóteses, um minúsculo acréscimo aos cursos padronizados de biologia, dignos de talvez uma única aula, cinquenta anos atrás. Hoje, na América e em outros países, a biologia e as demais disciplinas acadêmicas, com seus currículos adjacentes, são constantemente repensadas e ensinadas sob uma perspectiva ecológica.

As escolas e universidades passam por uma mudança de paradigma em pedagogia que preparará uma geração mais jovem para pensar e agir como espécie, uma redefinição de identidade que os jovens possam levar consigo tanto na vida do trabalho, que girará cada vez mais em torno da proteção da biosfera, quanto na vida cívica, na qual deverão participar de assembleias cidadãs e ajudar a desenvolver a governança de biorregiões locais.

Uma nova extensão da ciência está desabrochando. Chama-se "ciência cidadã". Milhões de pessoas no mundo oferecem seu tempo como cientistas cidadãos em mais de quinhentos mil grupos locais na sociedade civil, em que monitoram a vida selvagem, pesquisam biodiversidade, fazem medições da poluição do ar e da impressão de carbono, verificam as tabelas hidrográficas, restauram bacias hidrográficas locais, reflorestam terrenos, reabilitam animais selvagens feridos, estudam a saúde nutritiva de solos locais, preparam planos de recuperação após desastres climáticos e participam de numerosas outras iniciativas.[36]

As assembleias de ciência cidadã munem os cidadãos de experiência de campo mais apurada nas práticas da ecologia, democratizando de modo radical o conhecimento científico e especializado nas biorregiões. Esse trabalho de campo prepara as gerações presentes e futuras para se engajarem mais plenamente na proteção e na governança de seus ecossistemas regionais, armados com o conhecimento específico técnico e prático necessário para oferecer aconselhamento e fazer recomendações para ação legislativa e revisão administrativa em suas assembleias de cidadãos.

A mudança radical em pedagogia para uma visão ecológica da identidade e da presença da espécie humana no mundo natural expõe uma geração mais jovem à consciência biofílica. De um modo inesperado, essa exposição ganhou asas no meio da pandemia de Covid. Com o avanço da pandemia, o isolamento dentro de casa em um ambiente artificial acabou gerando um sentimento de desespero. O mundo virtual não era mais tão divertido e reconfortante, e até se tornava uma abominação. Para as gerações dos *millennials* e da geração Z, cujos mundos virtuais são boa parte da realidade, a sensação debilitante de estar preso no ciberespaço, que só oferecia simulações da realidade, parecia uma existência demasiadamente pobre. Então, de uma maneira inesperada e espontânea, um número crescente de *millennials* e da geração Z deixou para trás parte de sua existência algorítmica e saiu às ruas para sentir o vento no rosto, olhar as nuvens passando diante do sol, escutar os sons da natureza e respirar a força vital da terra, experimentando uma espécie de libertação. Um tônico surpreendente e bem-vindo.

O primeiro ano da Covid (2020) viu sete milhões de americanos, na maioria jovens, visitando os parques nacionais do país. O colunista de opinião do *The New York Times* Timothy Egan comentou sobre a redescoberta imprevista da natureza, observando que "o ar livre está repleto de refugiados dos ambientes fechados". Egan refletiu sobre essa reviravolta, no comentário: "Construir um *lobby* temível para o planeta geralmente começa com a religiosidade: aquele momento em que o ambiente cinzento construído pelo homem dá lugar ao mundo tecnicolor que não foi feito por nós... Não é muito diferente de se apaixonar".[37]

Ele se perguntava se o novo caso de amor poderia sinalizar um "momento de transição" no despertar da espécie para o lar primordial: o mundo natural.

Foi Taylor Swift que falou da nova fome que crescia dentro dela e de sua geração, com o lançamento-surpresa de dois álbuns que ela compôs durante o isolamento na pandemia: *Folklore* e *Evermore*. Os álbuns enfocam sua conexão profunda e crescente com a natureza. Sua inata consciência biofílica de criança acordou novamente no meio da crise da Covid. *Folklore* ganhou o prêmio Grammy de melhor álbum em 2021. Mas muito mais importante, Taylor Swift se dirigiu a uma geração mais jovem, que subitamente despertou, ou descobriu pela primeira vez, a extensão da natureza, sinalizando talvez o início de um desencantamento com as ofertas de um mundo virtual e um despertar para o mundo natural.[38]

Os álbuns de Taylor Swift com apologia à natureza pareceram surgir do nada. Um texto científico de 2017, publicado no *Journal of the Association of Psychological Sciences*, documentou que as referências à natureza tinham quase desaparecido de livros, roteiros cinematográficos e, mais ainda, de músicas desde os anos 1950 até o presente, com cada geração subsequente mais envolvida em ambientes virtuais, primeiro diante da televisão e, depois, do computador. Os pesquisadores "estudaram as letras de seis mil canções [desde 1950] e verificaram que a frequência de palavras temáticas da natureza havia caído em 63%".[39] Os pesquisadores concluíram que, enquanto cada geração se refugiava dentro de casa, interagindo cada vez mais em realidades virtuais, a natureza foi se distanciando até se ausentar da experiência cotidiana.

A reação de Taylor Swift é um chamado pacífico à sua geração para sentir o vento nas costas e experimentar a doçura de participar da força vital da natureza. Suas músicas são uma ode delicada que conduz essa geração pelo caminho de volta a um grande abraço de uma Terra viva.

SOLUÇÃO DO PARADOXO DA EMPATIA

Em seu artigo sobre "A base biológica da moralidade" na revista *The Atlantic*, E. O. Wilson cita os termos específicos "empatia" e "apego". Wilson pergunta se a biofilia está impressa da constituição genética de nossa espécie. Ele sugere que "em meio aos traços com hereditariedade documentada, aqueles mais próximos da aptidão moral são a 'empatia' com o sofrimento dos outros e certos processos de 'apego' entre os bebês e seus cuidadores".[40] Mas o autor deixa a ideia no ar.

Outros cientistas, porém, começaram a explorar a íntima relação entre empatia e comportamento de apego ao descreverem a conexão biofílica que os seres humanos têm com outros animais, se não com a natureza em geral, porém com um qualificativo. A empatia humana, nesse caso, é resumida como "empatia assimétrica", porque, diferente da empatia entre humanos, que é uma emoção compartilhada, a empatia assimétrica pelas outras criaturas não pode ser uma experiência compartilhada, mesmo que tal criatura afete o estado emocional do humano.[41] Mesmo quando outros animais, principalmente os cães, conseguem perceber as emoções humanas, sua experiência é diferente. Entretanto, isso não remove da espécie humana a habilidade para ter empatia, sentir o sofrimento e a luta das espécies que coabitam conosco o planeta para se desenvolverem, como se fosse a nossa luta, e demonstrar nossa compaixão por meio de atos de cuidado.

O vídeo de uma ursa-polar e seu filhote ilhados em uma pequena placa de gelo no Oceano Ártico, vítimas da mudança climática, tocou o coração de milhões de pessoas do mundo todo. Elas sentiam o desespero dos ursos como se fosse delas. Mais recentemente, o resgate dramático na Austrália de um bebê coala chamuscado por um incêndio florestal, provocado pela mudança climática, captado em vídeo, também mexeu com a emoção de milhões de pessoas. A maioria delas tem uma história semelhante para contar, seja da empatia por um cão maltratado ou a atenção dada a um pássaro ferido. A biofilia é a próximo passo da evolução da consciência empática.

Enquanto a extensão empática se encontra no cerne da consciência biofílica, há um paradoxo na essência da evolução da empatia que, pelo que sei, nunca foi explorado por historiadores, antropólogos e filósofos. Descobri esse paradoxo durante um período de sete anos, entre 2003 e 2010, quando voltei a atenção para o papel da empatia no desenvolvimento histórico da espécie. Já tinha escrito a respeito desse assunto em vários livros anteriores, em um período de trinta anos, mas nunca com tanta profundidade. Dessa vez, decidi explorar a evolução da empatia de maneira mais detalhada, sua antropologia e história, e os efeitos sobre os aspectos mais proeminentes da sociedade: nossa vida familiar e social, nossa economia, modos de governança e visões de mundo. Em algum ponto do estudo, conscientizei-me do paradoxo e, admito, fiquei chocado. Foi isto o que descobri e escrevi em *A civilização da empatia*:

> Bem no centro da jornada humana está a relação paradoxal entre empatia e entropia. Em toda a história, revoluções cada vez mais sofisticadas de infraestrutura desencadearam formas mais expansivas de comunicação, fontes mais intensas de energia e modelos mais velozes de mobilidade e logística, criando sociedades sempre mais complexas. Civilizações mais avançadas tecnologicamente, por sua vez, uniram povos diferentes, aumentaram sua sensibilidade empática e expandiram a consciência humana. Mas esses cenários cada vez mais complicados exigem a expropriação de mais patrimônio natural, drenando os recursos da terra. A ironia é que nossa percepção empática surge em decorrência de um consumo sempre crescente da energia e outros recursos da terra, resultando em uma deterioração dramática da saúde do planeta. Enfrentamos hoje a perspectiva memorável de vivermos a empatia global em um mundo interconectado de intensa energia, no confronto com uma conta entrópica galopante que agora ameaça nossa própria existência com mudanças climáticas catastróficas. A resolução do paradoxo empatia/entropia provavelmente será o teste crucial da habilidade de nossa espécie para sobreviver e desenvolver-se na Terra, no futuro. Isso exigirá uma revisão fundamental de nossos modelos filosóficos, econômicos e sociais.[42]

Não precisamos nos desesperar. A consciência ideológica que andou de mãos dadas com a Era do Progresso e a infraestrutura industrial baseada em combustível fóssil exauriu seu apelo, até então dominante. A consciência biofílica ascende agora, em especial entre a geração mais jovem, com sua promessa de expandir o impulso empático para respeitar todo o mundo natural. Mas uma mudança de consciência dessa magnitude não virá sem repercussões. Os vestígios de formas mais antigas de consciência já se levantam, sentindo uma ameaça a qualquer poder ínfimo que ainda tenham sobre a história humana. O nascimento da consciência biofílica e a extensão do impulso empático às outras criaturas que habitam este planeta transcendem considerações econômicas e políticas e nos permitem compreender como a humanidade enxerga sua essência.

PARTICIPO, LOGO EXISTO

Se a consciência animista era ancorada em vínculos de sangue, culto aos ancestrais e o eterno retorno, a consciência religiosa na salvação no céu, e a ideológica no progresso material e imortalidade tecnológica na Terra, quais são as fundações da consciência biofílica? A universalização da biofilia tira a narrativa humana de uma fixação com autonomia e a leva a um apego com a relacionalidade. A frase clássica de René Descartes, "penso, logo existo" se transformou aos olhos de uma geração mais jovem, residente de mundos virtuais e físicos condicionados por camadas de interconectividade lateralmente inserida, na máxima: "participo, logo existo". Nessa nova era de incessante adaptabilidade, em meio aos múltiplos agentes interativos, o conceito de autonomia é substituído pelo princípio de relacionalidade. Se a terra onde moramos for um entrelaçamento de padrões, em vez de forças sólidas colidindo entre si, a própria ideia de que cada um de nós é um agente autônomo em busca de solidez para salvaguardar nossa soberania em um mundo competitivo já está morta e enterrada, assim como as antigas ideias formadas na Era do Progresso acerca da natureza da igualdade.

Na Era do Progresso, igualdade só faz sentido como algo derivado da autonomia. Não se pode defender a igualdade sem antes acreditar na autonomia. Se uma pessoa se vê como um agente autônomo, pode exigir igualdade. Faz parte do pacote. Se a natureza básica de todo indivíduo é a busca por autonomia, o ímpeto de ser tratado como igual inevitavelmente virá na sequência como um companheiro sombrio vigilante, sempre de guarda para garantir a autonomia pessoal.

A consciência ideológica é tão atrelada à autonomia que se torna inseparável. Toda a Era do Progresso depende dessas fundações. Portanto, os "direitos humanos" se tornam o indicador pelo qual a autonomia é procurada e garantida. Todo indivíduo afirma seu direito inalienável de ser autônomo de corpo, mente e espírito. Os direitos humanos, enfim, se transpostos para uma maior escala, significariam que quase 8 bilhões de agentes humanos autônomos são livres para usufruir a existência como quiserem, desde que não prejudiquem os direitos dos outros à autonomia.

Mas o que acontecerá se nenhum de nós for um agente autônomo no sentido político nem – em sentido mais profundo – na essência de nosso ser biológico? O que aprendemos nos capítulos anteriores é que, embora cada pessoa e cada ser vivo sejam únicos, ninguém é autônomo, pelo menos sob o ponto de vista biológico. Cada um de nós é uma personificação de todos os relacionamentos nos quais permanecemos imersos no decorrer da vida, desde a formação do embrião até as portas da morte e depois dela.

A abordagem interativa da compreensão da natureza e do humano obriga-nos a repensar a narrativa filosófica e política que permeou a Era do Progresso. Se a realidade é uma experiência profundamente participativa em cada momento e por toda a vida, então a experiência do eu individual só pode ocorrer no relacionamento com o outro. Daí se entende que, quanto mais ricos, variados e imersivos forem os relacionamentos, mais profunda será a inserção no que chamamos de "existência".

A consciência biofílica é a expressão mais profunda de igualdade – não a igualdade oriunda da autonomia, mas da inclusão. A mais pura expressão de igualdade não vem do reconhecimento garantido por decisões e declarações legais, mas por simples atos de empatia. Sentir profundamente a luta do outro para desenvolver-se, como se fosse a nossa, cria o vínculo mais íntimo, o sentimento de coesão na jornada da vida. A melhor definição é a do filósofo Martin Buber. Nesses momentos, não há o "meu e seu", mas apenas "eu e você".[43] O respeito empático é o nivelador político supremo. Pode afastar toda diferenciação e deixar somente companheiros unidos.

A evolução da empatia na história é caracterizada pela crescente eliminação do "outro" até existir apenas "um por todos e todos por um". Nesse contexto, a evolução da empatia e a evolução da igualdade são inseparáveis. Nós, "o corpo político", imergimos na vida um do outro até o nível político mais básico: as comunidades a que somos atrelados. Nosso engajamento empático, ou seja, nossa consciência biofílica, se torna a suscetibilidade pela qual protegemos e não apenas controlamos a força vital daquela pequena parte da biosfera terrestre onde vivemos.

Na Era do Progresso, passamos a considerar a soberania individual a base da democracia, embora a correspondência entre as duas não seja perfeita. Se cada pessoa for verdadeiramente soberana e uma ilha em si mesma, indiferente aos outros, como pode defender a democracia? Por que se curvar à vontade de qualquer outro soberano? A habilidade para se reconhecer no outro é o que dá vida à democracia. Empatia é o elemento unificador da democracia. Se a empatia é a expressão mais profunda da igualdade, só pode ser também a centelha emocional da democracia.

O alcance empático acompanhou a evolução da democracia em cada estágio de seu desenvolvimento. Quanto mais empática a cultura, mais democráticos seus valores e protocolos de governança. Quanto menos empática, mais totalitários os valores e as instituições. Tudo isso parece óbvio, o que torna ainda mais inexplicável por que se dá tão pouca atenção à relação entre empatia e os processos democráticos na gestão da sociedade. A extensão da democracia representativa ao governo cidadão distribuído, e da governança soberana à governança biorregional extensa, provavelmente culminará com o corpo político adquirindo uma consciência biofílica empática.

A ideia de resiliência, sob uma perspectiva empática, também difere muito do modo como costumávamos pensar no termo antigamente. Vale enfatizarmos mais uma vez que ser resiliente, segundo as convenções, significava ter o caráter moral para se erguer após um infortúnio ou uma tragédia pessoal e recuperar a autonomia. Traduzindo, isso significa ter estamina física, mental e emocional para restaurar a própria identidade, em vez de sentir gratidão aos outros ou às circunstâncias da vida, ou apenas ficar à deriva. Resiliência significa não ficar vulnerável às circunstâncias desestabilizadoras, quaisquer que sejam suas origens, e se fortalecer.

Para o eu relacional, a resiliência vem da abertura e da vulnerabilidade do indivíduo ao "outro", em vez de autossuficiência e autonomia. É uma abertura para compartilhar experiências afirmativas de vida que criam uma teia rica de relacionamentos, fortalecendo a resiliência individual. A consciência da biofilia estende a profunda participação do indivíduo por toda a natureza e permite que sua força afirmativa de vida o sustente e conduza pelo fluxo da passagem da vida.

A noção de resiliência não é uma revelação recente. Dois séculos antes de E. O. Wilson introduzir o conceito de consciência de biofilia, o grande filósofo e cientista alemão Johann Wolfgang von Goethe citava a consciência biofílica como contranarrativa à visão estéril newtoniana de um universo morto, racional e mecanicista. Goethe acreditava que a identidade e a resiliência do indivíduo são um misto das relações e experiências que o inserem no contexto da vida. Ele escreveu: "Somos cercados e abraçados por ela [a natureza], incapazes de sairmos dela, incapazes de penetrarmos mais fundo nela".[44]

Goethe era fascinado pelo simples fato de toda criatura ser única, porém conectada em uma única unidade, comentando que "cada uma das criações da natureza tem um caráter próprio [...] e todas juntas compõem uma". Goethe via a natureza como algo mutável, em fluxo contínuo, evolução constante, sempre criando novas realidades. Diferente dos cientistas racionais do período, Goethe não percebia a natureza como algo fixo e imutável, mas sim pulsante de novidades e repleta de surpresas e sinergias. Em suma, absolutamente viva. Fez a seguinte observação: "Para a permanência, ela [a natureza] não tem serventia, e amaldiçoa tudo que fica estagnado [...]. Ela expele suas criaturas do Nada e não lhes diz de onde vêm nem para onde vão. Que sigam seu curso; ela sabe qual é".[45]

Goethe sentia a experiência empática séculos antes de alguém inventar a expressão. Escreveu: "Perceber a condição dos outros, sentir o modo específico de qualquer existência humana e partilhar dela com prazer" é afirmar a unicidade da vida.[46] Ao refletir sobre sua própria vida e sua época, ele concluiu que o "belo sentimento de que só a humanidade como um todo é o homem verdadeiro, e que o indivíduo só pode ser jovial e feliz quando tiver a coragem de se sentir parte de um todo".[47]

Para Goethe, "ser parte de um todo" não se restringia à espécie humana, mas estendia-se à natureza inteira. Ele nos ofereceu os indícios do que hoje chamamos de biofilia: empatia com toda a vida. Nossa resiliência individual depende da inserção biofílica. É a percepção daquele elo indestrutível que nos torna resilientes aos infortúnios do caminho.

Lembremo-nos de que a empatia não é apenas um sentimento emotivo, mas uma experiência cognitiva que organiza o pensamento acerca da própria natureza da existência e nosso relacionamento com ela. Conhecemos nossa existência quando experimentamos o outro. Se não existissem os outros, não haveria uma referência com a qual faríamos comparações ou sequer nos compreenderíamos como vivos e existentes. Nossa própria existência só é validada pelo outro.

Nosso neurocircuito empático nos impele continuamente à transcendência, à experiência da vida e ao uso dessa experiência para fazer conexões e ajustes ao mundo ao nosso redor. Sabemos a importância da empatia, pois se ela não existisse em nosso neurocircuito, não poderíamos detectar a fragilidade da vida de outra pessoa nem seu impulso de prosperar. É nesses momentos que compreendemos o deslumbramento da existência. E, sem esse deslumbramento, nada nos surpreenderia. Sem surpresa, não teríamos imaginação. E, sem imaginação, não seríamos capazes de vivenciar a transcendência. Sem a habilidade para transcender, não sentiríamos empatia uns em relação aos outros. Esse é o grande esforço interativo pelo qual reconhecemos nossa existência. Não se sente esse esforço de modo linear, mas sim como um todo. Deslumbramento, surpresa, imaginação e transcendência, desencadeados pelo impulso empático, permitem que cada um de nós transponha continuamente as fronteiras pessoais em busca do significado da existência. Essas são as qualidades fundamentais associadas ao impulso empático. São elas que nos fazem humanos.

Em certo sentido, a busca pelo significado nos acompanha a cada momento da vida, seja no pensamento consciente ou não. Quando o impulso empático é incentivado, a vida é vivenciada com mais plenitude. Sabemos que isso é verdadeiro, pois ao olharmos para trás no fim da vida, lembramo-nos de que as experiências mais vívidas, pelo menos aquelas que dão sentido à vida, são os momentos do respeito empático; eles são os indicadores no caminho da busca por significado pessoal.

Pensemos nos grandes filósofos iluministas e da era moderna, que viam a experiência física como inconsequente, na melhor das hipóteses, e corruptora, na pior, preferindo apostar na certeza matemática e na razão pura, em vez de na transcendência empática como o alfa e o ômega da existência humana. Essa visão deturpada da essência de nossa humanidade causou danos indescritíveis à psique coletiva, e prejuízos ainda maiores ao mundo natural e às perspectivas das outras espécies no planeta.

Felizmente, essas ideias perversas a respeito da natureza humana vêm perdendo apoio, pois agora começamos a enxergar para onde elas levaram a civilização – um sinal inegável de que a visão de como nossa espécie segue sua jornada começa a mudar. Podemos ver isso na acentuada reviravolta de pensamento ocorrendo na comunidade científica, atrás do melhor modo de abordar as questões mais profundas sobre o significado da existência e o papel da espécie humana nela. De certo modo, uma nova premissa da exploração e da explicação científica sob a rubrica dos sistemas adaptativos sociais/ecológicos complexos é um testemunho de como recondicionamos o modo de interpretar a cognição. Estudos recentes de como pensam os criadores de sistemas indicam que eles "expressam uma capacidade elevada para os componentes alocêntricos da empatia cognitiva e afetiva".[48]

Na Era da Resiliência, precisaremos aprofundar nosso impulso empático e alcançar o próximo estágio de extensão empática, uma consciência biofílica que leva a espécie de volta à família da vida. O teste definitivo será como incentivamos e preparamos nossos filhos, e estes os seus filhos, para despertar o deslumbramento, mesmo diante das terríveis convulsões sofridas pela terra. Esse sentido de deslumbramento, embora assustador, também é profundamente libertador. Se for encarado, pode desencadear um sentido mais envolvente de surpresa, incitar a imaginação coletiva, preparar-nos para explorar novos caminhos até a adaptação ao chamado da natureza e, com isso, tornar-nos resilientes. O objetivo não será apenas sobreviver, mas sim prosperar de maneira inesperada com nossa família evolucionária extensa.

VOLTANDO PARA CASA

Somos os grandes andarilhos da história, dispersos em mil e uma jornadas através de continentes e oceanos, enfrentando perturbações climáticas traiçoeiras e todos os tipos de perigo, em uma busca incansável por nosso lugar, nosso aconchego no mundo. O cérebro grande demais, em cima de um corpo bípede, tem sido ao mesmo tempo um inconveniente e uma bênção. Se qualquer espécie na Terra merece ser vista como uma anomalia, por certo é a nossa. Nenhuma outra espécie, pelo que saibamos, é consumida pela questão do "porquê das coisas", embora todas as espécies, parentes nossas, sejam bem equipadas para administrar o "como das coisas". Por que existe o impulso empático profundamente enraizado em nosso neurocircuito? Por que, dentre todas as criaturas, só nós experimentamos o deslumbramento e a estupefação, e sabemos a respeito de nossa mortalidade?

Somos orientados a crer que além de nós mesmos existe apenas matéria subdesenvolvida, recursos cuja existência adquire importância somente em relação aos nossos impulsos hedonistas e satisfações. Entretanto, a pulsação empática bate, incansável, no neurocircuito, vindo à tona repetidas vezes no decorrer da vida e expandindo-se em períodos históricos para alcançar números ainda maiores da espécie, para logo recair, levando-nos às trevas.

O que nos mantém vivos, se não é a ideia de encontrarmos um lugar de apego seguro neste mundo? O que significa o peso dessa angústia? Se seres extraterrestres nos visitassem e pudessem testemunhar nossa amargura, talvez vissem que o traço humano mais incomum é a busca por intimidade universal, um termo que pode parecer uma contradição. Como uma pessoa pode vivenciar ao mesmo tempo a universalidade e uma profunda intimidade? No entanto, essa deve ser a cruz que carregamos ou que a viraremos para o outro lado, talvez uma dádiva transcendente de peso incalculável.

A jornada foi longa, aterradora e às vezes tortuosa, e agora, neste momento em que detectamos o fim da existência humana terrestre, começamos a discernir o caminho para casa. Estamos despertando, como espécie, para a consciência biofílica, o sentimento e a experiência de intimidade universal, união com a força vital da terra.

Owen Barfield, filósofo britânico no século XX, captou a essência e o drama da saga humana, dividindo-a em três estágios decisivos, cada um deles marcado por uma mudança fundacional na consciência humana, além da adoção de uma nova visão de mundo.

Nossos ancestrais coletores e caçadores sentiam pouca diferenciação das outras espécies. Levavam a vida em participação profunda com o mundo natural, continuamente se adaptando imediatismo de ritmos, estações e ciclos da terra. Viviam em comunidade, organizando a vida social em grupos, em vez de em hierarquias. Viam o mundo com olhos animistas. Interpretavam as outras criaturas como espíritos afins, cuja existência era pouco diferenciada deles e até profundamente entrelaçada. A consciência animista não dava espaço para o que as gerações posteriores enxergariam como "história", contentando-se com o eterno retorno dos ciclos anuais e sazonais.

Como não havia muita diferença nas funções, com a vida comunal compartilhada e sem excedentes para descartar que pudessem formar distinções e hierarquias, a identidade quase não se desenvolveu. Eles viviam um "nós" comunal, e não um coletivo de "eus" individualizados, no que os psicólogos classificam hoje como "uma união oceânica, indiferenciada". A consciência daquele povo era expressa em uma dualidade de biofilia e biofobia, proporcional à sua participação profunda na natureza.

Desde então, a jornada levou a espécie à era Neolítica da agricultura primitiva e pastoreio e, depois, às grandes civilizações agrícolas hidráulicas; e mais recentemente, a era industrial, separando a espécie humana da natureza, que passou a ser vista como uma reserva passiva de recursos de pouco valor até serem expropriados e transformados por nossas mãos em mercadorias úteis. Hoje, a espécie vive em sociedades cada vez mais integrativas, compostas de habilidades mais diferenciadas e a divisão do trabalho inserida em infraestruturas mais extensas, servindo a bilhões de seres humanos, todos vivendo lado a lado, pouco a pouco isolados do resto do mundo. Na atualidade, o norte-americano comum passa 90% de seu tempo dentro de casa, em geral em temperaturas artificialmente resfriadas ou aquecidas e com luz elétrica, muito longe do mundo natural que nossos ancestrais coletores e caçadores chamavam de lar durante mais de 95% da existência da espécie humana na Terra.[49]

O sentimento de uma vida segura em um segundo ambiente, artificial e montado por nós, e que hoje se estende para mundos virtuais e pelo metaverso, sempre foi uma ilusão. Alienamo-nos de nossa morada ancestral e nos enganamos, crentes de que possuíamos uma existência autônoma, enquanto pagávamos o preço de nossa estupidez: a conta entrópica gerada pelas emissões que causam o aquecimento global e a sexta extinção da vida na história da Terra. Entretanto, há uma lição nisso tudo.

A mudança climática e a galopante pandemia global nos ensinaram que tudo o que fazemos neste mundo afeta intimamente tudo o que existe, e vice-versa. Tornamo-nos cientes de que nenhum ser humano é uma ilha, um agente autônomo no mundo, mas sim um indivíduo dependente, em menor ou maior grau, de todos os outros agentes vivos e da dinâmica das esferas da Terra para sua existência. Essa realidade inegociável é uma força propulsora para o incentivo da consciência biofílica – o sentimento de profunda ressonância empática com a vida –, muito mais agora, quando nosso futuro está em jogo.

Barfield acreditava que nossa espécie estava no ápice de um terceiro grande estágio da consciência humana, uma reafirmação de nossa afinidade com o mundo natural. Mas desta vez o salto empático biofílico é uma escolha consciente de voltarmos a participar plenamente e sem reservas das demais formas de vida no planeta, vivenciando a intimidade universal. Essa noção não vem de superstições cegas, e sim de uma profunda compreensão empática, atenta e cognitiva de nosso permanente apego à vida. É uma longa jornada de proporções épicas, que está conduzindo a espécie de volta para casa, fundamentada e, esperamos, renovada e pronta para o grande esforço de reanimar o sopro de vida. A terra chama.

Agradecimentos

Comecei a pesquisar os temas cruciais em *A Era da Resiliência* em 2013 e passei uma boa parte de oito anos imerso neste trabalho. Livros são sempre uma aventura colaborativa. Nesse sentido, quero agradecer particularmente pela assistência editorial de Claudia Salvador, editora-chefe de nossos numerosos empreendimentos. A contribuição de Claudia foi imensurável, desde a pesquisa, categorização e alinhamento de literalmente milhares de artigos em periódicos, estudos e relatórios, até a supervisão do copioso processo de notas. As sugestões editoriais sábias e perspicazes de Claudia aparecem por todo o livro e ajudaram a refinar o trabalho final.

Agradeço também a Daniel Christensen, ex-chefe editorial de nosso escritório, por suas contribuições nos estágios iniciais da pesquisa utilizada no livro, bem como a Joey Bilyk, pela assistência nos estágios finais. Também gostaria de estender minha gratidão a Jon Cox, por mergulhar fundo na mecânica do manuscrito e pelas sugestões editoriais para dinamizar o livro.

Quero agradecer à minha agente literária em território nacional, Meg Thompson, por seu apoio e sábios conselhos no decorrer do processo, e também por acreditar neste livro. Agradeço ainda à minha agente literária para contatos estrangeiros, Sandy Hodgman, por negociar com editores no exterior e garantir um público global para esta obra. Muito obrigado também a Kevin Reilly, por cuidar do manuscrito nos vários estágios de edição até chegar à publicação, eliminando obstáculos, dando sugestões e acreditando neste trabalho. Agradeço ainda a Rima Weinberg, por sua astuta revisão nos estágios finais.

Quero agradecer a meu editor, Tim Bartlett, da St. Martin's Press, por seu entusiástico apoio ao projeto e compromisso pessoal em apresentar os temas cruciais do livro aos leitores. Ter um editor que se importa profundamente com as crises existenciais enfrentadas pela humanidade neste ponto seminal da história da espécie humana tem sido uma fonte de grande incentivo.

Por fim, como sempre, agradeço à minha esposa, Carol Grunewald, acima de tudo, pela participação na linha temática, no conteúdo e nas numerosas conversas que tivemos todos estes anos, que me ajudaram a organizar meus pensamentos na abordagem deste projeto.

Notas

Introdução

1. Vivek V. Venkataraman, Thomas S. Kraft e Nathaniel J. Dominy. "Hunter-Gatherer Residential Mobility and the Marginal Value of Rainforest Patches". *Proceedings of the National Academy of Sciences* 114, nº 12 (6 de março de 2017): 3097, https://doi.org/10.1073/pnas.1617542114.

2. Marie-Jean-Antoine-Nicolas Caritat, Marquis de Condorcet. *Outlines of an Historical View of the Progress of the Human Mind* (Filadélfia: M. Carey, 1796), https://oll.libertyfund.org/titles/1669%20 (acessado em 11 de maio de 2019).

3. *The Bible: Authorized King James Version with Apocrypha* (Oxford: Oxford University Press Oxford World Classics, 2008), p. 2.

4. Nicholas Wade. "Your Body Is Younger Than You Think". *New York Times*, 2 de agosto de 2005, https://www.nytimes.com/2005/08/02/science/your-body-is-younger-than-you-think.html; Ron Milo e Robert B. Phillips. *Cell Biology by the Numbers* (Nova York: Garland Science, 2015), p. 279.

5. Wade. "Your Body Is Younger Than You Think."

6. Helmut Haberl, Karl-Heinz Erb, Fridolin Krausmann, Veronika Gaube, Alberte Bondeau, Christoph Plutzar, Simone Gingrich, Wolfgang Lucht e Marina Fischer-Kowalski. "Quantifying and Mapping the Human Appropriation of Net Primary Production *in* Earth's Terrestrial Ecosystems". *Proceedings of the National Academy of Sciences* 104, nº 31 (2007): 12942-12947, https://www.pnas.org/doi/pdf/10.1073/pnas.0704243104 ; Fridolin Krausmann *et al.*, "Global Human Appropriation of Net Primary Production Doubled *in* the 20th Century", *Proceedings of the National Academy of Sciences* 110, nº 25 (junho de 2013): 10324-10329, https://doi.org/10.1073/pnas.1211349110.

7. Krausmann *et al.* "Global Human Appropriation of Net Primary Production Doubled *in* the 20th Century."

Capítulo 1 – Máscaras, respiradores e papel higiênico: como a adaptabilidade supera a eficiência

1. Adam Smith. *An Inquiry into the Nature and Causes of the Wealth of Nations* (Oxford: Oxford University Press, 1976) (obra original publicada em 1776), p. 454.
2. Alex T. Williams. "Your Car, Toaster, Even Washing Machine, Can't Work Without Them. And There's a Global Shortage". *New York Times* (14 de maio de 2021), https://www.nytimes.com/2021/05/14/opinion/semicondctor-shortage-biden-ford.html?referringSource=articleShare.
3. "Enhanced Execution, Fresh Portfolio of Exciting Vehicles Drive Ford's Strong Q1 Profitability, As Trust in Company Rises". Ford Motor Company (28 de abril de 2021), https://s23.q4cdn.com/799033206/files/docfinancials/2021/q1/Ford-1Q2021-Earnings-Press-Release.pdf.
4. Williams. "Your Car, Toaster, Even Washing Machine, Can't Work Without Them."
5. William Galston. "Efficiency Isn't the Only Economic Virtue". *Wall Street Journal* (10 de março de 2020).
6. *Ibid.*
7. Marco Rubio. "We Need a More Resilient American Economy". *New York Times* (20 de abril de 2020).
8. *Ibid.*
9. "Rethinking Efficiency". *Harvard Business Review*, 2019, https://hbr.org/2019/01/rethinking-efficiency.
10. Roger Martin. "The High Price of Efficiency". *Harvard Business Review* (janeiro/fevereiro de 2019), pp. 42-55.
11. *Ibid.*
12. Annette McGivney. "'Like Sending Bees to War': The Deadly Truth Behind Your Almond Milk Obsession". *The Guardian* (8 de janeiro de 2020), https://www.theguardian.com/environment/2020/jan/07/honeybees-deaths-almonds-hives-aoe; Selina Bruckner, Nathalie Steinhauer, S. Dan Aurell, Dewey Caron, James Ellis, *et al.* "Loss Management Survey 2018-2019 Honey Bee Colony Losses *in* the United States: Preliminary Results". Bee Informed Partnership, https://beeinformed.org/wp-content/uploads/2019/11/2018 2019-Abstract.pdf (acessado em 23 de junho de 2021).
13. Tom Philpott e Julia Lurie. "Here's the Real Problem with Almonds". *Mother Jones* (15 de abril de 2015), https://www.motherjones.com/environment/2015/04/real-problem-almonds/; Almond Board of California, About Almonds and Water, s.d., https://www.almonds.com/sites/default/files/content/attachments/aboutalmonds_and_water-_september2015_1.pdf.
14. Almond Board of California. California Almond Industry Facts, 2016, https://www.almonds.com/sites/default/files/2016_almond_industry_factsheet.pdf.

15. Hannah Devlin e Ian Sample. "Yoshinori Ohsumi Wins Nobel Prize *in* Medicine for Work on Autophagy". *The Guardian* (3 de outubro de 2016), https://www.theguardian.com/science/2016/oct/03/yoshinori-ohsumi-wins-nobel-prize-in-medicine.

16. "The Nobel Prize in Physiology or Medicine 2016". Nobel Assembly at Karolinska Institutet, 2016, https://www.nobelprize.org/uploads/2018/06/press-34.pdf.

17. Pat Lee Shipman. "The Bright Side of the Black Death". *American Scientist* 102, nº 6 (2014): 410, https://doi.org/10.1511/2014.111.410.

Capítulo 2: O taylorismo e as leis da termodinâmica

1. Charlie Chaplin. *Modern Times* (United Artists, 1936).

2. Samuel Haber. *Efficiency and Uplift: Scientific Management in the Progressive Era, 1890-1920* (Chicago: University of Chicago Press, 1965), p. 62; Martha Bensley Bruère e Robert W. Bruère. *Increasing Home Efficiency* (Nova York: Macmillan, 1912), p. 291.

3. Christine Frederick. "The New Housekeeping: How It Helps the Woman Who Does Her Own Work". *Ladies' Home Journal* (setembro-dezembro de 1912), pp. 13, 23.

4. Christine Frederick. *The New Housekeeping: Efficiency Studies in Home Management* (Doubleday, Page, 1913), p. 30.

5. Mary Pattison. *The Business of Home Management: The Principles of Domestic Engineering* (Nova York: R. M. McBride, 1918); Haber, *Efficiency and Uplift,* p. 62.

6. Haber. *Efficiency and Uplift,* p. 62.

7. William Hughes Mearns. "Our Medieval High Schools: Shall We Educate Children for the Twelfth or the Twentieth Century?" *Saturday Evening Post* (12 de março de 1912); Raymond E. Callahan. *Education and the Cult of Efficiency: A Study of the Social Forces That Have Shaped the Administration* (Chicago: University of Chicago Press, 1964), p. 50.

8. Maude Radford Warren. "Medieval Methods for Modern Children". *Saturday Evening Post* (12 de março de 1912); Callahan., *Education and the Cult of Efficiency,* p. 50.

9. Wayne Au. "Teaching Under the New Taylorism: High-Stakes Testing and the Standardization of the 21st Century Curriculum". *Journal of Curriculum Studies* 43, nº 1 (2011): 25-45, https://doi.org/10.1080/00220272.2010.521261.

10. Samuel P. Hays. *Conservation and the Gospel of Efficiency: The Progressive Conservation Movement, 1890-1920* (Pittsburgh: University of Pittsburgh Press, 1999), p. 127.

11. "Open for Business and Not Much Else: Analysis Shows Oil and Gas Leasing Out of Whack on BLM Lands". Wilderness Society, s.d., https://www.wilderness.org/articles/article/open-business-and-not-much-else-analysis-shows-oil-and-gas-leasing-out-whack-blm-lands.

12. "In the Dark: The Hidden Climate Impacts of Energy Development on Public Lands". Wilderness Society, s.d., https://www.wilderness.org/sites/default/files/media/file/In%20the%20Dark%20Report_FINAL_Feb_2018.pdf (acessado em 16 de abril de

2021); Matthew D. Merrill, Benjamin M. Sleeter. Philip A. Freeman, Jinxun Liu, Peter D. Warwick e Bradley C. Reed. "Federal Lands Greenhouse Gas Emissions and Sequestration in the United States: Estimates for 2005-14. Scientific Investigations Report 2018-5131", U.S. Geological Survey, U.S. Department of the Interior, 2018.

13. Chris Arsenault. "Only 60 Years of Farming Left If Soil Degradation Continues". *Scientific American* (5 de dezembro de 2014), https://www.scientificamerican.com/article/only-60-years-of-farming-left-if-soil-degradation-continues/.

14. "Fact Sheet: What on Earth Is Soil?" Natural Resources Conservation Service, 2003, https://www.nrcs.usda.gov/Internet/FSE_DOCUMENTS/nrcs144p2_002430.pdf.

15. Robin McKie. "Biologists Think 50 Percent of Species Will Be Facing Extinction by the End of the Century". *The Guardian* (25 de fevereiro de 2017), https://www.theguardian.com/environment/2017/feb/25/half-all-species-extinct-end-century-vatican-conference (acessado em 22 de agosto de 2020).

16. Yadigar Sekerci e Sergei Petrovskii. "Global Warming Can Lead to Depletion of Oxygen by Disrupting Phytoplankton Photosynthesis: A Mathematical Modelling Approach". *Geosciences* 8, nº 6 (junho de 2018): p. 201, https://doi.org/10.3390/geosciences8060201; "Research Shows Global Warming Disaster Could Suffocate Life on Planet Earth". University of Leicester (1º de dezembro de 2015), https://www2.le.ac.uk/offices/press/press-releases/2015/december/global-warming-disaster-could-suffocate-life-on-planet-earth-research-shows.

17. Abrahm Lustgarten. "The Great Climate Migration". *New York Times Magazine* (23 de julho de 2020), https://www.nytimes.com/interactive/2020/07/23/magazine/climate-migration.html (acessado em 22 de agosto de 2020).

18. James E. M. Watson *et al.* "Protect the Last of the Wild". *Nature* 563 (2018): 2740,http://dx.doi.org/10.1038/d41586-018-07183-6.

19. John Herman Randall. *The Making of the Modern Mind* (Cambridge: Houghton Mifflin, 1940), p. 241; citação de René Descartes *in* René Descartes, *Rules for the Direction of the Mind* (1684).

20. *Ibid.*, pp. 241-42.

21. René Descartes. *Treatise of Man*, tradução de Thomas Steele Hall (Cambridge, MA: Harvard University Press, 1972).

22. Daniel Everett. "Beyond Words: The Selves of Other Animals". *New Scientist* (8 de julho de 2015), https://www.newscientist.com/article/dn27858-beyond-words-the-selves-of-other-animals/(acessado em 31 de julho de 2020).

23. Gillian Brockwell. "During a Pandemic, Isaac Newton Had to Work from Home, Too. He Used the Time Wisely". *Washington Post* (12 de março de 2020), https://www.washingtonpost.com/history/2020/03/12/during-pandemic-isaac-newton-had-work-home-too-he-used-time-wisely/(acessado em 20 de julho, 2020).

24. "Philosophiæ Naturalis Principia Mathematica (MS/69)" (University of Cambridge Digital Library, s.d.), https://cudl.lib.cam.ac.uk/view/MS-ROYALSOCIETY-00069/7.

25. National Aeronautics and Space Administration. "More on Newton's Law of Universal Gravitation". *High Energy Astrophysics Science Archive Research Center* (5 de maio de 2016), https://imagine.gsfc.nasa.gov/features/yba/CygX1mass/gravity/more.html (acessdo em 20 de julho de 2020).

26. Isaac Newton. *Newton's Principia: The Mathematical Principles of Natural Philosophy* (Nova York: Daniel Adee, 1846).

27. Norriss S. Hetherington, "Isaac Newton's Influence on Smith's Natural Laws in Economics". *Journal of the History of Ideas* 44, nº 3 (1983): 497-505, http://www.jstor.com/stable/2709178.

28. Martin J. Klein. "Thermodynamics *in* Einstein's Thought: Thermodynamics Played a Special Role *in* Einstein's Early Search for a Unified Foundation of Physics". *Science* 157, nº 3788 (4 de agosto de 1967): 509-513, https://doi.org/10.1126/science.157.3788.509.

29. Mark Crawford. "Rudolf Julius Emanuel Clausius". ASME (11 de abril de 2012), https://www.asme.org/topics-resources/content/rudolf-julius-emanuel-clausius.

30. National Aeronautics and Space Administration. "Meteors & Meteorites". *NASA Science* (19 de dezembro de 2019), https://solarsystem.nasa.gov/asteroids-comets-and-meteors/meteors-and-meteorites/in-depth/ (acessado em 23 de agosto de 2020).

31. Brian Greene. "That Famous Equation and You". *New York Times* (30 de setembro de 2005).

32. Nahid Aslanbeigui. "Pigou, Arthur Cecil (1877-1959)". *In The New Palgrave Dictionary of Economics*, organizado por Steven N. Durlauf e Lawrence E. Blume (Londres: Palgrave Macmillan, 2008).

33. Erwin Schrödinger. *What Is Life?* (Nova York: Macmillan, 1947), pp. 72-5.

34. G. Tyler Miller. *Energetics, Kinetics and Life: An Ecological Approach* (Belmont: Wadsworth, 1971), p. 293.

35. *Ibid.*, p. 291.

36. Elias Canetti. *Crowds and Power* (Londres: Gollancz, 1962), p. 448.

37. "James Watt". *Encyclopedia Britannica*, https://www.britannica.com/biography/James-Watt (acessado em 23 de agosto de 2020).

38. Margaret Schabas. "Alfred Marshall, W. Stanley Jevons, and the Mathematization of Economics". *Isis, A Journal of the History of Science Society* 80, nº 1 (março de 1989): 60-72, http://www.jstor.com/stable/234344.

39. William Stanley Jevons. *The Progress of the Mathematical Theory of Political Economy* (J. Roberts, 1875), https://babel.hathitrust.org/cgi/pt?id=ien.35556020803433&view=1up&seq=22&skin=2021 (acessado em 25 de julho de 2022).

40. William Stanley Jevons. *The Theory of Political Economy*, 3ª edição (Londres: Macmillan, 1888).

41. *Ibid.*, p. vii.

42. Frederick Soddy. *Matter and Energy* (Nova York: H. Holt, 1911), pp. 10-1.

43. Ilya Prigogine. "Only an Illusion". *Tanner Lectures on Human Values* (18 de dezembro de 1982), https://tannerlectures.utah.edu/resources/documents/a-to-z/p/Prigogine84.pdf (acessado em 23 de agosto de 2020).

44. *Ibid.*, p. 46.

45. *Ibid.*, p. 50.

46. *Ibid.*

Capítulo 3: O mundo real

1. "Historical Estimates of World Population". U.S. Census Bureau (5 de julho de 2018), https://www.census.gov/data/tables/time-series/demo/international-programs/historical-est-worldpop.html (acessado em 24 de agosto de 2020).

2. Helmut Haberl, Karl-Heinz Erb, Fridolin Krausmann, Veronika Gaube, Alberte Bondeau, Christoph Plutzar, Simone Gingrich, Wolfgang Lucht e Marina Fischer-Kowalski. "Quantifying and Mapping the Human Appropriation of Net Primary Production in Earth's Terrestrial Ecosystems". *Proceedings of the National Academy of Sciences* 104, nº 31 (2007), https://www.pnas.org/doi/pdf/10.1073/pnas.0704243104.

3. Fridolin Krausmann, Karl-Heinz Erb, Simone Gingrich, Helmut Haberl, Alberte Bondeau, Veronika Gaube, Christian Lauk, Christoph Plutzar e Timothy D. Searchinger. "Global Human Appropriation of Net Primary Production Doubled in the 20th Century". *Proceedings of the National Academy of Sciences* 110, nº 25 (13 de junho de 2013), https://doi.org/10.1073/pnas.1211349110.

4. "What on Earth Is Soil?" United States Department of Agriculture Natural Resources Conservation Service, s.d., https://www.nrcs.usda.gov/wps/PA_NRCSConsumption/download?cid=nrcseprd994617&ext =pdf (acessado em 25 de agosto de 2020).

5. Prabhu L. Pingali e Mark W. Rosegrant. "Confronting the Environmental Consequences of the Green Revolution *in* Asia". International Food Policy Research Institute (agosto de 1994), http://citeseerx.ist.psu.edu/viewdoc/download?doi=10.1.1.80.3270&rep =rep1&type =pdf (acessado em 25 de agosto de 2020).

6. Anju Bala. "Green Revolution and Environmental Degradation", *National Journal of Multidisciplinary Research and Development* 3, nº 1 (janeiro de 2018), http://www.nationaljournals.com/archives/2018/vol3/issue1/2-3-247.

7. The Hidden Costs of Industrial Agriculture", Union of Concerned Scientists (24 de agosto de 2008), https://www.ucsusa.org/resources/hidden-costs-industrial-agriculture (acessado em 25 de agosto de 2020).

8. *Ibid.*

9. Boyd A. Swinburn *et al.* "The Global Syndemic of Obesity, Undernutrition, and Climate Change: *The Lancet* Commission Report". *The Lancet* 393 (2019): 791-846, https://doi.org/10.1016/S0140-6736(18)32822-8.

10. *Ibid.*

11. *Ibid.*

12. *Ibid.*

13. *Ibid.*

14. Kevin E. Trenberth. "Changes in Precipitation with Climate Change", *Climate Research* 47 (março de 2011): 123, https://doi.org/10.3354/cr00953.

15. Kim Cohen *et al.* "The ICS International Chronostratigraphic Chart". *Episodes* 36, nº 3 (1º de setembro de 2013): 200-01, https://doi.org/10.18814/epiiugs/2013/v36i3/002.

16. "Healthy Soils Are the Basis for Healthy Food Production". Food and Agriculture Organization of the United Nations (26 de março de 2015), http://www.fao.org/3/a-i4405e.pdf (acessado em 25 de agosto de 2020).

17. David Wallinga. "Today's Food System: How Healthy Is It?" *Journal of Hunger and Environmental Nutrition* 4, nº 3-4 (dezembro de 2009): 251-81, https://doi.org/10.1080/19320240903336977.

18. *Ibid.*

19. Peter Dolton e Mimi Xiao. "The Intergenerational Transmission of Body Mass Index Across Countries". *Economics and Human Biology* 24 (fevereiro de 2017): 140-52, https://doi.org/10.1016/j.ehb.2016.11.005.

20. Michelle J. Saksena *et al.* "America's Eating Habits: Food Away from Home", U.S. Department of Agriculture (setembro 2018), https://www.ers.usda.gov/webdocs/publications/90228/eib-196_ch8.pdf?v=3344.

21. *Ibid.*

22. "Antibiotic Resistance Threats *in* the United States, 2019", Centers for Disease Control and Prevention (2019), p. 18, http://dx.doi.org/10.15620/cdc:82532.

23. *Ibid.*, vii.

24. Susan Brink. "Why Antibiotic Resistance Is More Worrisome Than Ever". NPR (14 de maio de 2020), https://www.npr.org/sections/goatsandsoda/2020/05/14/853984869/antibiotic-resistance-is-still-a-top-health-worry-its-a-pandemic-worry-too (acessado em 25 de agosto de 2020).

25. "Drug-Resistant Infections: A Threat to Our Economic Future". World Bank (março de 2017), viii, http://documents1.worldbank.org/curated/en/323311493396993758/pdf/final-report.pdf.

26 *Ibid.*, p. 18.

27. *Ibid.*

28. "Bacterial Pneumonia Caused Most Deaths *in* 1918 Influenza Pandemic". U.S. National Institutes of Health (19 de agosto de 2008), https://www.nih.gov/news-events/news-releases/bacterial-pneumonia-caused-most-deaths-1918-influenza-pandemic#:~:text=Bacterial% 20Pneumonia%20Caused%20Most%20Deaths%20in%201918%20Influenza%20Pandemic,-Implications%20for%20Future&text=The%20majority%20of%20deaths%20during,the%20National%20Institutes%20of%20Health (acessado em 25 de agosto de 2020).

29. Morgan McFall-Johnsen. "These Facts Show How Unsustainable the Fashion Industry Is". World Economic Forum (31 de janeiro de 2020), https://www.weforum.org/

359

agenda/2020/01/fashion-industry-carbon-unsustainable-environment-pollution/ (acessado em 31 de agosto de 2020).

30. Kirsi Niinimäki *et al*. "The Environmental Price of Fast Fashion". *Nature Reviews* 1 (abril de 2020): 189-200, https://doi.org/10.1038/s43017-020-0039-9.

31. *Ibid.*, p. 190.

32. "How Much Do Our Wardrobes Cost to the Environment?" World Bank (23 de setembro de 2019), https://www.worldbank.org/en/news/feature/2019/09/23/costo-moda-medio-ambiente (acessado em 1º de setembro de 2020); Rep. *Pulse of the Fashion Industry 2017*. Global Fashion Agenda & The Boston Consulting Group, 2017.

33. Niinimäki *et al.*, "The Environmental Price of Fast Fashion."

34. *Ibid.*, pp. 191-93; "Chemicals *in* Textiles – Risks to Human Health and the Environment". Report from a Government Assignment. KEMI Swedish Chemicals Agency, 2014, https://www.kemi.se/download/18.6df1d3df171c243fb23a98f3/1591454110491/rapport-6-14-chemicals-in-textiles.pdf.

35. *Ibid.*, p. 195; Ellen MacArthur Foundation and Circular Fibres Initiative. "A New Textiles Economy: Redesigning Fashion's Future" (2017), https://emf.thirdlight.com/link/2axvc7eob8zx-za4ule/@/preview/1?o.

Capítulo 4: A Grande Dizimação

1. "What Hath God Wrought?" Library of Congress (24 de maio de 2020), https://www.loc.gov/item/today-in-history/may-24 (acessado em 1 de setembro de 2020).

2. Sebastian de Grazia. *Of Time, Work, and Leisure* (Nova York: Century Foundation, 1962), p. 41.

3. *Ibid.*

4. Reinhard Bendix. *Max Weber: An Intellectual Portrait* (Garden City: Anchor-Doubleday, 1962), p. 318.

5. Lewis Mumford. *Technics and Civilization* (Nova York: Harbinger, 1947), pp. 13-4.

6. Daniel J. Boorstin. *The Discoverers* (Nova York: Random House, 1983), p. 38.

7. Mary Bellis. "The Development of Clocks and Watches over Time". *ThoughtCo.* (6 de fevereiro de 2019), https://www.thoughtco.com/clock-and-calendar-history-1991475.

8. Jonathan Swift. *Gulliver's Travels: The Voyages to Lilliput and Brobdingnag* (Ann Arbor: University of Michigan Press, 1896) (obra original publicada em 1726), p. 48.

9. Alfred W. Crosby. *The Measure of Reality: Quantification in Western Europe, 1250-1600* (Cambridge: Cambridge University Press, 1996), p. 171.

10. Encyclopedia Britannica. "Linear Perspective", https://www.britannica.com/art/linear-perspective (acessado em 30 de abril de 2021).

11. Galileu Galilei. "The Assayer", *in Discoveries and Opinions of Galileo* (Nova York: Anchor Books, 1957) (obra original publicada em 1623).

12. Philipp H. Lepenies. *Art, Politics, and Development* (Filadélfia: Temple University Press, 2013), pp. 48-50.

13. Walter J. Ong. *Orality and Literacy* (Londres: Routledge, 1982), p. 117.

14. Eric J. Hobsbawm. *Nations and Nationalism Since 1780: Programme, Myth, Reality* (Cambridge: Cambridge University Press, 1990), p. 60.

15. Tullio De Mauro. *Storia Linguistica Dell'Italia Unita* (Roma: Laterza, 1963).

16. Charles Killinger. *The History of Italy* (Westport, CT: Greenwood Press, 2002), p. 1; Massimo D'Azeglio. *I Miei Ricordi* (1891), p. 5.

17. Bob Barton. "The History of Steam Trains and Railways". Historic UK, s.d., https://www.historic-uk.com/HistoryUK/HistoryofBritain/Steam-trains-railways/ (acessado em 1º de setembro de 2020).

18. Eric J. Hobsbawm. *The Age of Revolution, 1789-1848* (Nova York: Vintage Books, 1996), p. 298.

19. Warren D. TenHouten. *Time and Society* (Albany: State University of New York Press, 2015), p. 62.

Capítulo 5: O supremo roubo

1. John Locke. *Two Treatises on Civil Government* (Londres: George Routledge and Sons, 1884) (obra originalmente publicada em 1689), p. 207.

2. *Ibid.*

3. "The Critical Zone: National Critical Zone Observatory". The Critical Zone | National Critical Zone Observatory, https://czo-archive.criticalzone.org/national/research/the-critical-zone-1national/ (acessado em 30 de abril de 2021).

4. Renee Cho, Joan Angus, Sarah Fecht e Shaylee Packer. "Why Soil Matters", State of the Planet (1º de maio de 2012), https://news.climate.columbia.edu/2012/04/12/why-soil-matters/.

5. *Ibid.*

6. Food and Agriculture Organization of the United Nations. *Livestock and Landscapes*, 2012, http://www.fao.org/3/ar591e/ar591e.pdf (acessado em 23 de março de 2019), p. 1.

7. *Ibid.*

8. Geoff Watts. "The Cows That Could Help Fight Climate Change". BBC Future (6 de agosto de 2019), https://www.bbc.com/future/article/20190806-how-vaccines-could-fix-our-problem-with-cow-emissions (acessado em 12 de julho de 2021).

9. Nicholas LePan. "This Is What the Human Impact on the Earth's Surface Looks Like". World Economic Forum (4 de dezembro de 2020), https://www.weforum.org/agenda/2020/12/visualizing-the-human-impact-on-the-earth-s-surface/ (acessado em 30 de abril de 2021).

10. "What's Driving Deforestation?" Union of Concerned Scientists (fevereiro de 2016), https://www.ucsusa.org/resources/whats-driving-deforestation.

11. *USDA Coexistence Fact Sheets: Soybeans.* U.S. Department of Agriculture, 2015.

12. Wannes Hubau *et al.* "Asynchronous Carbon Sink Saturation in African and Amazonian Tropical Forests". *Nature* 579 (março de 2020): 80-7.

13. *Ibid.*

14. *Ibid.*

15. *Ibid.*

16. Research and Markets. *World – Beef (Cattle Meat) – Market Analysis, Forecast, Size, Trends and Insights,* 2021.

17. Reportlinker. *Forestry and Logging Global Market Report 2021: COVID-19 Impact and Recovery to 2030,* 2020.

18. IMARC Group. *Soy Food Market: Global Industry Trends, Share, Size, Growth, Opportunity and Forecast 2021-2026,* 2021; Reportlinker, *Palm Oil Market Size, Share & Trends Analysis Report by Origin (Organic, Conventional), by Product (Crude, RBD, Palm Kernel Oil, Fractionated), by End Use, by Region, and Segment Forecasts, 2020-2027,* 2020.

19. M. Garside. "Topic: Mining". Statista, https://www.statista.com/topics/1143/mining / (acessado em 30 de abril de 2021).

20. Marvin S. Soroos. "The International Commons: A Historical Perspective". *Environmental Review* 12, nº 1 (primavera de 1988): 1-22, https://www.jstor.org/ stable/3984374.

21. Sir Walter Raleigh. "A Discourse of the Invention of Ships, Anchors, Compass, &c". *In Oxford Essential Quotations,* organizado por Susan Racliffe (2017), https://www. oxfordreference.com/view/10.1093/acref/9780191843730.001.0001/q-oro-ed5-00008718.

22. "The United Nations Convention on the Law of the Sea (A historical perspective)". United Nations, 1998, https://www.un.org/depts/los/conventionagreements/convention_ historicalperspective.htm.

23. R. R. Churchill e A. V. Lowe. *The Law of the Sea,* vol. 1 (Oxford: Oxford University Press, 1983), 130; U.S. maritime limits & amp; Boundaries, https://nauticalcharts. noaa.gov/data/us-maritime-limits-and-boundaries.html#general-information (acessado em 21 de agosto de 2021). Continental Shelf (Tunis. v. Libya) (International Court of Justice, 24 de fevereiro de 1982). http://www.worldcourts.com/icj/eng/decisions/ 1982.02.24_continental_shelf.htm (acessado em 25 de julho de 2022).

24. Clive Schofield e Victor Prescott. *The Maritime Political Boundaries of the World* (Leiden: Martinus Nijhoff, 2004), p. 36; Food and Agriculture Organization of the United Nations. "The State of World Fisheries and Aquaculture 2020. Sustainability in Action", 2020, p. 94; "United Nations Convention on the Law of the Sea (UNCLOS)". Encyclopedia.com, https://www.encyclopedia.com/environment/energy-government-and-defense-magazines/united-nations-convention-law-sea-unclos (acessado em 20 de maio de 2021).

25. "Ocean Governance: Who Owns the Ocean?" *Heinrich Böll Stiftung: Brussels* (2 de junho de 2017), https://eu.boell.org/en/2017/06/02/ocean-governance-who-owns-ocean.

26. Enric Sala *et al.* "The Economics of Fishing the High Seas". *Science Advances* 4, nº 6 (junho 2018); David Tickler, Jessica J. Meeuwig, Maria-Lourdes Palomares, Daniel Pauly e Dirk Zeller. "Far from Home: Distance Patterns of Global Fishing Fleets". *Science Advances* 4, nº 8 (agosto de 2018), https://doi.org/10.1126/sciadv.aar3279.

27. "Trawling Takes a Toll". *American Museum of Natural History*, s.d., https://www.amnh. org/explore/videos/biodiversity/will-the-fish-return/trawling-takes-a-toll (acessado em 4 de setembro de 2020).

28. *Ibid*. Andy Sharpless e Suzannah Evans. "Net Loss: How We Continually Forget What the Oceans Really Used to Be Like [Excerpt]". *Scientific American* (24 de maio de 2013), https://www.scientificamerican.com/article/shifting-baselines-in-ocean-fish-excerpt/ (acessado em 25 de julho de 2022).

29. Hilal Elver. "The Emerging Global Freshwater Crisis and the Privatization of Global Leadership." Essay. *In Global Crises and the Crisis of Global Leadership*, organizado por Stephen Gill (Cambridge: Cambridge University Press, 2011).

30. *Ibid*.

31. Maude Barlow. *Whose Water Is It, Anyway?* (Toronto: ECW Press, 2019), p. 18.

32. "1 in 3 People Globally Do Not Have Access to Safe Drinking Water – UNICEF, WHO". World Health Organization (18 de junho de 2019), https://www.who.int/news/ item/18-06-2019-1-in-3-people-globally-do-not-have-access-to-safe-drinking-water-unicef-who (acessado em 3 de setembro de 2020).

33. "Water Privatization: Facts and Figures". Food and Water Watch (31 de agosto de 2015), https://www.foodandwaterwatch.org/print/insight/water-privatization-facts-and-figures (acessado em 3 de setembro de 2020).

34. *Ibid*.

35. Diamond v. Chakrabarty, 447 U.S. 3030 (1980).

36. *Ibid*.

37. *Ibid*.

38. "Genentech Goes Public." Genentech: Breakthrough Science (28 de abril de 2016), https://www.gene.com/stories/genentech-goes-public.

39. Keith Schneider. "Harvard Gets Mouse Patent, A World First". *New York Times* (13 de abril de 1988), A1.

40. Association for Molecular Pathology *et al*. v. Myriad Genetics, US 12–398 (2013).

41. Kelly Servick. "No Patent for Dolly the Cloned Sheep, Court Rules, Adding to Industry Jitters." *Science* (14 de maio de 2014), https://www.sciencemag.org/news/2014/05/ no-patent-dolly-cloned-sheep-court-rules-adding-industry-jitters.

42. "Monsanto v. U.S. Farmers", um relatório do Center for Food Safety (2005), p. 11, https://www.centerforfoodsafety.org/files/cfsmonsantovsfarmerreport11305.pdf.

43. Sheldon Krimsky, James Ennis e Robert Weissman. "Academic-Corporate Ties in Biotechnology: A Quantitative Study". *Science, Technology, & Human Values* 16, nº 3 (julho de 1991).

44. Association for Molecular Pathology *et al*. v. Myriad Genetics.

45. Sergio Sismondo. "Epistemic Corruption, the Pharmaceutical Industry, and the Body of Medical Science". *Frontiers in Research Metrics and Analytics* 6 (2021), https://doi. org/10.3389/frma.2021.614013; Bernard Lo and Marilyn J. Field, *Conflict of Interest in Medical Research, Education, and Practice* (Washington, D.C.: National Academies

Press, 2009), 84; Sharon Lerner. "The Department of Yes: How Pesticide Companies Corrupted the EPA and Poisoned America". *The Intercept*, 30 de junho de 2021, https://theintercept.com/2021/06/30/epa-pesticides-exposure-opp/; Jack T. Pronk, S. Lee, J. Lievense, *et al.* "How to Set Up Collaborations Between Academia and Industrial Biotech Companies". *Nature Biotechnology* 33 (2015): 237–240, https://doi.org/10.1038/nbt.3171.

46. Carolyn Brokowski e Mazhar Adli. "CRISPR Ethics: Moral Consideration for Applications of a Powerful Tool". *Journal of Molecular Biology* 431, nº 1 (janeiro de 2019), https://www.ncbi.nlm.nih.gov/pmc/articles/PMC6286228/pdf/nihms973582.pdf.

47. Jon Cohen. "CRISPR, the Revolutionary Genetic 'Scissors,' Honored by Chemistry Nobel". *Science* (7 de outubro de 2020), https://www.sciencemag.org/news/2020/10/crispr-revolutionary-genetic-scissors-honored-chemistry-nobel#:~:text =This%20year's%20 Nobel%20Prize%20in,wheat%20to%20mosquitoes%20to%20humans (acessado em 12 de outubro de 2020); Martin Jinek. Krzysztof Chylinski, Ines Fonfara, Jennifer A. Doudna e Emmanuelle Charpentier. "A Programmable Dual-RNA-GuidedDNA Endonuclease in Adaptive Bacterial Immunity". *Science* 337, nº 6096 (2012): 816-821, https://doi.org/10.1126/science.1225829.

48. Cohen. "CRISPR, the Revolutionary Genetic 'Scissors' Honored by Chemistry Nobel."

49. Dennis Normille. "Chinese Scientist Who Produced Genetically Altered Babies Sentenced to 3 Years in Jail". *ScienceMag* (30 de dezembro de 2019), https://www.sciencemag.org/news/2019/12/chinese-scientist-who-produced-genetically-altered-babies-sentenced-3-years-jail.

50. Katelyn Brinegar, Ali K. Yetisen, Sun Choi, Emily Vallillo, Guillermo U. Ruiz-Esparza, Anand M. Prabhakar, Ali Khademhosseini e Seok-HyunYun. "The Commercialization of Genome-Editing Technologies". *Critical Reviews in Biotechnology* 37, nº 7 (2017): 924-32.

51. Brokowski e Adli. "CRISPR Ethics: Moral Considerations."

52. Mauro Salvemini. "Global Positioning System". *In International Encyclopedia of the Social & Behavioral Sciences*, 2ª edição, organizado por James D. Wright (Amsterdã:Elsevier, 2015), pp. 174-77.

53. Greg Milner. *Pinpoint: How GPS Is Changing Technology, Culture, and Our Minds* (Nova York: W. W. Norton, 2016).

54. *Ibid.*

55. Thomas Alsop. "Global Navigation Satellite System (GNSS) Device Installed Base Worldwide in 2019 and 2029". Statista, 2020, https://www.statista.com/statistics/1174544/gnss-device-installed-base-worldwide/#statisticContainer.

56. "Global Navigation Satellite System (GNSS) Market Size". Fortune Business Insights, 2020, https://www.fortunebusinessinsights.com/global-navigation-satellite-system-gnss-market-103433.

57. Ashik Siddique. "Getting Lost: What Happens When the Brain's 'GPS' Mapping Malfunctions". *Medical Daily* (1º de maio de 2013), https://www.medicaldaily.com/

getting-lost-what-happens-when-brains-gps-mapping-malfunctions-245400 (accessado em 1º de novembro de 2020).

58. *Ibid.*

59. Milner. *Pinpoint.*

60. Patricia Greenfield *et al.* "Technology and Informal Education: What Is Taught, What Is Learned". *Science* 323, nº 69 (2009).

61. Stuart Wolpert. "Is Technology Producing a Decline in Critical Thinking and Analysis?" *UCLA Newsroom* (27 de janeiro de 2009), https://newsroom.ucla.edu/releases/is-technology-producing-a-decline-79127.

62. *Ibid.*

63. Joseph Firth, John Torous, Brendon Stubbs, Josh A. Firth, Genevieve Z. Steiner, Lee Smith, Mario Alvarez-Jimenez, John Gleeson, Davy Vancampfort, Christopher J. Armitage e Jerome Sarris. "The Online Brain: How the Internet May Be Changing Our Cognition". *World Psychiatry* 18 (2019): 119-29.

64. *Ibid.*, p. 119.

65. *Ibid.*, p. 121.

66. *Ibid.*

67. Firth *et al.* "The Online Brain", p. 123; N. Barr, G. Pennycook, J. A. Stolz, *et al.* "The Brain *in* Your Pocket: Evidence That Smartphones Are Used to Supplant Thinking". *Computers in Human Behavior* 48 (2015): 473-80.

68. Donald Rumsfeld. "Press Conference by U.S. Secretary of Defense, Donald Rumsfeld". NATO HQ (6 de junho de 2002), https://www.nato.int/docu/speech/2002/s020606g.htm.

69. John Cheney-Lippold. "A New Algorithmic Identity: Soft Biopolitics and the Modulation of Control". *Theory, Culture and Society* 28, nº 6 (2011): 164-81.

70. Lee Rainie e Janna Anderson. "Code-Dependent: Pros and Cons of the Algorithm Age". Pew Research Center (8 de fevereiro de 2017).

71. *Ibid.*, p. 9.

72. *Ibid.*

73. *Ibid.*, p. 12.

74. George W. Bush. "President Bush Delivers Graduation Speech at West Point". The White House (1º de junho de 2002), https://georgewbush-whitehouse.archives.gov/news/releases/2002/06/20020601-3.html.

75. Svati Kirsten Narula. "The Real Problem with a Service Called Ghetto Tracker". *The Atlantic* (6 de setembro de 2013), https://www.theatlantic.com/technology/archive/2013/09/the-real-problem-with-a-service-called-ghetto-tracker/279403/.

76. Ian Kerr e Jessica Earle. "Prediction, Preemption, Presumption: How Big Data Threatens Big Picture Privacy". *Stanford Law Review*, Symposium 2013 – Privacy and Big Data, https://www.stanfordlawreview.org/online/privacy-and-big-data-prediction-preemption-presumption/.

Capítulo 6: O Ardil-22 do capitalismo

1. Bennett Harrison e Barry Bluestone. *The Great U-Turn: Corporate Restructuring and the Polarizing of America* (Nova York: HarperCollins, 1990), p. 38.
2. Isadore Lubin. "The Absorption of the Unemployed by American Industry". *In Brookings Institution Pamphlet Series* 1, nº 3 (Washington, D.C.: Brookings Institution, 1929); Isadore Lubin. "Measuring the Labor Absorbing Power of American Industry". *Journal of the American Statistical Association* 24, nº 165 (1929): 27-32, https://www.jstor.org/stable/2277004.
3. Henry Ford. *My Life and Work* (Londres: William Heinemann, 1923), p. 72.
4. Charles Kettering. "Keep the Consumer Dissatisfied". *Nation's Business* 17, nº 1 (janeiro de 1929): 30-1.
5. Committee on Recent Economic Change. "Report of the Committee on Recent Economic Changes of the President's Conference on Unemployment". *In Recent Economic Changes in the United States*, Vols. 1 e 2 (Cambridge, MA: National Bureau of Economic Research, 1929), p. xviii.
6. Will Slayter. *The Debt Delusion: Evolution and Management of Financial Risk* (Boca Raton: Universal Publishers, 2008), p. 29.
7. Christopher Lasch. *The Culture of Narcissism: American Life in an Age of Diminishing Expectations* (Nova York: W. W. Norton, 1979).
8. Frederick C. Mills. *Employment Opportunities in Manufacturing Industries in the United States* (Cambridge, MA: National Bureau of Economic Research, 1938), pp. 10-5.
9. Benjamin Kline Hunnicutt. "Kellogg's Six-Hour Day: A Capitalist Vision of Liberation Through Managed Work Reduction". *Business History Review* 66, nº 3 (outono de 1992): 475, https://www.jstor.org/stable/3116979.
10. Robert Higgs. "The Two-Price System: U.S. Rationing During World War II Price Controls and Rationing Led to Law-Breaking and Black Markets". *Foundation for Economic Education* (24 de abril de 2009), https://fee.org/articles/the-two-price-system-us-rationing-during-world-war-ii/ (acessado em 21 de agosto de 2020).
11. Louis Hyman. *Debtor Nation: The History of America in Red Ink* (Princeton, NJ: Princeton University Press, 2011), p. 136.
12. "Number of TV Households in America: 1950-1978". *American Century* (15 de novembro de 2014), https://americancentury.omeka.wlu.edu/items/show/136 (acessado em 21 de agosto de 2020).
13. "Television and Health". California State University Northridge Internet Resources, https://www.csun.edu/science/health/docs/tv&health.html (acessado em 24 de junho de 2021).
14. Hyman. *Debtor Nation*, pp. 156-70.
15. *Ibid.*, p. 270; Michael A. Turner, Patrick Walker e Katrina Dusek. "New to Credit from Alternative Data". *PERC* (março de 2009), https://www.perc.net/wp-content/uploads/2013/09/New_to_Credit_from_Alternative_Data_0.pdf.

16. Norbert Wiener. *The Human Use of Human Beings: Cybernetics and Human Beings* (Nova York: Avon Books, 1954), p. 278.

17. *Ibid.*, p. 162.

18. Betty W. Su. "The Economy to 2010: Domestic Growth with Continued High Productivity, Low Unemployment Rates, and Strong Foreign Markets Characterize the Expected Outlook for the Coming Decade (Employment Outlook: 2000–10)". *Monthly Labor Review* 124, nº 11 (novembro de 2001): 4, https://www.bls.gov/opub/mlr/2001/11/art1full.pdf.

19. Michael Simkovic. "Competition and Crisis in Mortgage Securitization". *Indiana Law Journal* 88, nº 213 (2013): 227, https://dx.doi.org/10.2139/ssrn.1924831.

20. Stefania Albanesi *et al.* "Credit Growth and the Financial Crisis: A New Narrative". National Bureau of Economic Research Working Paper 23740 (2017), p. 2, http://www.nber.org/papers/w23740.

21. "Median Sales Price for New Houses Sold in the United States". U.S. Census Bureau (1º de julho de 2020), https://fred.stlouisfed.org/series/MSPNHSUS (acessado em 17 de setembro de 2020).

22. Susanna Kim. "2010 Had Record 2.9 Million Foreclosures". ABC News (12 de janeiro de 2011), https://abcnews.go.com/Business/2010-record-29-million-foreclosures/story?id=12602271 (acessado em 21 de agosto de 2020).

23. Meta Brown *et al.* "The Financial Crisis at the Kitchen Table: Trends in Household Debt and Credit". *Federal Reserve Bank of New York Current Issues in Economics and Finance* 19, nº 2 (2013), https://www.newyorkfed.org/medialibrary/media/research/currentissues/ci19–2.pdf.

24. "GDP-United States", s.d. World Bank National Accounts Data, and OECD National Accounts Data Files, https://data.worldbank.org/indicator/NY.GDP.MKTP.CD?locations=US (acessado em 23 de agosto de 2021).

25. Felix Richter. "Pre-Pandemic Household Debt at Record High". Statista (22 de julho de 2020), https://www.statista.com/chart/19955/household-debt-balance-in-the-united-states/(acessado em 21 de agosto de 2020); Jeff Cox. "Consumer Debt Hits New Record of $14.3 Trillion". *CNBC* (5 de maio de 2020), https://www.cnbc.com/2020/05/05/consumer-debt-hits-new-record-of-14point3-trillion.html.

26. James Womack *et al.* *The Machine That Changed the World: The Story of Lean Production –Toyota's Secret Weapon in the Global Car Wars That Is Now Revolutionizing World Industry* (Nova York: Harper Perennial, 1991), p. 11.

27. Charles House e Raymond Price. "The Return Map: Tracking Product Teams". *Harvard Business Review* (janeiro/fevereiro de 1991), https://hbr.org/1991/01/the-return-map-tracking-product-teams#.

28. Christopher Huxley. "Three Decades of Lean Production: Practice, Ideology, and Resistance". *International Journal of Sociology* 45, nº 2 (agosto de 2015): 140, https://doi.org/10.1080/00207659.2015.1061859; Satoshi Kamata, Ronald Philip Dore e Tatsuru Akimoto. *Japan in the Passing Lane: An Insider's Account of Life in a Japanese*

Auto Factory (Nova York: Pantheon Books, 1982); Mike Parker e Jane Slaughter. *Choosing Sides: Unions and the Team Concept* (Boston: South End Press, 1988).

29. *Ibid.*, p. 140.

30. *Ibid.*

31. Hayley Peterson. "Amazon's Delivery Business Reveals Staggering Growth as It's on Track to Deliver 3.5 Billion Packages Globally This Year". *Business Insider* (19 de dezembro de 2019), https://www.businessinsider.com/amazon-package-delivery-business-growth-2019-12#:~ (acessado em 20 de agosto de 2020).

32. "Forbes 400: #1 Jeff Bezos". *Forbes* (setembro de 2020), https://www.forbes.com/profile/jeff-bezos/?sh=1d26aa0a1b23. "The World's Real-Time Billionaires". *Forbes*, 2022, https://www.forbes.com/real-time-billionaires/#3bfb2bde3d78 (acessado em 8 de março de 2022).

33. Áine Cain e Hayley Peterson. "Two Charts Show Amazon's Explosive Growth as the Tech Giant Prepares to Add 133,000 Workers Amid Record Online Sales". *Business Insider* (15 de setembro de 2020), https://markets.businessinsider.com/news/stocks/amazon-number-of-employees-workforce-workers-2020-9-1029591975 (acessado em 20 de agosto de 2020).

34. Jodi Kantor e David Streitfeld. "Inside Amazon: Wrestling Big Ideas in a Bruising Workplace". *New York Times*, 15 de agosto de 2015.

35. *Ibid.*

36. Jay Greene e Chris Alcantara. "Amazon Warehouse Workers Suffer Serious Injuries at Higher Rates Than Other Firms". *Washington Post* (1º de junho de 2021), https://www.washingtonpost.com/technology/2021/06/01/amazon-osha-injury-rate/.

37. Emily Guendelsberger. *On the Clock: What Low-Wage Work Did to Me and How It Drives America Insane* (Boston: Little, Brown, 2019).

38. Esther Kaplan. "The Spy Who Fired Me: The Human Costs of Workplace Monitoring". *Harper's Magazine*, março de 2015, https://harpers.org/archive/2015/03/the-spy-who-fired-me/ (acessado em 21 de agosto de 2020).

39. Johan Huizinga. "Homo Ludens: A Study of the Play-Elementin Culture". (Boston: Beacon Press, 1950), p. 46.

40. Jennifer deWinter *et al.* "Taylorism 2.0: Gamification, Scientific Management and the Capitalist Appropriation of Play". *Journal of Gaming & Virtual Worlds* 6, nº 2 (junho de 2014): 109-127, http://dx.doi.org/10.1386/jgvw.6.2.1091.

41. *Ibid.*, p. 113.

42. "Stone City: Learn the Relationship Portion Sizes and Profitability in an Ice Cream Franchise". Cold Stone Creamery Inc., http://persuasivegames.com/game/coldstone.

43. Anna Blake e James Moseley. "Frederick Winslow Taylor: One Hundred Years of Managerial Insight". *International Journal of Management* 28, nº 4 (dezembro de 2011): 346-53, https://www.researchgate.net/profile/Anne_Blake/publication/286930119_Frederick_Winslow_TayloOne_Hundred_Years_of_Managerial_Insight/links/5670846

c08aececfd5532970/Frederick-Winslow-Taylor-One-Hundred-Years-of-Managerial-Insight.pdf.

44. Jill Lepore. "Not So Fast: Scientific Management Started as a Way to Work. How Did It Become a Way of Life?" *New Yorker* (5 de outubo de 2009), https://www.newyorker.com/magazine/2009/10/12/not-so-fast (acessado em 21 de agosto de 2020).

45. Edward Cone e James Lambert. "How Robots Change the World: What Automation Really Means for Jobs and Productivity". *Oxford Economics* (26 de junho de 2019), https://www.oxfordeconomics.com/recent-releases/how-robots-change-the-world; Susan Lund, Anu Madgavkar, James Manyika, Sven Smit, Kweilin Ellingrud e Olivia Robinson. "The Future of Work After COVID-19". McKinsey and Company, 2019, https://www.mckinsey.com/featured-insights/future-of-work/the-future-of-work-after-covid-19; John Hawksworth, Richard Berriman e Saloni Noel. "Will Robots Really Steal Our Jobs? An International Analysis of the Potential Long-Term Impact of Automation". PricewaterhouseCoopers, 2018, https://www.pwc.co.uk/economic-services/assets/international-impact-of-automation-feb-2018.pdf.

46. Henry Blodget. "CEO of Apple Partner Foxconn: 'Managing One Million Animals Gives Me a Headache'." *Business Insider* (12 de janeiro de 2012), https://www.businessinsider.com/foxconn-animals-2012-1 (acessado em 21 de agosto de 2020).

47. Cone e Lambert. "How Robots Change the World."

Capítulo 7: O Eu ecológico

1. Erich Kahler. *Man the Measure: A New Approach to History* (Cleveland: Meridian Books, 1967).

2. Lewis Mumford. *Technics and Human Development* (Nova York: Harcourt Brace Jovanovich/Harvest Books, 1966), p. 101.

3. Mircea Eliade. *The Myth of the Eternal Return* (Princeton, NJ: Princeton Classics, 2019), publicado originalmente em inglês em 1954.

4. Jeremy Rifkin. "The Risks of Too Much City". *Washington Post* (17 de dezembro de 2006), https://www.washingtonpost.com/archive/opinions/2006/12/17/the-risks-of-too-much-cit/db5c3e65-4daf-465f-8e58-31b47ba359f8/

5. Ludwig von Bertalanffy. *Problems of Life* (Nova York: Harper and Brothers, 1952), p. 134.

6. Norbert Wiener. *The Human Use of Human Beings: Cybernetics and Society* (Nova York: Da Capo Press, 1988), p. 96.

7. Alfred North Whitehead. *Science and the Modern World* (Cambridge: Cambridge University Press, 1926), p. 22.

8. Ronald Desmet e Andrew David Irvine. "Alfred North Whitehead". *Stanford Encyclopedia of Philosophy* (4 de setembro de 2018), https://plato.stanford.edu/entries/whitehead/.

9. Alfred North Whitehead. *Science and the Modern World: Lowell Lectures 1925* (Cambridge: Cambridge University Press, Londres 1929), p. 61; Alfred North

Whitehead, *Nature and Life* (Chicago: Chicago University Press, 1934) e reeditado (Cambridge: Cambridge University Press, 2011).

10. Whitehead. *Nature and Life*, p. 65.

11. Robin G. Collingwood. *The Idea of Nature* (Oxford: Oxford University Press, 1945), p. 146.

12. *Ibid.*

13. Fritjof Capra. *The Tao of Physics: An Exploration of the Parallels Between Modern Physics and Eastern Mysticism* (Berkeley: Shambhala Publications, 1975), p. 138. [*O Tao da Física*. São Paulo: Cultrix, 2ª ed., 2011.]

14. Whitehead. *Nature and Life*, pp. 45-8.

15. Ernst Haeckel. *The Wonders of Life: A Popular Study of Biological Philosophy* (Londres: Watts, 1904), p. 80.

16. Whitehead. *Nature and Life*, p. 61.

17. Water Science School. "The Water in You: Water and the Human Body". U.S. Geological Survey (22 de maio de 2019), https://www.usgs.gov/special-topic/water-science-school/science/water-you-water-and-human-body?qt-sciencecenterobjects=0#qt-sciencecenterobjects.

18. H. H. Mitchell, T. S. Hamilton, F. R. Steggerda e H. W. Bean. "The Chemical Composition of the Adult Human Body and Its Bearing on the Biochemistry of Growth". *Journal of Biological Chemistry* 158, nº-3 (1º de maio de 1945): 625-637, https://doi.org/10.1016/S0021-9258(19)51339-4.

19. "What Does Blood Do?" Institute for Quality and Efficiency in Health Care, InformedHealth .org, U.S. National Library of Medicine (29 de agosto de 2019), https://www.ncbi.nlm.nih.gov/books/NBK279392/.

20. Water Science School. "The Water in You."

21. Alison Abbott. "Scientists Bust Myth That Our Bodies Have More Bacteria Than Human Cells". *Nature* (8 de janeiro de 2016), https://doi.org/10.1038/nature.2016.19136; Ron Sender, Shai Fuchs, e Ron Milo. "Revised Estimates for the Number of Human and Bacteria Cells in the Body". *PLOS Biology* (19 de agosto de 2016), https://doi.org/10.1371/journal.pbio.1002533.

22. Kirsty L. Spalding, Ratan D. Bhardwaj, Bruce A. Buchholz, Henrik Druid e Jonas Frisén. "Retrospective Birth Dating of Cells in Humans". *Cell* 122, nº 1 (15 de julho de 2005): 133-43, https://doi.org/10.1016/j.cell.2005.04.028.

23. Nicholas Wade. "Your Body Is Younger Than You Think". *New York Times* (2 de agosto de 2005), https://www.nytimes.com/2005/08/02/science/your-body-is-younger-than-you-think.html.

24. *Ibid.*

25. *Ibid.*; Spalding *et al.* "Retrospective Birth Dating of Cells in Humans". Stavros Manolagas. "Birth and Death of Bone Cells: Basic Regulatory Mechanisms and Implications for the Pathogenesis and Treatment of Osteoporosis". *Endocrine Reviews* 21, nº 2 (1º de abril de 2000): 116, https://doi.org/10.1210/edrv.21.2.0395; Ron Milo

e Robert B. Phillips. *Cell Biology by the Numbers* (Nova York: Garland Science, 2015), p. 279.

26. Curt Stager. *Your Atomic Self; The Invisible Elements That Connect You to Everything Else in the Universe* (Nova York, 2014), p. 212; Bente Langdahl, Serge Ferrari e David W. Dempster. "Bone Modeling and Remodeling: Potential as Therapeutic Targets for the Treatment of Osteoporosis". *Therapeutic Advances in Musculoskeletal Disease* 8, n⁰ 6 (5 de outubro de 2016), https://dx.doi.org/10.1177% 2F1759720X16670154; Elia Beniash *et al*. "The Hidden Structure of Human Enamel". *Nature Communications* 10, n⁰ 4383 (2019), https://www.nature.com/articles/s41467-019-12185-7.

27. Brian Clegg. "20 Amazing Facts About the Human Body". *The Guardian* (26 de janeiro de 2013), https://www.theguardian.com/science/2013/jan/27/20-human-body-facts-science.

28. J. Gordon Betts *et al*. *Anatomy and Physiology* (Houston: Rice University, 2013), p. 43; Curt Stager, *Your Atomic Self*, p. 197.

29. Ethan Siegel. "How Many Atoms Do We Have in Common with One Another?" *Forbes* (30 de abril de 2020), https://www.forbes.com/sites/startswithabang/2020/04/30/how-many-atoms-do-we-have-in-common-with-one-another/?sh=75adfe6a1b38 (acessado em 1⁰ de novembro de 2020).

30. *Ibid*.

31. Amit Shraga. "The Body's Elements". Davidson Institute of Science Education (1⁰ de abril de 2020), https://davidson.weizmann.ac.il/en/online/orderoutofchaos/body%E2%80%99s-elements; Davey Reginald. "What Chemical Elements Are Found in the Human Body?" *News Medical Life Sciences* (19 de maio de 2021), https://www.news-medical.net/life-sciences/What-Chemical-Elements-are-Found-in-the-Human-Body.aspx#:~:text =The%20human%20 body%20is%20approximately,carbon%2C%20calcium%2C%20and%20phosphorus. Body.aspx#:~:text=The%20human%20body%20is%20approximately,carbon%2C%20calcium%2C%20and%20phosphorus.

32. Elizabeth Pennisi. "Plants Outweigh All Other Life on Earth". *Science* (21 de maio de 2018), https://doi.org/10.1126/science.aau2463; Yinon M. Bar-On, Rob Phillips e Ron Milo. "The Biomass Distribution on Earth". *Proceedings of the National Academy of Sciences* 115, n⁰ 25 (21 de maio de 2018), https://doi.org/10.1073/pnas.1711842115.

33. Sender, Fuchs e Milo. "Revised Estimates for the Number of Human and Bacteria Cells *in* the Body."

34. Anne E. Maczulak. *Allies and Enemies: How the World Depends on Bacteria* (FT Press, 2010); Molika Ashford. "Could Humans Live Without Bacteria?" *Live Science* (12 de agosto de 2010), https://www.livescience.com/32761-good-bacteria-boost-immune-system.html.

35. Anil Kumar e Nikita Chordia. "Role of Microbes in Human Health". *Applied Microbiology: Open Access* 3, n⁰ 2 (abril de 2017): 131, https://www.longdom.org/open-access/role-of-microbes-in-human-health-2471-9315-1000131.pdf; Ana Maldonado-Contreras "A Healthy Microbiome Builds a Strong Immune System That Could Help

Defeat COVID-19". University of Massachusetts Medical School (25 de janeiro de 2021), https://www.umassmed.edu/news/news-archives/2021/01/a-healthy-microbiome-builds-a-strong-immune-system-that-could-help-defeat-covid-19/.

36. Patrick C. Seed. "The Human Mycobiome". *Cold Spring Harbor Perspectives in Medicine* 5, nº 5 (2015), https://dx.doi.org/10.1101%2Fcshperspect .a019810.

37. Gary B. Huffnagle e Mairi C. Noverr. "The Emerging World of the Fungal Microbiome". *Trends in Microbiology* 21, nº 7 (2013): 334-41, https://doi.org/10.1016/j.tim.2013.04.002.

38. Mahmoud A. Ghannoum, Richard J. Jurevic, Pranab K. Mukherjee, Fan Cui, Masoumeh Sikaroodi, Ammar Naqvi e Patrick M. Gillevet. "Characterization of the Oral Fungal Microbiome (Mycobiome) in Healthy Individuals". *PLOS Pathogens* (8 de janeiro de 2010), https://doi.org/10.1371/journal.ppat.1000713; Bret Stetka. "The Human Body's Complicated Relationship with Fungi". MPR News (16 de abril de 2016), https://www.mprnews.org/story/2016/04/16/npr-the-human-bodys-complicated-relationship-wit-fungi.

39. Kaisa Koskinen, Manuela R. Pausan, Alexandra K. Perras, Michael Beck, Corinna Bang, Maximillian Mora, Anke Schilhabel, Ruth Schmitz e Christine Moissl-Eichinger. "First Insights into the Diverse Human Archaeome: Specific Detection of Archaea *in* the Gastrointestinal Tract, Lung, and Nose and on Skin". *mBio* 8, nº 6 (14 de novembro de 2017), http://dx.doi.org/10.1128/mBio.00824-17.

40. Mor N. Lurie-Weinberger e Uri Gophna. "Archaea in and on the Human Body: Health Implications and Future Directions". *PLOS Pathogens* 11, nº 6 (2015), https://doi.org/10.1371/journal.ppat.1004833.

41. Graham P. Harris. *Phytoplankton Ecology: Structure, Function and Fluctuation* (Londres: Chapman and Hall, 1986); Yadigar Sekerci e Sergei Petrovskii. "Global Warming Can Lead to Depletion of Oxygen by Disrupting Phytoplankton Photosynthesis: A Mathematical Modelling Approach". *Geosciences* 8, nº 6 (3 de junho de 2018), doi:10.3390/geosciences8060201.

42. John Corliss. "Biodiversity and Biocomplexity of the Protists and an Overview of Their Significant Roles *in* Maintenance of Our Biosphere". *Acta Protozoologica* 41 (2002): 212.

43. Karin Mölling. "Viruses More Friends Than Foes". *Electroanalysis* 32, nº 4 (26 de novembro de 2019): 669-73, https://doi.org/10.1002/elan.201900604.

44. David Pride. "Viruses Can Help Us as Well as Harm Us". *Scientific American* (1º de dezembro de 2020), https://www.scientificamerican.com/article/viruses-can-help-us-as-well-as-harm-us/#.

45. David Pride e Chandrabali Ghose. "Meet the Trillions of Viruses That Make Up Your Virome". *The Conversation* (9 de outubro de 2018), https://theconversation.com/meet-the-trillions-of-viruses-that-make-up-your-virome-104105#:~:text=It%20has%20been%20estimated%20that,infections%20like%20Ebola%20or%20dengue (acessado em 1º de novembro de 2020).

46. James Gallagher. "More Than Half Your Body Is Not Human". BBC News (10 de abril de 2018), https://www.bbc.com/news/health-43674270 (acessado em 1º de novembro de 2020).

47. *Ibid.*

48. Prabarna Ganguly. "Microbes in Us and Their Role *in* Human Health and Disease". National Human Genome Research Institute (29 de maio de 2019), https://www.genome.gov/news/news-release/Microbes-in-us-and-their-role-in-human-health-and-disease.

49. "Biome". *Lexico: Powered by Oxford*, https://www.lexico.com/en/definition/biome (acessado em 20 de novembro de 2021).

50. "Ecosystem". *Lexico: Powered by Oxford*, https://www.lexico.com/en/definition/ecosystem (acessado em 20 de novembro de 2021).

51. Peter Turnbaugh, Ruth Ley, Micah Hamady, Claire M. Fraser-Liggett, Rob Knight e Jeffrey Gordon. "The Human Microbiome Project". *Nature* 449 (outubro de 2007): 804, https://www.nature.com/articles/nature06244.pdf.

52. Gallagher. "More Than Half Your Body Is Not Human."

53. *Ibid.*

54. Bertalanffy. *Problems of Life*, p. 134.

55. Dominique Frizon de Lamotte, Brendan Fourdan, Sophie Leleu, François Leparmentier e Philippe de Clarens. "Style of Rifting and the Stages of Pangea Breakup". *Tectonics* 34, nº. 5 (2015): 1009–1029, https://doi.org/10.1002/2014tc003760.

56. Stager. *Your Atomic Self*, pp. 193-94.

Capítulo 8: Uma nova história da origem

1. James D. Watson. *The Double Helix: A Personal Account of the Discovery of the Structure of DNA* (Nova York: Simon & Schuster, 1968).

2. Patricia J. Sollars e Gary E. Pickard. "The Neurobiology of Circadian Rhythms". *Psychiatric Clinics of North America* 38, nº 4 (2015): 645-65, https://doi.org/10.1016/j.psc.2015.07.003.

3. Joseph Zubin e Howard F. Hunt. *Comparative Psychopathology: Animal and Human* (Nova York: Grune & Stratton, 1967), https://www.gwern.net/docs/psychology/1967-zubin-comparativepsychopathology.pdf.

4. Ueli Schibler. "The Mammalian Circadian Timekeeping System". *In Ultradian Rhythms from Molecules to Mind: A New Vision of Life*, organizado por David Lloyd e Ernest Rossi (Heidelberg: Springer Netherlands, 2008), 261-79.

5. J. O'Neill e A. Reddy. "Circadian Clocks in Human Red Blood Cells". *Nature* 469 (26 de janeiro de 2011): 498-503.

6. Michelle Donahue. "80 Percent of Americans Can't See the Milky Way Anymore". *National Geographic* (10 de junho de 2016), https://www.nationalgeographic.com/science/article/milky-way-space-science.

7. Abraham Haim e Boris A. Portnov. *Light Pollution as a New Risk Factor for Human Breast and Prostate Cancers* (Nova York: Springer Nature, 2013).

8. A. L. Baird, A. N. Coogan, A. Siddiqui, R. M. Donev e J. Thome. "Adult Attention Deficit Hyperactivity Disorder Is Associated with Alterations in Circadian Rhythms at the Behavioural, Endocrine and Molecular Levels". *Molecular Psychiatry* 17, nº 10 (2012): 988-95.

9. Elaine Waddington Lamont, Daniel L. Coutu, Nicolas Cermakian e Diane B. Bolvin. "Circadian Rhythms and Clock Genes in Psychotic Disorders". *Israel Journal of Psychiatry and Related Sciences* 47, nº 1 (2010), 27-35.

10. Russell Foster. "Waking Up to the Link Between a Faulty Body Block and Mental Illness". *The Guardian* (22 de julho de 2013).

11. G. J. Whitrow. *The Natural Philosophy of Time* (Oxford: Oxford University Press, 1980), p. 146.

12. E. T. Pengelley e K. C. Fisher. "The Effect of Temperature and Photoperiod on the Yearly Hibernating Behavior of Captive Golden-Mantled Ground Squirrels". *Canadian Journal of Zoology* 41 (1963): 1103-120.

13. David Lloyd. "Biological Timekeeping: The Business of a Blind Watchmaker". *Science Progress* 99, nº 2 (2016): 113-32.

14. *Ibid.*, p. 124.

15. Grace H. Goh, Shane K. Maloney, Peter J. Mark e Dominique Blache. "Episodic Ultradian Events – Ultradian Rhythms". *Biology* 8, nº 1 (março de 2019): 12.

16. *Ibid.*

17. B. P. Tu, A. Kudlicki, M. Rowicka e S. L. McKnight. "Logic of the Yeast Metabolic Cycle: Temporal Compartmentalization of Cellular Processes". *Science* 310, nº 5751 (novembro de 2005); B. P. Tu e S. L. McKnight. "Metabolic Cycles as an Underlying Basis of Biological Oscillations". *Nature Reviews Molecular Cell Biology* 7, nº 9 (2006).

18. Maximilian Moser, Matthias Frühwirth, Reiner Penter e Robert Winker. "Why Life Oscillates – From a Topographical Towards a Functional Chronobiology". *Cancer Causes & Control* 17, nº. 4 (junho 2006): 591-99.

19. Thomas A. Wehr. "Photoperiodism *in* Humans and Other Primates: Evidence and Implications". *Journal of Biological Rhythms* 16, nº 4 (agosto de 2001): 348-64.

20. *Ibid.*, p. 349.

21. Nicola Davis e Ian Sample. "Nobel Prize for Medicine Awarded for Insights into Internal Biological Clock". *The Guardian* (2 de outubro de 2017), https://www.theguardian.com/science/2017/oct/02/nobel-prize-for-medicine-awarded-for-insights-into-internal-biological-clock.

22. Ian Sample. "Nobel Prizes 2017: Everything You Need to Know About Circadian Rhythms". *The Guardian* (2 de outubro de 2017).

23. Gina Kolata. "2017 Nobel Prize in Medicine Goes to 3 Americans for Body Clock Studies". *New York Times* (2 de outubro de 2017).

24. Michael A. Persinger e Rütger Wever. "ELF-Effects on Human Circadian Rhythms". Ensaio. In *ELF and VLF Electromagnetic Field Effects* (Nova York: Plenum Press, 1974), pp. 101-44.

25. R. A. Wever. "Basic Principles of Human Circadian Rhythm". *Temporal Variations of the Cardiovascular System* (1992).

26. Richard H. W. Funk, Thomas Monsees e Nurdan Ozkucur. "Electromagnetic Effects – From Cell Biology to Medicine". *Progress in Histochemistry and Cytochemistry* 43, nº 4 (2009): 177-264; R. Wever. "Effects of Electric Fields on Circadian Rhythmicity in Men". *Life Sciences in Space Research* 8 (1970): 177-87.

27. James Clerk Maxwell. "Inaugural Lecture at King's College London" (1860), http://www.michaelbeeson.com/interests/GreatMoments/MaxwellDiscoversLightIs Electromagnetic.pdf.

28. "Earth's Magnetic Field and Its Changes in Time". NASA, s.d., https://image.gsfc. nasa.gov/poetry/tour/AAmag.html#:~:text =The%20magnetic%20field%20of%20 earth%20actually%20changes%20its%20polarity%20over,years%20according%20 to%20geological%20evidence.

29. Karen Fox. "Earth's Magnetosphere". NASA (28 de janeiro de 2021), https://www. nasa.gov/magnetosphere; "Magnetospheres". NASA Science, https://science.nasa.gov/ heliophysics/focus-areas/magnetosphere-ionosphere (acessado em 26 de agosto de 2021).

30. Ronald Desmet. "Alfred North Whitehead". *Stanford Encyclopedia of Philosophy*.

31. Alfred North Whitehead. *Nature and Life* (Londres: Cambridge University Press, 1934), p. 15.

32. *Ibid.*, p. 86.

33. "Morphogenesis". Encyclopædia Britannica, https://www.britannica.com/science/ morphogenesis (acessado em 16 de abril de 2021).

34. A. G. Gurwitsch. *A Biological Field Theory* (Moscow: Sovetskaya Nauka, 1944); Daniel Fels, Michal Cifra e Felix Scholkmann. *Fields of the Cell* (Kerala: Research Signpost, 2015), p. 274.

35. Paul A. Weiss. *The Science of Life: The Living System – A System for Living* (Mount Kisco, NY: Futura, 1973), p. 19.

36. *Ibid.*, p. 45.

37. *Ibid.*, p. 47.

38. Harold Saxton Burr. *Blueprint for Immortality* (Londres: Neville Spearman, 1972), p. 30.

39. *Ibid.*, p. 107.

40. *Ibid.*

41. Mats-Olof Mattsson e Myrtill Simkó. "Emerging Medical Applications Based on Non-Ionizing Electromagnetic Fields from 0 Hz to 10 THz". *Dovepress* (12 de setembro de 2019), pp. 347-68, https://doi.org/10.2147/MDER.S214152.

42. Daniel Fels. "The Double-Aspect of Life". *Biology (Basel)* 7, nº 2 (maio de 2018): 28.

43. "The Face of a Frog: Time-Lapse Video Reveals Never-Before-Seen Bioelectric Pattern". *Tufts Now* (18 de julho de 2011), https://now.tufts.edu/news-releases/face-frog-time-lapse-video-reveals-never-seen#:~:text =%2D%2DFor%20the%20first%20time,where%20eyes%2C%20nose%2C%20mouth%2C.

44. *Ibid*.

45. *Ibid*.

46. Denis Noble, Eva Jablonka, Michael J. Joyner, Gerd B. Müller e Stig W. Omholt. "Evolution Evolves: Physiology Returns to Centre Stage". *Journal of Physiology* 592 (Pt. 11) (junho de 2014): 2237-234.

47. Charles Darwin. "Difficulties of Theory – The Eye". *In On the Origin of Species*, https://www.theguardian.com/science/2008/feb/09/darwin.eye.

48. Patrick Collins. "Researchers Discover That Changes in Bioelectric Signals Trigger Formation of New Organs". *Tufts Now* (8 de dezembro de 2011), https://now.tufts.edu/news-releases/researchers-discover-changes-bioelectric-sign.

49. *Ibid*.

50. *Ibid*.

51. Vaibhav P. Pai, Sherry Aw, TaI Shomrat, Joan M. Lemire e Michael Levin. "Transmembrane Voltage Potential Controls Embryotic Eye Patterning in *Xenopus laevis*". *Development* 139, nº 2 (janeiro de 2012): 313-23; Collins. "Researchers Discover That Changes in Bioelectric Signals Trigger Formation of New Organs".

Capítulo 9: Além do método científico

1. Francis Bacon, citado em John Randall Herman Jr. *The Making of the Modern Mind* (Cambridge, MA: Houghton Mifflin, 1940), p. 223.

2. Francis Bacon. *The New Atlantis: A Work Unfinished* (Londres: Impresso por Tho. Newcomb, 1983).

3. Donald Worster. *Nature's Economy* (Cambridge: Cambridge University Press, 1977), p. 30.

4. James Spedding, Robert Leslie Ellis e Douglas Denon Heath, orgs. *The Works of Francis Bacon,* vol. 3. *Philosophical Works* (Cambridge: Cambridge University Press, 2011), doi:10.1017/CBO9781139149563.

5. Francis Bacon. "Novum Organum". *In The Works of Francis Bacon*, vol. 4 (Londres: W. Pickering, 1850), p. 114.

6. "Pioneering the Science of Surprise". Stockholm Resilience Centre, https://www.stockholmresilience.org/research/research-news/2019-08-23-pioneering-the-science-of-surprise-.html (acessado em 4 de abril de 2021).

7. "Case". *Merriam-Webster*, s.d., https://www.merriam-webster.com/dictionary/cases?utm_campaign=sd&utm_ medium=serp&utm_source=jsonld.

8. C. S. Holling. "Resilience and Stability of Ecological Systems". *Annual Review of Ecology and Systematics* 4 (novembro de 1973): 1-23

9. *Ibid*., pp. 17-21.

10. Lance H. Gunderson. "Ecological Resilience – In Theory and Application". *Annual Review of Ecology and Systematics* 31 (novembro de 2000): 425-39

11. Fiona Miller *et al.* "Resilience and Vulnerability: Complementary or Conflicting Concepts?" *Ecology and Society* 15, nº 3 (2010).

12. Hanne Andersen e Brian Hepburn. "Scientific Method". *In The Stanford Encyclopedia of Philosophy* (inverno de 2020), organizado por Edward Zalta, https://plato.stanford.edu/archives/win2020/entries/scientific-method/

13. Cynthia Larson. "Evidence of Shared Aspects of Complexity Science and Quantum Phenomena". *Cosmos and History: The Journal of Natural and Social Philosophy* 12, nº 2 (2016).

14. Rika Preiser, Reinette Biggs, Alta De Vos e Carl Folke. "Social-Ecological Systems as Complex Adaptive Systems: Organizing Principles for Advancing Research Methods and Approaches". *Ecology and Society* 23, nº 4 (dezembro de 2018): 46.

15. "Where Is Frozen Ground?" National Snow and Ice Data Center, https://nsidc.org/cryosphere/frozenground/whereisfg.html (acessado em 25 de julho de 2021).

16. Richard Field. "John Dewey (1859-1952)". *Internet Encyclopedia of Philosophy*, s.d., https://iep.utm.edu/john-dewey/.

17. "Adaptation and Survival". *National Geographic Magazine* (23 de abril de 2020).

18. Martin Reeves e Mike Deimler. "Adaptability: The New Competitive Advantage". *Harvard Business Review* (julho/agosto de 2011).

19. *Ibid.*

20. J. H. Barkow, L. Cosmides e J. Tooby. *The Adapted Mind: Evolutionary Psychology and the Generation of Culture* (Oxford: Oxford University Press, 1992), p. 5.

21. Susan C. Anton, Richard Potts e Leslie C. Aiello. "Evolution of Early *Homo*: An Integrated Biological Perspective". *Science* 345, nº 6192 (4 de julho de 2014).

22. *Ibid.*

23. *Ibid.*

24. Mohi Kumar. "Ability to Adapt Gave Early Humans the Edge over Other Hominins". *Smithsonian Magazine* (4 de julho de 2014), https://www.smithsonianmag.com/science-nature/ability-to-adapt-gave-early-humans-edge-hominin-180951959/.

25. "Quaternary Period". *National Geographic*, https://www.nationalgeographic.com/science/prehistoric-world/quaternary/#close.

26. Nathaniel Massey. "Humans May Be the Most Adaptive Species". *Scientific American* (25 de setembro de 2013), https://www.scientificamerican.com/article/humans-may-be-most-adaptive-species/#:~:text =In%20the%205%20million%20years,climate%20has%20grown%20increasingly%20erratic.

27. *Ibid.*

28. World Bank Group. *Piecing Together the Poverty Puzzle* (Washington, D.C.: World Bank, 2018), p. 7.

29. Deborah Hardoon. "An Economy for the 99%". Oxfam International Briefing Paper (janeiro de 2017), https://www-cdn.oxfam.org/s3fs-public/file_attachments/bp-economy-for-99-percent-160117-en.pdf (acessado em 12 de março de 2019), 1.

30. Indu Gupta. "Sustainable Development: Gandhi Approach". *OIDA International Journal of Sustainable Development* 8, nº 7 (2015).

Capítulo 10: A infraestrutura da revolução resiliente

1. "Global 500". *Fortune* (agosto/setembro de 2020), https://fortune.com/global500/; Brian O'Keefe e Nicolas Rapp. "These 18 Big Companies Made More Than $250,000 in Profit Per Employee Last Year". *Fortune* (10 de agosto de 2020), https://fortune.com/longform/global-500-companies-profits-employees/.

2. "Number of Smartphone Subscriptions Worldwide from 2016 to 2027". Statista (23 de fevereiro de 2022), https://www.statista.com/statistics/330695/number-of-smartphone-users-worldwide/; David R. Scott. "Would Your Mobile Phone Be Powerful Enough to Get You to the Moon?" *The Conversation* (1º de julho de 2019), https://theconversation.com/would-your-mobile-phone-be-powerful-enough-to-get-you-to-the-moon-115933.

3. Mark Muro *et al*. "Advancing Inclusion Through Clean Energy Jobs". Brookings Institution, 2019, https://www.brookings.edu/wp-content/uploads/2019/04/2019.04 metro_Clean-Energy-Jobs_Report_Muro-Tomer-Shivaran-Kane.pdf.

4. TIR Consulting Group. "America 3.0: The Resilient Society: A Smart Third Industrial Revolution Infrastructure and the Recovery of the American Economy". Office of Jeremy Rifkin (28 de julho de 2021), https://www.foet.org/about/tir-consulting-group/.

5. Harriet Festing *et al*. "The Case for Fixing the Leaks: Protecting People and Saving Water While Supporting Economic Growth in the Great Lakes Region". Center for Neighborhood Technology, 2013, https://cnt.org/sites/default/files/publications/CNT_CaseforFixingtheLeaks.pdf.

Capítulo 11: A ascensão da governança biorregional

1. Karla Schuster. "Biden Widens Lead, But Voter Mistrust of Process Runs Deep: Kalikow School Poll", Hofstra College of Liberal Arts and Sciences (29 de setembro de 2020), https://news.hofstra.edu/2020/09/29/biden-widens-lead-but-voter-mistrust-of-process-runs-deep-kalikow-school-poll/.

2. Christopher Keating. "Quinnipiac Poll: 77% of Republicans Believe There Was Widespread Fraud in the Presidential Election; 60% Overall Consider Joe Biden's Victory Legitimate". *Hartford Courant* (10 de dezembro de 2020), https://www.courant.com/politics/hc-pol-q-poll-republicans-believe-fraud-20201210-pcie3uqqvrhyvnt7geohhsyepe-story.html.

3. Mario Carpo. "Republics of Makers", e-flux, https://www.e-flux.com/architecture/positions/175265/republics-of-makers/ (acessado em 20 de janeiro de 2021).

378

4. Frank Newport. "Americans Big on Idea of Living *in* the Country". Gallup (7 de dezembro de 2018), https://news.gallup.com/poll/245249/americans-big-idea-living-country.aspx.

5. Robert Bonnie, Emily Pechar Diamond e Elizabeth Rowe. "Understanding Rural Attitudes Toward the Environment and Conservation in America". Nicholas Institute for Environmental Policy Solutions (fevereiro de 2020).

6. "Ford to Lead America's Shift to Electric Vehicles with New Mega Campus in Tennessee and Twin Battery Plants *in* Kentucky; $11.4B Investment to Create 11,000 Jobs and Power New Lineup of Advanced EVS". Ford Media Center (27 de setembro de 2021), https://media.ford.com/content/fordmedia/fna/us/en/news/2021/09/27/ford-to-lead-americas-shift-to-electric-vehicles.html.

7. Kyle Johnson. "Ford F-Series Made $42 Billion *in* Revenue *in* 2019". *News Wheel* (25 de junho de 2020), https://thenewswheel.com/ford-f-series-42-billion-revenue-2019/.

8. "Ford to Lead America's Shift to Electric Vehicles with New Mega Campus in Tennessee and Twin Battery Plants *in* Kentucky."

9. Bill Howard. "Vehicles and Voting: What Your Car Might Say About How You'll Vote". *Forbes* (1º de outubro de 2020), https://www.forbes.com/wheels/news/what-your-car-might-say-about-how-you-vote/.

10. Craig Mauger. "Whitmer: Michigan Lacked 'Real Opportunity' to Compete for Ford Plants". *Detroit News* (29 de setembro de 2021), https://www.detroitnews.com/story/news/politics/2021/09/29/whitmer-michigan-lacked-real-opportunity-compete-ford-plants/5917610001/.

11. E. Dinerstein *et al*. "A Global Deal for Nature: Guiding Principles, Milestones, and Targets". *Science Advances* 5 (2019): 1.

12. *Ibid.*

13. *Ibid.*

14. Sarah Gibbens. "The U.S. Commits to Tripling Its Protected Lands. Here's How It Could Be Done". *National Geographic* (27 de janeiro de 2021), https://www.nationalgeographic.com/environment/article/biden-commits-to-30-by-2030-conservation-executive-orders; "Fact Sheet: President Biden Takes Executive Actions to Tackle the Climate Crisis at Home and Abroad, Create Jobs, and Restore Scientific Integrity Across Federal Government". The White House (27 de janeiro de 2021), https://www.whitehouse.gov/briefing-room/statements-releases/2021/01/27/fact-sheet-president-biden-takes-executive-actions-to-tackle-the-climate-crisis-at-home-and-abroad-create-jobs-and-restore-scientific-integrity-across-federal-government/.

15. Matt Lee-Ashley. "How Much Nature Should America Keep?" Center for American Progress (6 de agosto de 2019), https://www.americanprogress.org/issues/green/reports/2019/08/06/473242/much-nature-america-keep/.

16. Sandra Diaz, Josef Settele e Eduardo Brondizio. "Summary for Policymakers of the Global Assessment Report on Biodiversity and Ecosystem Services of the Intergovernmental Science-Policy Platform on Biodiversity and Ecosystem Services".

Intergovernmental Science-Policy Platform on Biodiversity and Ecosystem Services (2019), https://www.ipbes.net/sites/default/files/downloads/spm_unedited_advance_for_posting_htn.pdf.

17. Lee-Ashley. "How Much Nature Should America Keep?"

18. "Federal Land Ownership: Overview and Data". Congressional Research Center (21 de fevereiro de 2020), https://sgp.fas.org/crs/misc/R42346.pdf; Lee-Ashley. "How Much Nature Should America Keep?"; Robert H. Nelson. "State-Owned Lands in the Eastern United States: Lessons from State Land Management Practice". Property and Environment Research Center (março de 2018), https://www.perc.org/2018/03/13/state-owned-lands-in-the-eastern-united-states/; Ryan Richards e Matt Lee-Ashley. "The Race for Nature". Center for American Progress, 23 de junho de 2020, https://www.americanprogress.org/article/the-race-for-nature/.

19. "Forests Programs". U.S. Department of Agriculture, National Institute of Food and Agriculture, https://www.nifa.usda.gov/grants/programs/forests-programs.

20. A. R. Wallace. "What Are Zoological Regions?" *Nature* 49 (26 de abril de 1894): 610-613.

21. Karl Burkart. "Bioregions 2020". *One Earth*, s.d., https://www.oneearth.org/bioregions-2020/.

22. "Ecoregions". World Wildlife Fund, s.d., https://www.worldwildlife.org/biomes.

23. Peter Berg e Raymond Dasmann. "Reinhabiting California". *The Ecologist* 7, nº 10 (1977); Cheryll Glotfelty e Eve Quesnel. *The Biosphere and the Bioregion: Essential Writings of Peter Berg* (Londres: Routledge, 2015), p. 35.

24. David Bollier. "Elinor Ostrom and the Digital Commons". *Forbes* (13 de outubro de 2009).

25. Kirkpatrick Sale. "Mother of All: An Introduction to Bioregionalism". *In Third Annual E. F. Schumacher Lectures,* organizado por Hildegarde Hannum (outubro de 1983); Regional Factors in National Planning and Development, 1935.

26. "Bioregions of the Pacific U.S". USGS, https://www.usgs.gov/centers/werc/science/bioregions-pacific-us?qt-science_center_objects=0#qt-science_center_objects (acessado em 30 de junho de 2021).

27. "Ecoregions and Watersheds". Cascadia Department of Bioregion, s.d., https://cascadiabioregion.org/ecoregions-and-watersheds/.

28. "The Cascadia Bioregion: Facts & Figures". Cascadia Department of Bioregion, s.d., https://cascadiabioregion.org/facts-and-figures.

29. *Ibid.*

30. "About PNWER", Pacific Northwest Economic Region, s.d., http://www.pnwer.org/about-us.html.

31. P. Mote, A. K. Snover, S. Capalbo, S. D. Eigenbrode, P. Glick, J. Littell, R. Raymondi e S. Reeder, "Northwest". *In Climate Change Impacts in the United States: The Third National Climate Assessment,* organizado por J. M. Melillo, Terese Richmond, e G. W. Yohe para o U.S. Global Change Research Program (2014), pp. 487-513, 488.

32. Alan Steinman, Bradley Cardinale, Wayne Munns Jr., *et al*. "Ecosystem Services in the Great Lakes". *Journal of Great Lakes Research* 43, nº 3 (junho de 2017): 161-68, https://www.ncbi.nlm.nih.gov/pmc/articles/PMC6052456/pdf/nihms976653.pdf.

33. Jeff Desjardins. "The Great Lakes Economy: The Growth Engine of North America". *Visual Capitalist* (16 de agosto de 2017), https://www.visualcapitalist.com/great-lakes-economy/.

34. Tim Folger. "The Cuyahoga River Caught Fire 50 Years Ago. It Inspired a Movement". *National Geographic* (21 de junho de 2019), https://www.nationalgeographic.com/environment/article/the-cuyahoga-river-caught-fire-it-inspired-a-movement.

35. Erin Blakemore. "The Shocking River Fire That Fueled the Creation of the EPA". *History Channel* (22 de abril de 2019), publicado em 1º de dezembro de 2020, https://www.history.com/news/epa-earth-day-cleveland-cuyahoga-river-fire-clean-water-act.

36. "When Our Rivers Caught Fire". Michigan Environmental Council (11 de julho de 2011), https://www.environmentalcouncil.org/when_our_rivers_caught_fire; John H. Hartig. *Burning Rivers: Revival of Four Urban Industrial Rivers That Caught on Fire* (Burlington, Ontário: Aquatic Ecosystem Health and Management Society, 2010).

37. Rachel Carson. *Silent Spring* (Boston: Houghton Mifflin, 1962).

38. *Strategic Plan for the Great Lakes Commission 2017-2022*. Great Lakes Commission.

39. "An Assessment of the Impacts of Climate Change on the Great Lakes". *Environmental Law & Policy Center*, s.d., https://elpc.org/wp-content/uploads/2020/04/2019-ELPCPublication-Great-Lakes-Climate-Change-Report.pdf.

40. Tom Perkins. "'Bigger Picture, It's Climate Change': Great Lakes Flood Ravages Homes and Roads". *The Guardian* (3 de setembro de 2019).

Capítulo 12: A democracia representativa abre o caminho para o "governo cidadão" distribuído

1. James Madison. "Federalist No. 10: The Same Subject Continued: The Union as a Safeguard Against Domestic Faction and Insurrection". Library of Congress from the *New York Packet* (23 de novembro de 1787).

2. John Adams para John Taylor, nº 18 (17 de dezembro de 1814), National Archives, https://founders.archives.gov/documents/Adams/99-02-02-6371.

3. *The Candidate*. Redford-Ritchie Productions and Wildwood Enterprises, 1972.

4. Claudia Chwalisz. *Innovative Citizen Participation and New Democratic Institutions: Catching the Deliberative Wave*. Organisation for Economic Co-operation and Development (10 de junho de 2020).

5. "Edelman Trust Barometer 2020". Daniel J. Edelman, https://www.edelman.com/sites/g/files/aatuss191/files/2020–01/2020%20Edelman%20Trust%20Barometer%20Executive%20Summary_ Single% 20Spread%20without%20Crops .pdf.

6. "Beyond Distrust: How Americans View Their Government". Pew Research Center (23 de novembro de 2015), https://www.pewresearch.org/politics/2015/11/23/1-trust-in-government-1958-2015/.

7. *Ibid.*

8. William Davies. "Why We Stopped Trusting Elites". *The Guardian* (29 de dezembro de 2018), https://www.theguardian.com/news/2018/nov/29/why-we-stopped-trusting-elites-the-new-populism.

9. Chwalisz. *Innovative Citizen Participation and New Democratic Institutions.*

10. "Case Study: Porto Alegre, Brazil". Local Government Association (12 de dezembro de 2016), https://www.local.gov.uk/case-studies/case-study-porto-alegre-brazil; Valeria Lvovna Gelman e Daniely Votto. "What if Citizens Set City Budgets? An Experiment That Captivated the World – Participatory Budgeting – Might Be Abandoned in Its Birthplace". *World Resources Institute* (13 de junho de 2018), https://www.wri.org/blog/2018/06/what-if-citizens-set-city-budgets-experiment-captivated-world-participatory-budgeting.

11. William W. Goldsmith. "Participatory Budgeting in Brazil". Planners Network, 1999, http://www.plannersnetwork.org/wp-content/uploads/2012/07/brazil_goldsmith.pdf.

12. Peter Yeung. "How Paris's Participatory Budget Is Reinvigorating Democracy". *City Monitor* (8 de janeiro de 2021), https://citymonitor.ai/government/civic-engagement/how-paris-participatory-budget-is-reinvigorating-democracy;"World", Participatory Budgeting World Atlas, https://www.pbatlas.net/world.html (acessado em 4 de fevereiro de 2022).

13. "New Research on Participatory Budgeting Highlights Community Priorities in Public Spending". Universidade de Nova York (22 de julho de 2020), https://www.nyu.edu/about/news-publications/news/2020/july/new-research-on-participatory-budgeting-highlights-community-pri.html; Carolin Hagelskamp, Rebecca Silliman, Erin B. Godfrey e David Schleifer. "Shifting Priorities: Participatory Budgeting in New York City Is Associated with Increased Investments in Schools, Street and Traffic Improvements, and Public Housing". *New Political Science* 42, nº 2 (2020): 171-96, https://doi.org/10.1080/07393148.2020.1773689.

14. Universidade de Nova York, "New Research on Participatory Budgeting Highlights Community Priorities *in* Public Spending."

15. Lester M. Salamon e Chelsea L. Newhouse. "2020 Nonprofit Employment Report". Johns Hopkins Center for Civil Society Studies, http://ccss.jhu.edu/wp-content/uploads/downloads/2020/06/2020-Nonprofit-Employment-Report_FINAL_6.2020.pdf.

16. Lester M. Salamon, Chelsea L. Newhouse e S. Wojciech Sokolowski. "The 2019 Nonprofit Employment Report". Johns Hopkins Center for Civil Society Studies, 2019, https://philanthropydelaware.org/resources/Documents/The%202019%20Nonprofit%20Employment%20Report%20-%20Nonprofit%20Economic%20Data%20Bulletin%20-%20John%20Hopkins%20Center%20for%20Civil%20Society%20Studies%20_1.8.2019.pdf.

17. Brice S. McKeever e Sarah L. Pettijohn. "The Nonprofit Sector in Brief 2014". Urban Institute (outubro de 2014), https://www.urban.org/sites/default/files/publication/33711/413277-The-Nonprofit-Sector-in-Brief–.PDF.

18. "The Nonprofit Sector in Brief 2019". Urban Institute, 2020, https://nccs.urban.org/publication/nonprofit-sector-brief-2019#the-nonprofit-sector-in-brief-2019; "Table 1.3.5. Gross Value Added by Sector at 'National Income and Product Accounts: National Data: Section 1-Domestic Product and Income'." Bureau of Economic Analysis, s.d.

19. NCCS Team. "The Nonprofit Sector in Brief 2019."

20. Karin Chenoweth e Catherine Brown. "A Few Unique Facts About Chicago Public Schools". Center for American Progress, 2018, https://www.americanprogress.org/article/unique-things-chicago-public-schools/.

21. Dorothy Shipps, Joseph Kahne e Mark Smylie. "The Politics of Urban School Reform: Legitimacy, City Growth, and School Improvement in Chicago". *Educational Policy* 13, nº 4 (1999): 518-45, https://doi.org/10.1177/0895904899013004003.

22. Chenoweth e Brown. "A Few Unique Facts About Chicago Public Schools"; Sean F. Reardon e Rebecca Hinze-Pifer. "Test Score Growth Among Chicago Public School Students, 2009-2014". Center for Education Policy Analysis (2 de novembro de 2017), https://cepa.stanford.edu/content/test-score-growth-among-chicago-public-school-students-2009-2014.

23. Denisa R. Superville. "Chicago's Local School Councils 'Experiment' Endures 25 Years of Change". *Education Week* (7 de outubro de 2021), https://www.edweek.org/leadership/chicagos-local-school-councils-experiment-endures-25-years-of-change/2014/10.

24. "City of Los Angeles Open Budget". City of Los Angeles, http://openbudget.lacity.org/#!/year/2021/operating/0/source_fund_name/General+Fund /0/department_name/Police/0/program_name.

25. Abby Narishkin *et al.* "The Real Cost of the Police, and Why the NYPD's Actual Price Tag Is $10 Billion a Year". *Business Insider* (12 de agosto de 2020), https://www.businessinsider.com/the-real-cost-of-police-nypd-actually-10-billion-year-2020-8#:~:text=In%202020%2C%20the%20NYPD%20had,billion%20dollars%20off%20of%20that.

26. Juliana Feliciano Reyes. "Philly Plans to Increase Police Funding While Cutting City Services. Critics Say That's a Mistake". *Philadelphia Inquirer* (2 de junho de 2020).

27. Scott Neuman. "Police Viewed Less Favorably, But Few Want to 'Defund' Them, Survey Finds". National Public Radio (9 de julho de 2020), https://www.npr.org/sections/live-updates-protests-for-racial-justice/2020/07/09/889618702/police-viewed-less-favorably-but-few-want-to-defund-them-survey-finds; "Majority of Public Favors Giving Civilians the Power to Sue Police Officers for Misconduct". Pew Research Center (julho de 2020).

28. Archon Fung e Erik Olin Wright. *Deepening Democracy: Institutional Innovations in Empowered Participatory Governance* (Londres: Verso, 2003), p. 120.

29. "Recommendations for Reform: Restoring Trust between the Chicago Police and the Communities They Serve". Police Accountability Task Force, 2016.

30. "Can Chicago Restore Public Trust in Police?" Institute for Policy Research (26 de abril de 2016), https://www.ipr.northwestern.edu/news/2016/skogan-chicago-police-task-force-accountability.html.

31. Cidade de Chicago, escritório do prefeito. "Mayor Lori E. Lightfoot and Empowering Communities for Public Safety Pass Proposal for Civilian Oversight of Chicago's Police Department and Accountability Agencies" (21 de julho de 2021), https://www.chicago.gov/content/dam/city/depts/mayor/Press%20Room/Press%20Releases/2021/July/CivilianOversightChicagoPoliceDepartmentAccountabilityAgencies.pdf.

32. Janelle Griffith. "Is Chicago's New Layer of Police Oversight as 'Unique' as Sponsors Say?" NBC News (30 de julho de 2021), https://www.nbcnews.com/news/us-news/chicago-s-new-layer-police-oversight-unique-sponsors-say-n1275414.

33. Fung e Wright. *Deepening Democracy*, p. 137.

34. Claire Mellier e Rich Wilson. "Getting Climate Citizens' Assemblies Right". Carnegie Europe (5 de novembro de 2020), https://carnegieeurope.eu/2020/11/05/getting-climate-citizens-assemblies-right-pub-83133 (acessado em 20 de agosto de 2021).

Capítulo 13: A ascensão da consciência biofílica

1. Lauretta Bender. "An Observation Nursery: A Study of 250 Children on the Psychiatric Division of Bellevue Hospital". *American Journal of Psychiatry* (1941).

2. John Broadus Watson. *Psychological Care of Infant and Child* (Nova York: W. W. Norton, 1928).

3. Robert Karen. *Becoming Attached; First Relationships and How They Shape Our Capacity to Love* (Nova York: Oxford University Press, 1988), p. 19.

4. Harry Bakwin. "Loneliness *in* Infants". *American Journal of Diseases of Children* 63 (1942): 31.

5. Karen. *Becoming Attached*, p. 20.

6. John Bowlby, prefácio para M. D. S. Ainsworth. Infancy in Uganda: *Infant Care and the Growth of Love* (Baltimore: Johns Hopkins University Press, 1967), p. V.

7. John Bowlby. *The Making and Breaking of Affectional Bonds* (Londres: Routledge, 2015), p. 133.

8. *Ibid.*, p. 136.

9. M Mikulincer, O. Gillath, V. Halevy, N. Avihou, S. Avidan e N. Eshkoli. "Attachment Theory and Reactions to Others' Needs: Evidence That Activation of the Senses of Attachment Security Promotes Empathetic Responses". *Journal of Personality and Social Psychology* 81, nº 6 (2001).

10. Sophie Moullin, Jane Waldfogel e Elizabeth Washbrok. "Baby Bonds: Parenting, Attachment and a Secure Base for Children". Sutton Trust (março de 2014).

11. Huber, B. Rose. "Four in 10 Infants Lack Strong Parental Attachments". Universidade de Princeton (27 de março de 2014), https://www.princeton.edu/news/2014/03/27/four-10-in

fants-lack-strong-parental-attachments#:~:text=March%2027%2C%202014%2C%20 1%3A,according%20to%20a%20new%20report.

12. *Ibid.*

13. Nelli Ferenczi e Tara Marshall. "Exploring Attachment to the 'Homeland' and Its Association with Heritage Culture Identification". *PLOS One* (janeiro de 2013).

14. *Ibid.*

15. Pernille Darling Rasmussen, Ole Jakob Storebø, Trine Løkkeholt, Line Gaunø Voss, Yael Shmueli-Goetz, Anders Bo Bojesen, Erik Simonsen e Niels Bilenberg. "Attachment as a Core Feature of Resilience: A Systematic Review and Meta-Analysis". *Psychological Reports* 122, nº 4 (agosto de 2019).

16. Giuseppe Carrus, Massimiliano Scopelliti, Ferdinando Fornara, Mirilia Bonnes e Marino Bonaiuto. "Place Attachment, Community Identification, and Pro-Environment Engagement". *In Advances in Theory, Methods and Application,* organizado por Lynne C. Manzo e Patrick Devine-Wright (Londres: Routledge, 2014).

17. Victor Lebow. "Price Competition". *Journal of Retailing* (primavera de 1955).

18. Bum Jin Park, Yuko Tsunetsugu, Tamami Kasetani, Takahide Kagawa e Yoshifumi Miyazaki. "The Physiological Effects of *Shinrin-yoku* (Taking *in* the Forest of Forest Bathing): Evidence from Field Experiments *in* 24 Forests Across Japan". *Environmental Health and Preventative Medicine* 15, nº 1 (2010): 21.

19. Yoshinori Ohtsuka, Noriyuki Yabunaka e Shigeru Takayama. "Shinrin-yoku (Forest-Air Bathing and Walking) Effectively Decreases Blood Glucose Levels in Diabetic Patients". *International Journal of Biometeorolgy* 41, nº 3 (fevereiro de 1998).

20. Roly Russell, Anne D. Guerry, Patricia Balvanera, Rachelle K. Gould, Xavier Basurto, Kai M. A. Chan, Sarah Klain, Jordan Levine e Jordan Tam. "Humans and Nature: How Knowing and Experiencing Nature Affect Well-Being". *Annual Review of Environmental Resources* 38 (2013): 43.

21. *Ibid.*

22. Edward O. Wilson. *Biophilia* (Cambridge, MA: Harvard University Press, 1984).

23. Giuseppe Barbiero e Chiara Marconato. "Biophilia as Emotion". *Visions for Sustainability* 6 (2016).

24. Karen D'Souza. "Outdoor Classes and 'Forest Schools' Gain New Prominence amid Distance Learning Struggles". *EdSource* (1º de outubro de 2020), https://edsource. org/2020/outdoor-classes-and-forest-schools-gain-new-prominence-amid-distance-learning-struggles/640853; Tina Deines. "Outdoor Preschools Grow *in* Popularity but Most Serve Middle Class White Kids". Hechinger Report (26 de fevereiro de 2021), https://hechingerreport.org/outdoor-preschools-grow-in-popularity-but-most-serve-middle-class-white-kids/.

25. *Ibid.*

26. *Ibid.*

27. *Ibid.*

28. *Ibid.*

29. Tony Loughland, Anna Reid, Kim Walker e Peter Petocz. "Factors Influencing Young People's Conception of Environment", *Environmental Education Research* 9 (fevereiro de 2003).

30. Daniel Acuff. *What Kids Buy and Why: The Psychology of Marketing to Kids* (Nova York: Simon & Schuster, 2010).

31. David Sobel. *Beyond Ecophobia: Reclaiming the Heart in Nature Education* (Great Barrington, MA: Orion Society, 1999); Mary Renck Jalongo. *The World's Children and Their Companion Animals: Developmental and Educational Significance of the Child/ Pet Bond* (Association for Childhood Education International, 2014).

32. Robin C. Moore e Clare Cooper Marcus. "Healthy Planet, Healthy Children: Designing Nature into Childhood". *In Biophilic Design: The Theory, Science, and Practice of Bringing Buildings to Life,* organizado por Stephen R. Kellert, Judith Heerwagen, e Martin L. Mador (Hoboken, NJ: John Wiley, 2008), 163.

33. Veronique Pittman. "Large School Districts Come Together to Prioritize Sustainability". *Huffington Post* (22 de fevereiro de 2016), https://www.huffpost.com/entry/large-school-districts-co_b_9279314.

34. "Stanford Analysis Reveals Wide Array of Benefits from Environmental Education". North American Association for Environmental Education, s.d., https://cdn.naaee.org/sites/default/files/eeworks/files/k-12_student_key_findings.pdf.

35. Nicole Ardoin, Alison Bowers, Noelle Wyman Roth e Nicole Holthuis. "Environmental Education and K-12 Student Outcomes: A Review and Analysis of Research". *Journal of Environmental Education* 49, nº 1 (2018).

36. Cathy Conrad e Krista Hilchey. "A Review of Citizen Science and Community-Based Environmental Monitoring Issues and Opportunities". *Environmental Monitoring and Assessment* 176 (2011).

37. "2021 Outdoor Participation Trends Report". Outdoor Foundation, 2021, https://ip0o6y1ji424m0641msgjlfy-wpengine.netdna-ssl.com/wp-content/uploads/2015/03/2021-Outdoor-Participation-Trends-Report.pdf.

38. Jeff Opperman. "Taylor Swift Is Singing Us Back to Nature". *New York Times* (12 de março de 2021).

39. Opperman. "Taylor Swift Is Singing Us Back to Nature"; Selin Kesebir e Pelin Kesebir. "A Growing Disconnection from Nature Is Evident in Cultural Products". *Perspectives on Psychological Science* 12, nº 2 (27 de março de 2017): 258-69, https://doi.org/10.1177/1745691616662473.

40. Edward O. Wilson. "The Biological Basis of Morality". *The Atlantic* (abril de 1998), https://www.theatlantic.com/magazine/archive/1998/04/the-biological-basis-of-morality/377087/.

41. Giuseppe Barbiero. "Biophilia and Gaia: Two Hypotheses for an Affective Ecology", *Journal of Biourbanism* 1 (2011).

42. Jeremy Rifkin. *The Empathic Civilization* (Nova York: TarcherPerigee, 2009), p. 2.

43. Martin Buber. *I and Thou,* (1923).

44. Johann Wolfgang von Goethe. *Werke, Briefe und Gespräche. Gedenkausgabe*, 24 vols. *Naturwissneschaftliche Schriften*, Vols. 16-17, organizado por Ernst Beutler (Zurique: Artemis, 1948-1953), pp. 921-23.

45. *Ibid.*

46. Goethe. *Werke, Briefe und Gespräche. Dichtung und Wahrheit*, vol. 10, p. 168.

47. *Ibid.*, p. 425.

48. Adam C. Davis *et al.* "Systems Thinkers Express an Elevated Capacity for the Allocentric Components of Cognitive and Affective Empathy". *Systems Research and Behavioral Science* 35, nº 2 (19 de julho de 2017): 216-29.

49. U.S. Environmental Protection Agency, Report to Congress on indoor air quality: Volume 2, EPA/400/1–89/001C, Washington, D.C., 1989; Kim R. Hill *et al.* "Co-Residence Patterns in Hunter-Gatherer Societies Show Unique Human Social Structure". *Science* 331, nº 6022 (11 de março de 2011): 1286-289.

Índice Remissivo

água: consumo agrícola, 28; consumo pela indústria da moda, 73; corpo humano, composição do, 171-73; disputas pelos direitos à, 101. *Ver também* hidrosfera

Ainsworth, Mary, 315

algoritmos, e adaptatibilidade, 235

Aliança para a Segurança Pública de Chicago, 298

"Alto preço da eficiência, O" (Martin), 26-8

Amazon (empresa), 150-52

ambiente: adaptação ao, 167, 172, 210-12, 221-24; como objeto versos relação, 333; comunidades rurais, relação com, 263-65; corpo afetado pela relação fisiológica com, 326-28. *Ver também* governança biorregional

Ambrósio de Milão, 88

American Journal of Psychiatry, 309

American Society of Civil Engineers, 257

An Assessment on the Impacts of Climate Change on the Great Lakes, 276-78

análise, custo-benefício, 36, 50, 58, 74, 216 22, 32, 38, 50, 155; da devastação, 100-01

analítica, 126-28

ancestrais, veneração de, 316

animismo, 165, 316, 348

antibióticos, 70-1

Antropoceno, 16, 166-67, 224, 306

apego ao lugar, 323-25, 348

apego, 311-21; ao lugar, 323-25, 348; e Estado-nação, 318-19; e natureza como sala de aula, 329-31; e religião, 317-18; relação com adaptabilidade e resiliência, 322.*Ver também* empatia

aquecimento global, 41-2, 67, 72-5, 98-100, 159, 192, 349; adaptação a, 219-20, 225-26; biorregião dos Grandes Lagos, 279; cenários de, 274; e política,

303, 305-06, 325; fontes de, 40-1, 255-56. *Ver também* desastres

áreas rurais, 261-63; retorno às, 261-67

arqueas, 176-78

assembleias cidadãs. *Ver* assembleias dos cidadãos

assembleias de cidadãos, 281, 283-85, 290, 322, 336; no mundo físico, 302

Associação Nacional de Fabricantes, 134

associações de bairros, 306

ataque terrorista em 11 de setembro, 31, 126

atmosfera, 13-5, 48, 97, 118, 175, 278; carbono na, 100; e campos eletromagnéticos, 196-97; e questões relacionadas à saúde, 252, 257-58

átomos, 170-71, 175-76

Au, Wayne, 40

"auditoria," como termo, 88

autofagia, 30

automóveis: autônomos, 235, 240, 255; elétricos, 252; financiamento em parcelas, 137; indústria de, 136-38, 148; indústria se relocando para estados predominantemente republicanos, 265-66

autonomia, 13, 65, 83-6, 163-63, 167, 172, 175, 194; e práticas na criação dos filhos, 309-10; igualdade comparada com, 341-42; inclusão versus, 282-84. *Ver também* identidade

autoria individual, 88

B

Bacon, Francis, 16-7, 209-10

bactérias, 179; e vírus, relação com, 179; no corpo humano, 176-77

Bakwin, Harry, 310

Banco Mundial, 105-06

Barbiero, Giuseppe, 330

moda, 72-3; e engenharia genética, 114-15; e globalização, 24-5; e governança por algoritmo, 128; e sistema escolar, 38-40; e uso da internet, 123-24; economia doméstica, 37; estudos de tempo e movimento, 38; evangelho da, 37-42, 142-43, 146-47; externalidades negativas, 27-8; moralidade comparada com, 114-15; não apenas virtude econômica, 24; obesidade causada por, 67-70; repúdio público da, 24-8; Taylorismo, 35-6; vulnerabilidade causada por, 24-5, 29

Egan, Timothy, 337

Einstein, Albert, 47-9, 57, 196

eletricidade, compartilhamento de, 246-47, 252, 254-55; em redutos dos Republicanos, 265; solar e eólica, 235

eletricidade verde, 235-36, 246-47, 265

Eliade, Mircea, 166

Embargo do petróleo da Organização dos Países Exportadores de Petróleo (1973), 74

emissões de gás estufa, 66-7, 98-9

empatia, 15-6, 308-21; assimétrica, 339; como foco da experiência humana, 312-21; e a evolução da espécie humana, 338-39; e a população sem laços consanguíneos, 316; e ameaça às coletividades minguantes, 321; e apego, 311-21; e entropia, 340; e infraestrutura, 316-21; e neurocircuito, 313, 321, 345; nos bebês, 312-14; reafiliação com a natureza, 321-26; solucionando o paradoxo da, 338-40. *Ver também* apego

empregos e trabalhadores: criação de valor pelo trabalho, 96; desemprego causado por tecnologia, 134, 137, 142-43, 145-46, 157-58; desemprego e a crise financeira de 2008, 144-45; e "períodos mais curtos" corporativos, 144-46, 253-54; e a Grande Depressão, 137-39; e crise de consumo, 133-39; e gamificação, 153-60; fim do trabalho, 142-43; jornada de oito horas, 134; na Amazon, 151-53; novas categorias de emprego, 246, 251, 253, 265; semana de 30 horas de trabalho, 138; supervisão de trabalhadores, 149-53

empresas Fortune 500, 22

encarceramento, 295

energia: combustíveis fósseis como, 49; e entropia, 51-2, 57-8, 64-5, 275-76; e massa, 49-50 ; lei da conservação de, 48

"engenharia concorrente," 148

"Ensinando o novo taylorismo: testes de alto risco e a padronização do currículo escolar no século XXI" (Au), 40

entropia, 42-7, 57-8; custo para as reservas energéticas da Terra e recursos naturais (conta entrópica), 51, 58, 65, 275-76; e empatia, 340; mudança de energia: de disponível para indisponível, 48; negativa, 51; vida biológica vista como externa à, 50-1

epidemia, 65-8, 71. *Ver também* pandemia de Covid-19; pandemia, global

"equipes de divertimento", 156

Era da Informação, 168

Era da Máquina, 37

Era da Resiliência: dificuldade para viver na, 216-17; e educação na Infância, 334-35; empregos resilientes, 158-59; transição da "ética do trabalho" para "ética da proteção", 158-59; transição para, 11-6, 12-5.... 215-16

Era do Iluminismo, matematização da, 46

Era do Progresso, 10, 209-10; armazenar *versus* viver com as estações, 228-29; autonomia individual, 167; como Era

litosfera, 13, 97, 98-101, 118, 175;
  e o corpo humano, 175-76; padrões
  evolutivos na, 182-83
Lloyd, David, 189
Locke, John, 95-6
locomotiva movida por vapor, 90-1, 234
"logística enxuta e cadeias de
  suprimentos", 23
lojas de departamentos, 140-41
loops de retroalimentação positiva, 65,
  100-01, 220
Loughland, Tony, 333
Louv, Richard, 323
Luft, Joseph, 126
luz artificial, 188
luz, velocidade da, 196

M

Macron, Emmanuel, 303, 304
Madison, James, 285
magnetosfera, 196-97
maiores corporações globais Fortune
  500, 238
Mairan, Jean-Jacques d'Ortous de,
  185-86, 193
Malthus, Thomas, 52
mamíferos: relógios biológicos de, 186-87,
  191; geneticamente manipulados, 17;
  seres humanos como espécie mais
  jovem, 9
"mão invisível," 45, 106
Máquina que mudou o mundo, A (Womack,
  Jones e Roos), 147
Marconato, Chiara, 330
mariposa manchada (*Biston betularia*), 223
Marshall, Tara, 319
Martin, Roger, 26-8
Masaccio, 84
massa, 49

matemática, 43, 169; e economia, 56;
  geometria projetiva, 85
Matter and Energy (Soddy), 57
Maxwell, James Clerk, 196-97
Mazmanian, Sarkis, 180
Mead, George Herbert, 221
mecanismo de transmissão
  intergeneracional, 68
Mellier, Claire, 303-04
membranas semipermeáveis, 176, 182-83;
  construir estruturas como, 233-34
Menger, Carl, 54
mercado de amêndoas, 27
metano, 98-9
meteoritos, 48
microgrids, 247, 252, 256-70
Mill, John Stuart, 55
Millennials e Gen-Zs (gerações mais
  jovens), 121, 284, 337, 340-41
Miller, Fiona, 215
Miller, G. Tyler, 51
Milner, Greg, 116-17, 120
mineração de carvão: pelos britânicos, 90-1
mineração em terras federais, 40-1
minerais, 175, 183
modelo do universo autorregulador, 45-7
modernidade, 32-3
Mölling, Karin, 178
monges beneditinos, 80-2
monocultura, 28, 29, 60, 67
Monte Everest, 183
moralidade, 338 245-46; comparada com
  eficiência, 115
More, Henry, 44
Moren, Traci, 332
morfogênese, 198-99
Morse, Samuel F. B., 79-89
morte, conceito de, 313
Moser, Maximilian, 190

motores e máquinas a vapor, 53, 90-1, 234, 237

movimentos conspiratórios, 287

movimentos de isolamento, 282-83

mudança climática, 31; e biorregiões, 279; *permafrost*, 220. *Ver também* aquecimento global

multitarefa, 121-23, 122

Mumford, Lewis, 165

Myriad Genetics, 111

N

nacionalidade: e cultura da palavra impressa, 87-8

National Geographic, 222, 227

nativos digitais, 121-25, 284

Nature, 100

Natureza e vida (Whitehead), 197

natureza: ação distanciando-se da, 209-10; categorizada como desperdício, 96-7; como "força vital" *versus* "recurso," 16; como "recursos," 216, 217, 334, 349-50; como sala de aula, 329-38; "harmonização" na, 28-9; reafiliação com, 321-25; relacionalidade da, 197-98; repatriação política com, 259-60, 263; visitas durante pandemia da Covid-19, 337-38

Neanderthal, 228

New Deal, 138-39

New York Times, 21-7

Newton, Isaac, 47, 117, 344; críticas a, 170; teoria do equilíbrio, 44-6, 49-50, 55-8

Nichols, Randall, 155

Nova York, cidade de, 289

"Nova" Grande Comoção, 211

Novo Mundo, 53

Novum Organum (Bacon), 209

núcleo supraquiasmático (NSQ), 186, 188, 191

O

O canditato (filme), 285

O grande ditador (filme), 35

O'Neill, John S., 187

obesidade, subnutrição, e mudança climática, 65-8

objetividade, 86, 209-10, 217

observador, desapegado, 85-6

Observatório Naval da Marinha dos Estados Unidos (Washington, D.C.), 116

oceanos, 42, 101-03, 108, 118

ocorrência prejudicial imaginada, 129-30

offshoring, 26, 245

Ohsumi, Yoshinori, 30

óleo de palma (azeite de dendê), 99

oligopólios, globais, restrições sobre, 239

On the Clock: What Low-Wage Work Did to Me and How It Drives America Insane (Guendelsberger), 152

onshoring, 245, 255

orçamento participativo, 288-92

Organização das Nações Unidas (ONU): Food and Agricultural Organization (FAO), 67, 98; e privatização da água, 104-06; Lei da Convenção Marítima (1982), 102-03; Painel sobre Mudança Climática, 100

Organização do Tratado do Atlântico Norte (Otan), 125

Organização Mundial do Comércio (OMC), 105

Organização para a Cooperação e o Desenvolvimento Econômico and Development (OCDE), 105

Organização para Alimentação e Agricultura (FAO – Food and Agricultural Organization), 67, 98

organizações de sociedade civil (OSC), 291-92, 306

organizações não governamentais (ONGs), 291